Pfleiderer, HiFi auf den Punkt gebracht

Peter M. Pfleiderer

HiFi auf den Punkt gebracht

Wiedergabetechnik für unverfälschtes Hören

Mit 187 Abbildungen

Bibliografische Information der Deutschen Nationalbibliothek
Die Deutsche Nationalbibliothek verzeichnet diese Publikation
in der Deutschen Nationalbibliografie; detaillierte bibliografische
Daten sind im Internet über http://dnb.d-nb.de abrufbar.

Das Buch erschien bereits 1990 im Pflaum Verlag (München) unter der ISBN 3-7905-0571-4
Satz: Pustet, Regensburg

© 2014 Peter M. Pfleiderer
Umschlagdesign, Herstellung und Verlag: BoD – Books on Demand, Norderstedt
ISBN 978-3-7357-9736-0

Vorwort

Damit die Musik über die HiFi-Anlage wirklich gut klingt, müssen mehrere, von einander völlig unabhängige Teilbereiche jeweils für sich fehlerlos gestaltet werden. Man benötigt richtig erstellte Musikaufnahmen, neutrale Tonträger, technisch einwandfreie Übertragungsgeräte wie CD-Player, Verstärker und Lautsprecher, und zusätzlich müssen die Lautsprecher im Hörraum akustisch richtig gehandhabt werden. Erst in dem richtigen Zusammenwirken aller dieser Teilbereiche kann das optimale Gesamtergebnis ermöglicht werden.

Wenn die Musik nicht so gut klingt, wie sie eigentlich sollte, dann liegt dies meistens am Lautsprecher. Die zweithäufigste Fehlerursache liegt heute meistens daran, daß der Tonmeister schlecht gearbeitet hat, und erst als Drittes können technische Fehler der elektrischen Übertragungsgeräte der Verstärker oder der CD-Player angeführt werden. Akustische Fehler, wie im Wiedergaberaum falsch aufgestellte Lautsprecher oder im Aufnahmeraum falsch plazierte Mikrofone, sind heute bereits deutlicher wahrnehmbar, als die klein gewordenen technischen Fehler unserer HiFi-Geräte.

Dies war nicht immer so. Noch vor zwanzig Jahren bestand ein enormer Bedarf in der Weiterentwicklung der technischen Qualität aller Geräte der HiFi-Übertragungskette. Die technischen Unzulänglichkeiten waren damals insgesamt gesehen so groß, daß akustische Fehler gar nicht auffielen. Vor zehn Jahren war die erreichte technische Übertragungsqualität der Verstärker schon so gut, daß die meßtechnisch nachweisbaren Verzerrungen unter 0,01% Klirrfaktor lagen. Auch die Lautsprecher waren schon so gut, daß erstmals die akustische Problematik nicht mehr zu übersehen war. Seit dieser Zeit kam es immer deutlicher darauf an, neben der technischen Weiterentwicklung der Lautsprecher auch die grundlegenden akustischen Zusammenhänge zu erkennen und zu berücksichtigen. Die Begriffe Wohnraumakustik und Psychoakustik sind damals entstanden und wurden vom Autor mitgeprägt. Diese akustischen Zusammenhänge wurden bereits in dem Buch „HiFi + Akustik" ausführlich beschrieben.

In der Zwischenzeit konnten sich die in diesem Buch dargestellten akustischen Arbeiten bereits durchsetzen. Der vom Autor erstmals in die HiFi-Technik eingeführte Begriff „die ersten schallstarken Reflexionen" wird heute schon ganz allgemein verwendet, und das damit verbundene akustische Verständnis ist gar nicht mehr wegzudenken. Einige Tonmeister haben schon Musikaufnahmen nach dem in diesem Buch vorgeschlagenen Mikrofonraster mit großem Erfolg durchgeführt. Die besseren HiFi-Studios haben ihre zu stark bedämpften Vorführräume nach den wohnraumakustischen Anregungen umgebaut und die Lautsprecher im Hörraum von der kurzen an die lange Wandseite umgestellt. Viele Leser haben den Autor angeschrieben und ihre Freude zum Ausdruck gebracht, daß sie selbst durch einfache akustisch wirksame Maßnahmen den Klang ihrer Stereoanlage ganz wesentlich verbessern konnten.

Nach seinen grundlegenden akustischen Arbeiten ist es dem Autor gelungen, ebenso im Bereich der Wandlertechnik den entscheidenden Durchbruch zur fehlerfreien Lautsprecherwiedergabe zu erzielen. Erstmals können die im Verstärkerbau und in der Meßtechnik benutzten Rechteck- und Tonburstsignale auch im akustischen Bereich

Vorwort

ohne Verfälschung übertragen und auch meßtechnisch nachgewiesen werden. Damit müssen Lautsprecher nicht mehr länger „gebastelt" werden. Sie können fachgerecht konstruiert werden, genau wie hochwertige Verstärker oder CD-Player.

Als es Harman Kardon vor ca. 20 Jahren gelang, im elektronischen Bereich bei HiFi-Verstärkern das Rechtecksignal erstmals ohne Verfälschungen wiederzugeben, war dies ein Meilenstein im Verstärkerbau. Alle hochwertigen Verstärker müssen dies heute können. Trotzdem wurde damals von der Konkurrenz eine lange und weitgehend unsachlich geführte Diskussion um den Wert dieses Fortschritts vom Zaun gebrochen.

Um ähnliche Auseinandersetzungen möglichst kurz zu halten, möchte der Autor seine neu entwickelte Lautsprechertechnik anderen Firmen und auch den fachlich vorgebildeten Verbrauchern direkt zugänglich machen. Deshalb werden in diesem Buch die Ergebnisse der Forschungs- und Entwicklungsarbeiten der neuen HiFi-Lautsprechertechnik ausführlich dargestellt und erläutert. Zudem soll dem Leser die Möglichkeit geboten werden, diese neue Technik auch sofort anwenden zu können. Aus diesem Grund werden im Anhang Platinen für alle benötigten Schaltungen und Bauteile aufgeführt und auch Adressen angegeben, wo die benötigten Spezialbauteile bezogen werden können.

Um auch im akustischen Umfeld des Lautsprechers einen sachgerechten Umgang zu ermöglichen, wurden die akustischen Arbeiten des Buchs „HiFi + Akustik" vollkommen überarbeitet, in wichtigen und aktuellen Punkten ergänzt und in dieses Buch wieder aufgenommen. Die vom Autor entwickelten und dargestellten neuen Lösungen im Bereich der Wandlertechnik sind grundsätzlicher Natur. Sie werden von vielen Fachleuten sofort verstanden und prägen ein neues technisches Sachverständnis. Gerade deswegen ist aber auch der wichtige Hinweis auf den rechtlichen Sachverhalt der erteilten Schutzrechte von Bedeutung. Die einzelnen Patente gelten noch in einem Zeitraum von 15 bis zu 20 Jahren, also bis ins Jahr 2009.

Die Arbeiten an der elektronischen TPS Lautsprecherentzerrung wurden vom Bundesministerium für Forschung und Technologie in Bonn finanziell gefördert, vom VDI Technologie-Zentrum in Berlin technisch betreut und durch wissenschaftliche Gutachten der Technischen Universität München unterstützt. Die Arbeiten am FRS Vollbereichs-Punktstrahler (FRS = Full Range Speaker) als einer Punktschallquelle für den ganzen hörbaren Frequenzbereich wurden von der Bayerischen Staatsregierung finanziell gefördert, vom Bayerischen Oberbergamt betreut und durch wissenschaftliche Gutachten von Dr. H. Fleischer, Dozent an der Universität der Bundeswehr in München, unterstützt. Die Arbeiten am Echzeitprozessor PP 9 für Außerkopflokalisation und natürlich empfundene Kopfhörerwiedergabe wurden von der Patentstelle für die Deutsche Forschung der Fraunhofer-Gesellschaft finanziell unterstützt. Mit den Arbeiten am RS Raumakustik-Lautsprecher schließt sich wieder der Kreis, der bereits im Buch „HiFi + Akustik" aus dem Sachzusammenhang von technisch perfekter und akustisch hochwertiger Klangwiedergabe herausgearbeitet werden konnte.

Die verschiedenen Erfindungen wurden 1982, 1983 und 1984 mit dem Impulse Erfinderpreis ausgezeichnet. Für den Gesamtkomplex seiner Arbeiten wurde dem Autor die Rudolf-Diesel-Medaille in Bronze überreicht.

An dieser Stelle möchte der Autor seinem langjährigen Mitarbeiter Herrn Dipl. Ing. K. H. Rogoll, aber auch allen anderen an der Entwicklung seiner Erfindungen beteiligten Helfern, Mitarbeitern und Institutionen seinen Dank aussprechen. Ohne diese

Hilfe wären die Entwicklungen nicht möglich gewesen. Der besondere Dank aber gilt seiner Mutter, die durch ihre Unterstützung, ihren Zuspruch und ihre Ermutigung die diesem Buch zugrunde liegenden Entwicklungen erst ermöglicht hat. Außerdem möchte der Autor noch dem Verlag danken, der es möglich machte, so schnell nach dem Abschluß der Forschungsarbeiten am elektrodynamischen Wandler das neue Buch erscheinen zu lassen.

München   Peter Pfleiderer

Wichtiger Hinweis

Die in diesem Buch wiedergegebenen Schaltungen und Verfahren werden ohne Rücksicht auf die Patentlage mitgeteilt. Sie sind ausschließlich für Amateur- und Lehrzwecke bestimmt und dürfen nicht gewerblich genutzt werden. Bei gewerblicher Nutzung ist vorher die Genehmigung des möglichen Lizenzinhabers einzuholen.

Alle Schaltungen und technischen Angaben in diesem Buch wurden vom Autor mit größter Sorgfalt erarbeitet bzw. zusammengestellt und unter Einhaltung wirksamer Kontrollmaßnahmen reproduziert. Trotzdem sind Fehler nicht ganz auszuschließen. Der Verlag sieht sich deshalb dazu gezwungen darauf hinzuweisen, daß er weder eine Garantie noch die juristische Verantwortung oder irgendeine Haftung für die Folgen, die auf fehlerhafte Angaben zurückgehen, übernehmen kann. Für die Mitteilung eventueller Fehler sind Verlag und Autor jederzeit dankbar.

Inhaltsverzeichnis

1	**TPS – Transducer-Preset System**	13
1.1	Allgemeines	13
1.2	Stand der Technik	14
1.3	Funktionsprinzip der TPS-Lautsprecherentzerrung	20
1.4	Warum keine Gegenkopplung?	21
1.5	Modellregelung	23
1.6	Warum kein Equalizer?	24
1.7	Die Rechteckwiedergabe bei Verstärkern	26
1.8	Die TPS-Entzerrung ermöglicht bessere Lautsprecherchassis	27
1.9	Theoretische Grundlagen	29
1.10	Der Einstellvorgang im Überblick	33
1.11	Die Bauteile auf der Einstellplatine	35
1.12	Beschreibung der Koeffizientenpotentiometer	36
1.13	Die Beschreibung des Abgleichvorgangs	39
1.14	Optimierung der TPS-Entzerrschaltung	43
1.15	Ablauf der Koeffizientenberechnung	46
1.16	Die TPS-Entzerrung bei dynamischen Breitband-Lautsprechern	47
1.17	Die TPS-Entzerrung bei dynamischen Kopfhörern	50
1.18	Die TPS-Entzerrung bei Mehrwege-Lautsprechern	53
1.19	Die TPS-Entzerrung im Auto	56
1.20	Hör-Erfahrungen mit der TPS-Entzerrung	58
1.21	Die Patente zur TPS-Entzerrung	58
2	**Frequenzweichen**	60
2.1	Hochpaß-, Bandpaß- und Tiefpaßfilter	61
2.2	Subtraktionsfilter	65
2.3	Gegengekoppelte Frequenzweiche	65
2.4	Frequenzweichen – Zusammenfassung	66
3	**Auf dem Weg zum fehlerfreien Punktstrahler**	68
3.1	Großflächige Lautsprechermembranen	69
3.2	Lautsprecherzeilen	70
3.3	Kugel-Lautsprecher	71
3.4	Phasenfehler	72
3.5	Koaxial-Lautsprecherchassis	73
4	**FRS Vollbereichs-Punktstrahlerchassis**	75
4.1	Das Bündeln bei hohen Frequenzen verschwindet	76
4.2	Die Partialschwingungen werden bedämpft	79
4.3	Die TPS-Entzerrung und das FRS-Chassis gehören zusammen	81
4.4	Konstruktive Maßnahmen beim FRS-Chassis	83
4.5	Lautsprecherkabel werden mitentzerrt	84
4.6	Die maßgeblichen Fehler werden kompensiert	84
4.7	Aktiv- und Passivboxen sind technisch gleichwertig	85
4.8	Die TPS-Schaltung im Lautsprecherentzerrer PP100	85
4.9	Die Lautsprechergehäuse	86
4.10	Hör-Erfahrungen mit dem FRS-Vollbereichs-Punktstrahler	89
4.11	Klangbeschreibung des FRS-Vollbereichs-Punktstrahlers	91

4.12	Auch ein aktiver Subbaß kann zugeschaltet werden	92
4.13	Die Patente zum FRS-Vollbereichs-Lautsprecher	92
4.14	Die konvexe Bauform	93
5	**Raumakustik-Lautsprecher**	**96**
5.1	Die akustische Wirkung der Raumakustik-Lautsprecher	96
5.2	Der Anschluß der Raumakustik-Lautsprecher	97
6	**Faktoren, die den Klang bestimmen**	**99**
6.1	Die heutigen Einflußgrößen	99
6.2	Einflüsse von Gestern	100
6.3	Einflüsse von Morgen	100
7	**Der technische Fortschritt verändert die HiFi-Szene**	**102**
8	**Kritische Bemerkungen zu Tests**	**103**
8.1	Lautsprecherkabel	103
8.2	Suggestion und Selbstsuggestion	103
8.3	Lautsprechertests	104
9	**Akustik**	**106**
9.1	Ein akustisches Schlüsselerlebnis	106
9.2	Was heißt Akustik?	107
9.3	Geschichtliche Entwicklung	107
9.4	Psychoakustik	108
9.5	Konzertsaalakustik	110
10	**Akustik im HiFi-Bereich**	**115**
10.1	Die offensichtlichsten akustischen Fehler	117
10.2	Der Lösungsweg	120
11	**Akustische Grundlagen**	**122**
11.1	Schallaufnahme durch das menschliche Gehör	122
11.2	Richtungshören	122
11.3	Erkennen von Einschwingvorgängen	126
11.4	Konstante Klangverfärbungen	126
11.5	Erkennen von bewegten Schallquellen	127
11.6	Entfernungshören	128
11.7	Raumempfinden	128
11.7.1	Die ersten schallstarken Reflexionen	128
11.7.2	Der Nachhall	129
11.8	Nachhalldauer	129
11.9	Die Aufgabe des Hörraums	130
11.10	Die Aufgabe der elektroakustischen Übertragungskette	130
12	**Aufnahmetechnik**	**132**
12.1	Drei Mikrofone für zwei Lautsprecher	132
12.2	Man kann beliebig viele Mikrofone verwenden	133
12.3	Pfleidrecording	134
12.3.1	Kompatibilität für Kopfhörerwiedergabe	141
12.3.2	Mikrofone	143

12.4	Haupt- und Stützmikrofon-Aufnahmetechnik	143
12.5	Kunstkopf-Aufnahmetechnik	146
12.6	OSS-Technik	150
12.7	Die Aufnahmetechnik bei Rundfunk und Fernsehen	150
12.8	Zusammenstellung der Verfahren	150
13	**Hörraumangepaßte Lautsprecherwiedergabe**	**153**
13.1	Wohnraumakustik	153
13.2	Separate Raumakustik-Lautsprecher	154
13.3	Integrierte Raumakustik-Lautsprecher in den Wohnraum-Lautsprechern	159
13.3.1	Unterschiede zu anderen Raumstrahlern	161
13.3.2	Das offene, gefaltete Exponentialhorn	162
13.3.3	Marmor aus Gehäusematerial	163
13.4	Wohnraumakustik bei Fernsehern	164
13.5	Autoakustik	165
14	**Hochwertige und kopfbezogene Kopfhörerwiedergabe**	**166**
14.1	Kopfhörerakustik	166
14.2	Der Echtzeitprozessor PP 9	166
14.2.1	Funktionsschema	167
14.2.2	Nachbildung von Laufzeitdifferenzen	169
14.2.3	Transparenz der Wiedergabe mit wenigen Elementen verbessert	170
14.2.4	Abbildung natürlicher Räume nicht notwendig	171
14.3	Die Patente zum Echtzeitprozessor PP 9	173
15	**Intelligente Schallverarbeitung beim Hören**	**175**
15.1	Ist die Wahrnehmung von Gesamtsituationen durch die alleinige Simulierung ihrer akustischen Bestandteile möglich?	176
15.2	Der Einfluß der Kopfbewegung (Ohrverschiebung)	178
15.3	Optische Einflüsse beim Hören	178
15.4	Abbildung klanglicher Größenverhältnisse	179
15.5	Kann man Räume hören?	180
15.6	Klangunterschiede sind immer hörbar	181
15.7	Gewöhnung	182
15.8	Welche Abhörlautstärke?	182
15.9	Analytische und räumliche Wiedergabe – ein Gegensatz?	183
15.10	Loudnesstaste oder hörphysiologische Lautstärkeregelung	184
16	**Bisherige Verfahren für räumliche Wiedergabe**	**186**
16.1	Raumabbildungsversuche für Kopfhörerwiedergabe	187
16.1.1	Übersprecheinheiten	188
16.1.2	Falsche erste schallstarke Reflexionen	189
16.1.3	Fehlerhafter Nachhall	190
16.1.4	Symmetrische Nachhallbearbeitungsverfahren	191
16.2	Raumabbildungsversuche bei Lautsprecherwiedergabe	192
16.2.1	Wiedergabe von Kunstkopf-Aufnahmen mit 4 Lautsprechern	193
16.2.2	Quadrophonie	194
16.2.3	Holophonie	196
16.2.4	Eidophonie	197
16.2.5	Raumsimulationsverfahren mit nur 2 Lautsprechern	198
16.3	Zusammenfassung	199

17	**Wohnraumakustik in der Praxis**	201
17.1	Direktstrahler	203
17.2	Raumstrahler	203
17.3	Bedämpfungsanordnung	204
17.4	Raumresonanzen	207
17.5	Subjektive Lautstärkeempfindung	209
17.6	Einige Aufstellregeln für HiFi-Boxen	210
17.7	Was tun beim Lautsprecherkauf?	216

Anhang Platinen		218
1	TPS Einstellplatine	218
2	TPS Entzerrplatine für Breitband-Lautsprecher	221
3	TPS Entzerrplatine für Breitband-Kopfhörer	223
4	TPS Entzerrplatine für Dreiwege-Aktiv-Boxen	225
5	Frequenzweichenplatine für Dreiwege-Aktiv-Boxen	227
6	TPS Entzerrplatine für Breitband-Lautsprecher im Auto	228

Literatur . . . 229

Bezugsadressen Bauteile . . . 230

Sachregister . . . 231

1 TPS – Transducer Preset System

1.1 Allgemeines

Der Wunsch nach der technisch perfekten und meßtechnisch nachweisbar fehlerfreien Lautsprecherwiedergabe hat schon viele neue Schallwandlerkonstruktionen hervorgebracht. Aber trotz aller Bemühungen wurde dieses Ziel erst heute durch die Entwicklungsarbeiten des Autors erreicht. Voraussetzung dafür waren aber eine neue Technik, die in jahrelanger konsequenter Forschungsarbeit Schritt für Schritt entwickelt wurde.

Der erste Schritt war die Entwicklung der TPS Analogrechenschaltung zur Kompensation der prinzipbedingten Fehler der elektrodynamischen Wandler im Schalldruckverlauf und auch im Phasenfrequenzgang. Die Lautsprecher nach dem elektrodynamischen Wandlerprinzip sind langbewährt und am weitesten verbreitet. Sie sind robust, preiswert und klein. Außerdem lassen sie sich für den ganzen hörbaren Tonfrequenzübertragungsbereich vom Subbaß bis zu den höchsten Höhen einsetzen. Sie eignen sich sogar noch für die Wiedergabe der Frequenzen unterhalb und oberhalb des menschlichen Hörbereichs [1, 2, 3, 4].

Der zweite Schritt war die Erkenntnis, daß die elektrischen Filterschaltungen der Frequenzweiche in HiFi-Lautsprechern so stark auf das elektrische Signal einwirken, daß sich dabei grundsätzliche Signalverfälschungen nicht mehr vermeiden lassen. Das akustische Signal kann nicht mehr fehlerfrei reproduziert werden. Wenn es also darauf ankommt, ein elektrisches Signal wirklich ohne jede Verfälschung akustisch zu übertragen, muß eine Konstruktion gefunden werden, die ohne eine Frequenzweiche auskommt.

Der dritte Schritt war somit die Verwirklichung des FRS (= Full Range Speaker) Vollbereichs-Punktstrahlerchassis. Die Entwicklung dieses neuartigen Einzelchassis ergab sich aus den Anforderungen, die Frequenzweiche wegzulassen und den gesamten Frequenzbereich verzerrungsfrei und ohne akustische Fehler abzustrahlen. Dieses Chassis weist nicht den hohen Anteil an Partialschwingungen üblicher Breitband-Lautsprecher auf und ist gleichzeitig eine Punktschallquelle, von der aus alle Frequenzen gleichmäßig, ohne Bündelungswirkung abgestrahlt werden. In Verbindung mit der TPS-Entzerrschaltung können die elektrischen Signale des ganzen hörbaren Frequenzbereichs technisch und akustisch fehlerlos in Schallwellen umgewandelt werden.

Der vierte Schritt war die Entwicklung der RS2 Raumakustik-Lautsprecher, die als einfache Zusatz-Lautsprecher in Verbindung mit den hochwertigen Haupt-Lautsprechern einer Stereo-Anlage eingesetzt werden. Mit den Zusatz-Lautsprechern kann die akustische Raumanpassung der FRS Vollbereichs-Punktstrahler an die unterschiedlichsten Hörräume vollzogen werden, ohne daß dabei das fehlerfreie Schallsignal der Haupt-Lautsprecher wieder verfälscht werden muß.

Das Ergebnis ist ein kompaktes elektrodynamisches Lautsprechersystem, das

1. Schallwellen ohne die prinzipbedingten Wandlerfehler erzeugt,
2. vom Baß bis zu den Höhen als Punktschallquelle einsetzbar ist,
3. keine Frequenzweiche benötigt,
4. alle Frequenzen weitgehend ohne Bündelungswirkungen abstrahlt,

5. dessen akustisches Signal frei ist von Partialschwingungen und
6. dessen Hörraumanpassung durch Zusatz-Lautsprecher erfolgt.

Mit der Einführung der Digitaltechnik im HiFi-Bereich konnte die Übertragungsqualität von der Tonaufzeichnung bis zur Zuleitung zu den Lautsprechern ganz wesentlich verbessert werden. Gerade deshalb wurde es in letzter Zeit immer wichtiger, auch Lautsprecher benutzen zu können, die die zugeleiteten elektrischen Signale fehlerlos in Schallwellen umwandeln können, und die auch ohne akustische Fehler den Schall abstrahlen. Ebenso wurde es von Bedeutung, daß sich solch perfekte Haupt-Lautsprecher mit Hilfe von Zusatz-Lautsprechern an die verschiedensten akustischen Umgebungen unterschiedlicher Hörräume anpassen lassen können, ohne daß dabei ihr fehlerfreies akustisches Schallsignal wieder verfälscht wird.

Das hier vorgestellte Ergebnis ist sicherlich richtungsweisend für die HiFi-Lautsprecherwiedergabe der Zukunft. Die Wirksamkeit der Erfindungen, die Einfachheit der Konstruktionen und das erreichte Preis-Leistungs-Verhältnis läßt viele der bisher praktizierten Lösungen als überholt erscheinen. Auch der in der Vergangenheit immer wieder aufgetauchte Wunsch nach anderen, neuen Wandlerprinzipien dürfte daher hinfällig geworden sein.

1.2 Stand der Technik

Der elektrodynamische Lautsprecher bildet durch seine spezielle Bauweise ein mechanisches Masse-Feder-Dämpfungs-Schwingsystem. Durch diese Bauweise wird auch sein prinzipbedingter Fehler im Amplituden- und im Phasenfrequenzgang hervorgerufen. Das Schwingverhalten wird geprägt durch die schwingende Masse, ihre Einspannung mit einer bestimmten Federkonstante und ihre Bedämpfung. Die erzwungenen Schwingungen werden mit Hilfe einer an der Membran befestigten stromdurchflossenen Schwingspule und durch den Strom eines Verstärkers erzeugt. Alle elektrodynamischen Hochtöner, Mitteltöner, Bässe, Breitband-Lautsprecher, Kopfhörer, Bändchen-Lautsprecher und sogar Mikrofone zeigen ein ähnliches, vom Masse-Feder-Dämpfungs-Schwingsystem verursachtes Fehlerverhalten. Die Unterscheidungsmerkmale ergeben sich letztlich nur aufgrund der unterschiedlichen Werte ihrer schwingenden Masse, ihrer Einspannung und ihrer Bedämpfung.

Wird über einen elektrodynamischen Lautsprecher ein elektrisches Signal wiedergegeben, überlagert sich dieses Signal im akustischen Bereich mit dem Eigenverhalten des Wandlers, das durch seine Bauweise hervorgerufen wird. Diese Fehler der elektrodynamischen Wandler werden offensichtlich, sobald ein solcher Lautsprecher an einen hochwertigen Verstärker angeschlossen wird, der selber so gut wie keine Fehler im Übertragungsverhalten aufweist. Gegenüber dem elektrischen Eingangssignal produziert der Lautsprecher dann die in *Bild 1.1* und *Bild 1.2* dargestellten typischen Amplituden- bzw. Schalldruck- und Phasenfehler.

Der Amplitudenfrequenzgang (Schalldruck) verläuft nur in einem Teilbereich linear. Am oberen und unteren Ende des Übertragungsbereichs fällt er stark ab. Vor

1.2 Stand der Technik

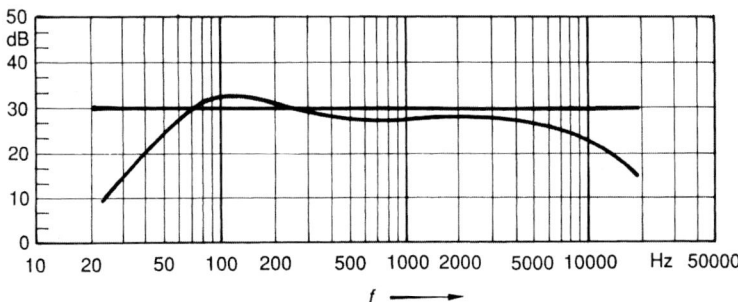

Bild 1.1: Typischer Amplitudenfrequenzgang (Schalldruckverlauf) eines elektrodynamischen Breitbandlautsprechers.

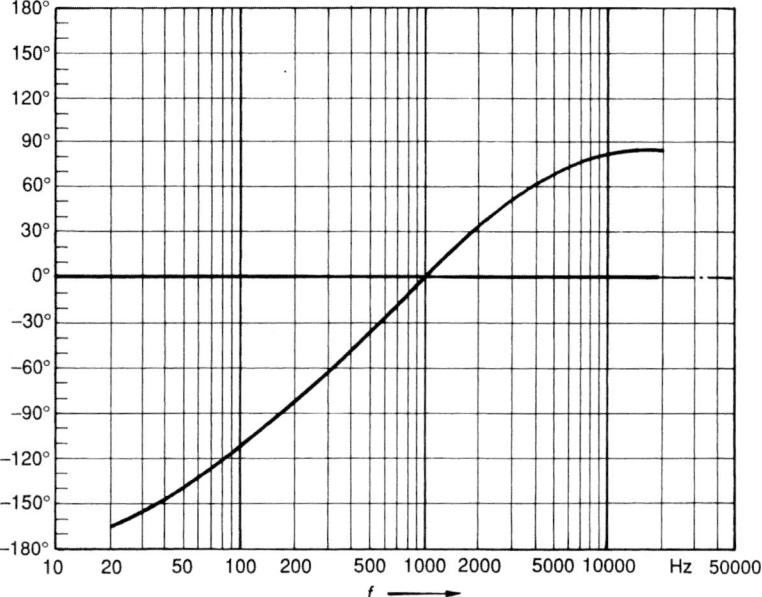

Bild 1.2: Typischer Phasenfrequenzgang eines elektrodynamischen Breitbandlautsprechers.

dem Absinken am unteren Ende zeigt sich eine Resonanzfrequenz mit überhöhten Amplitudenwerten. Beim Phasenfrequenzgang stimmt die Phasenlage des anregenden Signals mit der Phasenlage der Membranbeschleunigung nur an einer einzigen Stelle im ganzen Übertragungsbereich überein. Bei höherer Frequenz treten Phasenverschiebungen bis zu +90 Grad auf, bei tieferen Frequenzen bis zu −180 Grad.

Auch Tonbursts, auf dem Oszilloskop betrachtet, werden deutlich sichtbar verfälscht. Wenn z. B. ein Tonburst auf den Wandler gegeben wird, zeigt sich, daß er

1 TPS – Transducer Preset System

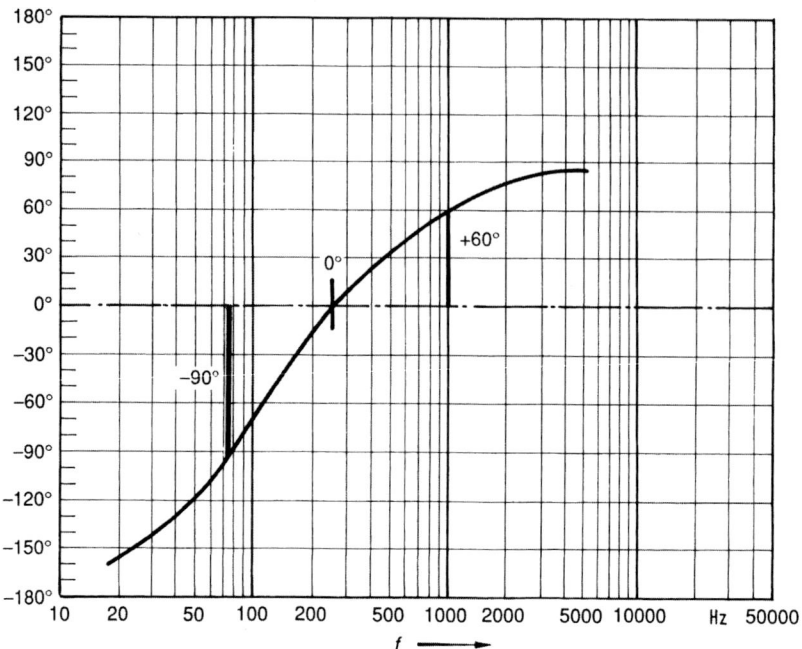

Bild 1.3: Phasenfrequenzgang eines elektrodynamischen Baßlautsprechers.

entsprechend dem elektrischen Signal unmittelbar zu schwingen beginnt, sich dann aber im Einschwingvorgang die der Frequenz entsprechende Phasenverschiebung vollzieht. In eingeschwungenem Zustand schwingt der Wandler entsprechend seiner frequenzmäßigen Phasenlage phasenverschoben. Auch die richtigen Amplitudenwerte werden erst nach dem Einschwingvorgang erreicht. Ebenso ergeben sich bei einem plötzlichen Signalende durch die Phasenverschiebung Fehler im Ausschwingvorgang. In *Bild 1.3* wird der Phasenfrequenzgang eines Baß-Lautsprechers dargestellt. In den Bildern 1.3 a1, 1.3 b1 und 1.3 c1 kann die bei den gekennzeichneten Frequenzen von 75, 250 und 1000 Hz vorgegebene Phasenverschiebung von − 90, 0 und + 60 Grad gezeigt werden. In den Bildern 1.3 a2, 1.3 b2 und 1.3 c2 wurden die Phasenfehler mit der TPS-Entzerrung kompensiert.

Werden anstatt der kurzen Schwingungspakete kontinuierliche Sinusschwingungen als Meßsignale benutzt, so werden die Ein- und Ausschwingfehler am Oszilloskop nicht mehr sichtbar, und auch die durch die Phasenfehler erzeugten Einschwingverzerrungen sind nicht mehr hörbar. Das phasenverschobene Signal wird praktisch nur zeitlich versetzt und trifft, je nach Art der Phasenverschiebung, etwas später oder etwas früher beim Hörer ein, als es eigentlich sollte. Dies ist auch der Grund, weshalb es in der Vergangenheit bei Hörtests mit Sinussignalen immer wieder zu der absurden Aussage kam, Phasenfehler seien nicht hörbar.

Welchen großen Einfluß Phasenfehler auf die Musikwiedergabe haben, läßt sich noch besser mit Frequenzgemischen aufzeigen als mit einzelnen Frequenzen in Gestalt

1.2 Stand der Technik

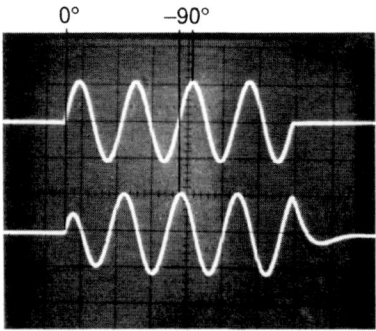

Bild 1.3 a1: Tonburst bei 75 Hz; oben: Eingangssignal; unten: Ausgangssignal unentzerrt; Phasenverschiebung ca. −90 Grad; schlechtes Ein- und Ausschwingen.

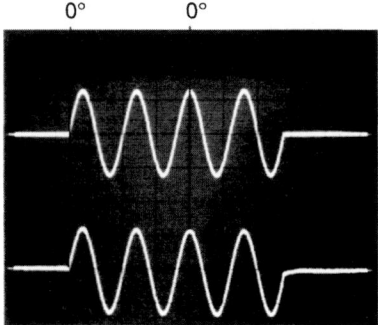

Bild 1.3 a2: Tonburst bei 75 Hz; oben: Eingangssignal; unten: Ausgangssignal entzerrt; Phasenverschiebung nicht meßbar.

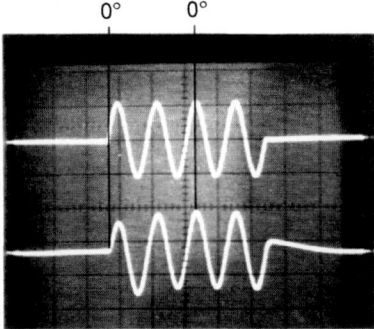

Bild 1.3 b1: Tonburst bei 250 Hz; oben: Eingangssignal; unten: Ausgangssignal unentzerrt; Phasenverschiebung nahe 0 Grad.

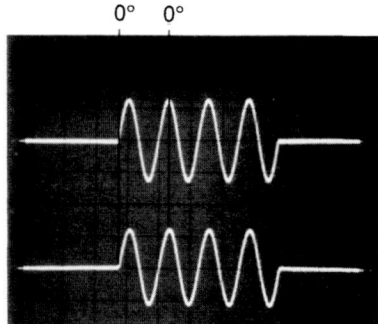

Bild 1.3 b2: Tonburst bei 250 Hz; oben: Eingangssignal; unten: Ausgangssignal entzerrt; Phasenverschiebung nicht meßbar.

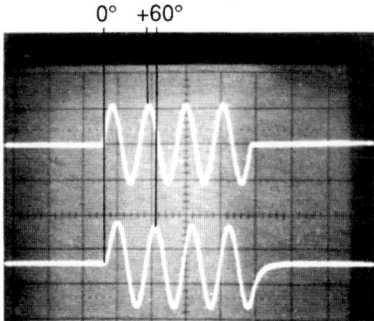

Bild 1.3 c1: Tonburst bei 1000 Hz; oben: Eingangssignal; unten: Ausgangssignal unentzerrt; Phasenverschiebung +60 Grad; Überschwinger beim Einschwingen.

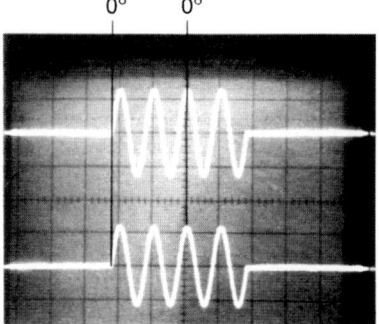

Bild 1.3 c2: Tonburst bei 1000 Hz; oben: Eingangssignal; unten: Ausgangssignal entzerrt; Phasenverschiebung nicht meßbar.

von kontinuierlichen Sinussignalen oder Tonbursts. Bei Frequenzgemischen überlagern sich die einzelnen Frequenzanteile zu Hüllkurven. Eine solche Hüllkurve ist das zu Messungen verwendete Rechtecksignal. Rechtecksignale enthalten das gesamte Frequenzspektrum; die Rechteckform ergibt sich aus der phasenrichtigen Überlagerung aller sinusförmigen Frequenzanteile. Rechtecksignale bestehen, wie Musik, aus Tongemischen. So wie sich beim Rechtecksignal die Rechteckform aus der richtigen Überlagerung aller Frequenzen zusammensetzt, ergibt sich beim Musiksignal die Hüllkurve aus allen Anteilen der Frequenzgemische. Die Hüllkurve oder der wahrnehmbare Klang setzt sich aus der richtigen Überlagerung von Grund- und Obertönen zusammen. Beim elektrodynamischen Wandler passiert es nun, daß die tieffrequenten Schallanteile bis zu − 180 Grad, die hochfrequenten Schallanteile bis zu + 90 Grad gegeneinander phasenverschoben wiedergegeben werden. Das heißt, eine akustisch richtige Überlagerung der einzelnen Frequenzanteile ist prinzipbedingt gar nicht möglich. Wie sehr das Rechteck im Beispiel des Baß-Lautsprechers verformt wird, ist in *Bild 1.4* dargestellt, Rechteckfrequenz 150 Hz.

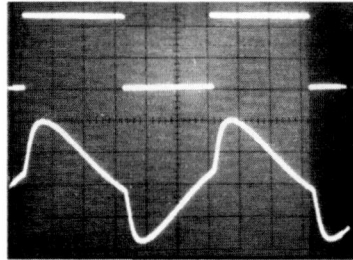

Bild 1.4: Rechteckwiedergabe des elektrodynamischen Baßlautsprechers bei 150 Hz.

Bei einem anderen Lautsprecherchassis mit absolut identischem Schalldruckverlauf, aber anderem Phasenfrequenzgang, müssen sich die hohen und tiefen Frequenzen zwangsläufig zu andersartigen Hüllkurven überlagern, und es ergeben sich auch andere Ein- und Ausschwingverzerrungen bei Impulsen. Dies ist der Grund, warum sich Musik, die sich ja aus Impulsen und harmonischen Frequenzgemischen zusammensetzt, bei vielen Lautsprecherchassis unterschiedlich anhört, trotz gleichen Schalldruckverlaufs. Kommen jetzt zu diesen Phasenfehlern der einzelnen Lautsprecherchassis auch noch die Phasenfehler der vielfältigen Frequenzweichen-Konstruktionen hinzu, wird verständlich, wieso heute praktisch jeder Mehrwege-Lautsprecher bei Musik oder breitbandigen Rauschsignalen anders klingt, ja anders klingen muß.

Sogar wenn zwei völlig identische Lautsprecherchassis in unterschiedlich große Lautsprechergehäuse eingebaut und mit Hilfe eines Equalizers auf den gleichen Schalldruckverlauf eingestellt werden, ergeben sich diese Klangunterschiede. Durch den Einbau des einen Chassis in das kleinere Gehäuse wird eine steifere Einspannung sowie eine stärkere Bedämpfung der Membran des Masse-Feder-Dämpfungs-Schwingsystems dieses Wandlers bewirkt. Die Folge sind Änderungen im Amplituden- und im Phasengang. Es steigt z. B. die Resonanzfrequenz an, und der Schalldruckabfall im Baßbereich setzt früher ein. Wenn jetzt mit Hilfe eines Equalizers lediglich der Schalldruck beider Chassis wieder auf den gleichen Verlauf gebracht wird, die Unterschiede im Phasenfrequenzgang aber bestehen bleiben, müssen selbst bei dem gleichen Lautsprecherchassis diese beschriebenen großen Klangunterschiede entstehen.

Bei einer so starken Verfälschung des Rechtecksignals durch den elektrodynamischen Lautsprecher wird klar, daß Verbesserungen an diesem Glied der elektroakustischen Übertragungskette am notwendigsten und am wirksamsten sind. Gleichzeitig wird aber auch deutlich, daß sich in Zukunft die Maßnahmen zur Verbesserung der Wiedergabequalität bei Lautsprechern nicht mehr allein auf die Linearisierung des Schalldruckverlaufs beziehen dürfen. Nur wenn auch der Phasenfrequenzgang berücksichtigt wird, läßt sich das Ziel der fehlerfreien Musikwiedergabe erreichen.

Vor den Arbeiten des Autors wurden die Lautsprecherchassis praktisch nur als Schalldruckerzeuger betrachtet, und auch alle Verfahren zu deren Fehlerkompensation beschränkten sich allein oder vorwiegend auf die Linearisierung des Schalldruckverlaufs. In der Fachliteratur sowie im Sprachgebrauch war es deswegen sogar üblich, nur vom „Frequenzgang" oder der „Übertragungsfunktion" zu sprechen, wenn der „Schalldruckverlauf" gemeint war, denn eine weitergehende Betrachtungsweise war dem Fachmann fremd. In den Arbeiten des Autors wird das Gesamt-Übertragungsverhalten des elektrodynamischen Wandlers als „komplexe Übertragungsfunktion" umfassend dargestellt und deutlich gemacht, daß es sich hierbei um zwei unterschiedliche Frequenzgangkennlinien im Amplituden- und im Phasenfrequenzgang handelt. Der Begriff Amplitudenfrequenzgang steht hier für den Schalldruckverlauf.

In den Erfindungen zur Kompensation der Lautsprecherfehler, die vor den Arbeiten des Autors veröffentlicht worden waren, erfolgte zwar oft der richtige Ansatz der allgemeinen Differentialgleichung des Masse-Feder-Dämpfungs-Schwingsystems, die spezielle Lösung jedoch erfolgte immer nur in Bezug auf den Schalldruckverlauf. Ebenso waren die dargestellten Schaltungen als equalizer-ähnliche Ausführungen nur zum Linearisieren des Schalldruckverlaufs geeignet, nicht jedoch zur gleichzeitigen Kompensation der Phasenfehler.

Die zuvor beschriebenen Verzerrungen des elektrodynamischen Wandlers im Amplituden- und Phasenfrequenzgang nach Betrag und Phase werden als lineare Verzerrungen bezeichnet. Sie sind, wie schon gesagt, systembedingt und können daher durch konstruktive Maßnahmen nur beeinflußt, nie aber beseitigt werden. Da sie durch induktive und kapazitive Komponenten des Übertragungssystems verursacht werden, lassen sie sich jedoch durch entsprechend abgestimmte Netzwerke ausmerzen. Darauf beruht im wesentlichen die TPS-Entzerrschaltung [5].

Verbessert man hingegen nur das Übertragungsverhalten von HiFi-Verstärkern, an denen die Lautsprecher betrieben werden, so gehen diese Maßnahmen an der eigentlichen Fehlerquelle vorbei. Die Verzerrungen bei HiFi-Verstärkern liegen heute bereits, was etwa den Klirrfaktor betrifft, in der Größenordnung von unter 0,01 %. Da die Lautsprecher immer in Verbindung mit den Verstärkern betrieben werden, die Lautsprecherfehler aber wesentlich größer als die Verstärkerfehler sind, kommen weitergehende Verbesserungen an den HiFi-Verstärkern nur noch in sehr begrenztem Maß zum Tragen und sind keinesfalls mehr ausschlaggebend für den guten Klang. Auch wenn in Mehrwege-Aktivboxen jeder Hoch-, Mittel- und Tieftöner an einem eigenen Verstärker betrieben wird, hat man die prinzipbedingten Übertragungsfehler jedes einzelnen Lautsprecherchassis noch nicht kompensiert – ganz zu schweigen von jenen zusätzlichen Phasenfehlern, die von der Frequenzweiche hervorgerufen werden. Schon aus dem bisher Gesagten geht zwangsläufig hervor, daß die seit einiger Zeit propagierte „Aktivboxentechnik" ein nutzloser Aufwand bleibt, solange man die Phasenfehler der Lautsprecherchassis und die der Frequenzweiche nicht ausschaltet.

1.3 Funktionsprinzip der TPS-Lautsprecherentzerrung

Die vom Autor (in der Firma Pfleid Wohnraumakustik) entwickelte TPS-Lautsprecherentzerrung beruht auf der Tatsache, daß die beiden entscheidenden Fehler eines elektrodynamischen Lautsprecherchassis im Amplituden- und Phasenfrequenzgang vom Masse-Feder-Dämpfungs-Schwingsystem herrühren. Sie sind systembedingt und können als bekannt vorausgesetzt werden. Man braucht also bei Lautsprechern keine Sensoren oder eine Gegenkopplungsschaltung, um ihre Übertragungsfehler aufzuspüren, sondern man weiß im voraus, mit welchen Abweichungen bzw. Fehlern ein Chassis auf ein bestimmtes Ansteuersignal reagiert. In diesem Buch soll die Ausführungsform der Entzerrung als Analogrechenschaltung genauer beschrieben werden. Sie wurde mit dem Pfleid TPS Hybridbaustein verwirklicht.

Die TPS-Lautsprecherentzerrung ist eine elektrisch stabile Analogrechenschaltung. Sie wird auf den inversen Amplituden- und Phasenfrequenzgang des zu korrigierenden Lautsprechers genau eingestellt. In Reihe mit dem Lautsprecher geschaltet, werden alle seine Fehler kompensiert, die sich aus dem Masse-Feder-Dämpfungs-Schwingsystem ergeben *(Bild 1.5)*.

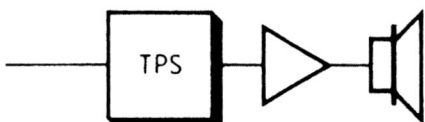

Bild 1.5: Die TPS-Analogrechenschaltung wird vor den Endverstärker für das zu entzerrende elektrodynamische Lautsprecherchassis geschaltet.

Erstmals wird es aufgrund der TPS-Entzerrschaltung möglich, die elektrischen Signale in Verbindung den preiswerten elektrodynamischen Lautsprechern akustisch fehlerfrei zu erzeugen, ohne die Fehler dieses Wandlerprinzips. Impulsförmige Signale, Rechtecke oder Tonbursts sind auch als akustische Signale weitgehend unverfälscht nachweisbar. Ein weiterer Vorteil der TPS-Entzerrung ist es, daß durch die Einstellung auf den inversen Amplituden- und Phasenfrequenzgang das inverse Eigenverhalten des Wandlers in der Schaltung gespeichert wird. Ein ankommendes elektrisches Signal durchläuft zwangsweise die TPS-Schaltung und das Lautsprecherchassis. Damit ist gewährleistet, daß die prinzipbedingten Fehler der Wandler im akustischen Bereich gar nicht mehr auftreten können. Im Gegensatz zur „dummen" Nachregelung, „kennt" die TPS-Entzerrschaltung bereits die zu erwartenden Fehler des Lautsprecherchassis und kann sie deswegen von vornherein zuverlässig verhindern. Sie läßt sich überdies selbst bei Kopfhörern oder Mikrofonen einsetzen, bei denen sich aufgrund ihrer geringen Membranmasse oder ihrer filigranen Bauweise gar keine Sensoren anbringen lassen können.

1.4 Warum keine Gegenkopplung

Die Motional Feedback Schaltung (MFB) kann die prinzipbedingten Trägheitsfehler der Lautsprecher im akustischen Bereich nicht von vorn herein verhindern. Zur Funktionsweise dieser Schaltung gehört es, daß die Fehler immer erst auftreten müssen, bevor versucht werden kann, sie wieder wegzuregeln. Der Regelungsvorgang erfolgt über eine Rückkopplungsschleife, die bei elektrodynamischen Wandlern den Nachteil der Schwingneigung mit sich bringt. Wird der Rückkopplungsfaktor hoch gewählt, schwingt die Schaltung und verzerrt das Signal. Wird der Rückkopplungsfaktor klein gewählt, ist auch die Korrekturwirkung nur gering.

Rückkopplungsschaltungen sind im Verstärkerbau weit verbreitet. Allerdings wird bei Verstärkern immer nur ein absolut trägheitsloses elektrisches Signal geregelt, und zudem liegt dort die kritische Phasendrehung weit oberhalb des nutzbaren Übertragungsbereichs. Diese beiden Gründe erlauben eine hohe Schleifenverstärkung, ohne daß die Schaltung dabei ins Schwingen kommt. Deswegen kann auch bei gegengekoppelten Verstärkern eine gute Regelungswirkung erzielt und die Verstärkerfehler zuverlässig verhindert werden.

In Rückkopplungsschaltungen bei elektrodynamischen Lautsprechern kommen durch das Membran- und Schwingspulengewicht sowie aufgrund der zu bewegenden Luft wirkliche Massen im Regelungskreis vor, und außerdem liegt die kritische Phasendrehung voll innerhalb des Übertragungsbereichs. Aus diesen Gründen ist keine hohe Schleifenverstärkung ohne Schwingneigung möglich. Wenn aber die Schleifenverstärkung klein gehalten werden muß, läßt sich auch keine gute Regelungswirkung mehr erzielen.

Da die Kraft der Regelungswirkung wegen der Schwingneigung klein gehalten werden muß, können die plötzlich auftretenden großen Fehler bei Impulsen nicht sofort weggeregelt werden, es bleibt beim wirkungslosen Regelungsversuch. Deshalb kann man bei dem MFB-Regelungsverfahren, das in Verbindung mit dem elektrodynamischen Lautsprecher angewendet wird, durchaus von einer „Nachregelung" sprechen, die Zeit zur Entfaltung ihrer Korrekturwirkung braucht. Eine solche Schaltung kann deswegen auch nur im Baßbereich bei länger anhaltenden Schwingungen zum Tragen kommen und kann selbst dort nichts mehr bewirken, sobald es sich um Baßimpulse handelt.

Wenn man Schalldruckaufzeichnungen vornimmt, indem das sinusförmige Meßsignal den Meßbereich von 20...20 000 Hz langsam durchläuft, kann die Wirkung der Regelung durchaus meßtechnisch nachweisbar sein. Vor allem im Baßbereich bei den langen Wellenlängen und genügender Zeit zur Regelungswirkung läßt sich die Baßverstärkung unterhalb der Resonanzfrequenz deutlich nachweisen. Falls hingegen impulsförmige Signale von Tonbursts oder Rechtecken auf einem Oszilloskop dargestellt werden, bei denen die Regelungswirkung schnell, sofort und kräftig wirken müßte, zeigen sich keine Verbesserungen gegenüber den Fehlern ungeregelter Lautsprecher. Die Einschwingvorgänge von Impulsen werden trotz einer Regelung in gleicher Weise verfälscht wie bei ungeregelten Lautsprechern. Da Musik aber hauptsächlich aus Impulsen besteht, kann schon allein aufgrund der Struktur des Klanggeschehens das

Prinzip der Gegenkopplung bei Lautsprechern keine Vorteile gegenüber ungeregelten Lautsprechern erbringen.

MFB-Schaltungen sind sehr aufwendig und trotzdem bei Impulsen wirkungslos. Daß keine gute Regelungswirkung erzielt werden kann, gilt für alle Arten von Regelungsschleifen oder Rückkopplungsschaltungen in Verbindung mit dem elektrodynamischen Lautsprecher, egal ob die Aufnahme des verfälschten Signals über mechanische, elektrische oder optische Sensoren an der Membran *(Bild 1.6)* geschieht oder über eine Stromabtastung an der Schwingspule *(Bild 1.7)* erfolgt.

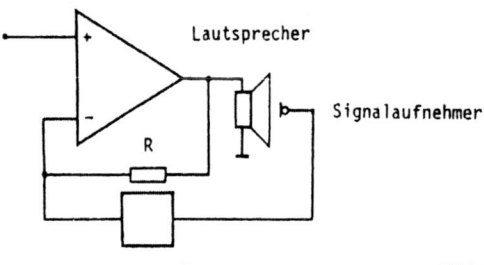

Bild 1.6: Gegenkopplung über Signalaufnehmer.

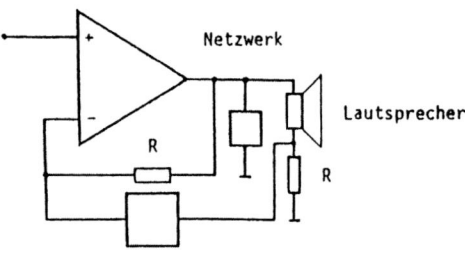

Bild 1.7: Gegenkopplung über EMK.

Verfahren, die mit Hilfe von Sensoren die Membranbewegung kontrollieren, sind unter dem Namen Motional Feedback (MFB) bekannt *(Bild 1.6)*. Jene Verfahren, die das Stromsignal an der Schwingspule kontrollieren *(Bild 1.7)*, sind als Verfahren zur Nachbildung der negativen Eingangsimpedanz des Wandlers oder als Verstärker mit negativen Innenwiderstand in Bezug zum Lautsprecherwiderstand bekannt geworden.

Obwohl das Prinzip der Gegenkopplung weltweit im Verstärkerbau zur Optimierung des Übertragungsverhaltens angewendet wird, benützt es kaum jemand zur Kompensation der Lautsprecherfehler. Denn hier wird die Wirksamkeit durch die phasendrehenden Eigenschaften des elektrodynamischen Wandlers in Verbindung mit der daraus folgenden Schwingneigung zu sehr eingeschränkt.

Die Regelungswirkung bei Lautsprechern war von Anfang an umstritten. In der Zwischenzeit hat sich dieses Thema fast wieder erledigt. Es ist nämlich meßtechnisch einwandfrei nachweisbar, daß durch die TPS-Entzerrschaltung gerade jene Fehler der elektrodynamischen Wandler wirklich beseitigt werden, die sich durch eine Regelung über Rückkopplungsschaltungen nicht beseitigen lassen. Immerhin haben Fachleute bereits bei der Einführung der MFB-Regelungsschaltung in Verbindung mit elektrodynamischen Lautsprechern darauf hingewiesen, daß dieses Verfahren aus technischen Gründen gar nicht die gewünschten akustischen Ergebnisse erbringen kann.

1.5 Modellregelung

Bei den Rückkopplungsschaltungen, in denen der Lautsprecher selbst im Regelkreis liegt, liefern die Sensoren einen eigenen zusätzlichen Fehlerbeitrag. Die Sensoren nehmen das verfälschte akustische Signal an der Lautsprechermembran auf und wandeln es in ein elektrisches Signal zurück. Durch den Vergleich mit dem elektrischen Eingangssignal wird das Korrektursignal erzeugt.

Es entstehen aber nicht nur Probleme, weil der technische Rückwandlungsvorgang nicht fehlerfrei vor sich gehen kann, sondern auch dadurch, daß das an einer bestimmten Stelle auf der Membran abgegriffene Signal nicht unbedingt aussagekräftig in Bezug auf die Wandlerfehler sein muß. Keine Lautsprechermembran ist als ein in sich steifes und gleichförmig schwingendes Gebilde zu betrachten. Außerdem senden die Lautsprechermembranen nicht nur Schallwellen in den Hörraum hinaus, sondern sie empfangen auch Reflexionen, die Membranbewegungen hervorrufen. Wenn jedoch das Eintreffen zeitverzögerter Reflexionen zu einer Korrekturwirkung beim abgestrahlten Direktschall führt, entstehen dadurch neue Fehler. Überdies wird das schwache und fehlerhafte Sensorsignal durch die ebenfalls notwendig werdende Entzerrung sowie die weitere Verstärkung nochmals beeinträchtigt. All dies führt dazu, daß die Regelungsgenauigkeit sehr stark verringert wird.

Aus diesem Grunde verwenden einige Hersteller zur Gewinnung eines Korrektursignals eine elektronische Lautsprecher-Ersatzschaltung anstatt des echten Lautsprecherchassis. Die Ersatzschaltung soll bezüglich des Amplituden- und Phasenfrequenzgangs sowie hinsichtlich der Ein- und Ausschwingvorgäge bei Impulsen die gleichen Fehler im Übertragungsverhalten produzieren wie das Lautsprecherchassis selbst.

Falls diese Schaltung jedoch nicht genau dem Lautsprecher entspricht, erzeugt auch sie eigene Fehler. In den Rückkopplungszweig gesetzt, gelten für diese Schaltung jedoch die gleichen Nachteile wie bei dem Lautsprecherchassis selbst. Eine hohe Schleifenverstärkung ist wegen der Schwingneigung, die hier durch die phasendrehenden Eigenschaften der Ersatzschaltung hervorgerufen wird, nicht möglich. Nur die Fehler, die durch den Sensor selbst hervorgerufen werden, entfallen. Deshalb bleibt auch bei der Modellregelung die Korrekturwirkung auf die phasenrichtige Wiedergabe und die unverfälschte Impulswiedergabe vernachlässigbar gering. Die „Nachregelung" mit Hilfe der Lautsprecherersatzschaltung ist daher ebenfalls keine taugliche Lösung.

1.6 Warum kein Equalizer?

Equalizer sind Geräte zur beliebigen Beeinflussung des Schalldruckverlaufs. Sie werden seit Anfang der Studiotechnik bei Breitband-Lautsprechern sowie bei Mehrwege-Lautsprecherboxen gleichermaßen dazu verwendet, um klangliche Veränderungen des Musikmaterials nach geschmacklichen Gesichtspunkten der Tonmeister durchzuführen, um Klangeffekte zu erzielen oder um Fehler bei der Raumakustik auszugleichen.

Bekannt sind die sogenannten „Graphic-Equalizer". Bei ihnen wird das gesamte Frequenzband durch Filterschaltungen in vorher festgelegte Teilbereiche aufgeteilt. Üblich ist eine Aufteilung in Oktav- oder Terzbänder. Die einzelnen Filter der Teilbereiche können – einzeln und voneinander unabhängig – beliebig eingestellt werden. Außerdem gibt es die sogenannten „Parametric-Equalizer". Bei ihnen lassen sich auch die speziellen Teilfrequenzbereiche wählen, in denen die Filter ihre Korrekturwirkung entfalten sollen; zudem ist die Filtercharakteristik einstellbar. Üblich sind zwei getrennte Einstellbereiche am oberen und unteren Ende des Übertragungsbereichs sowie drei separate Einstellbereiche dazwischen.

Graphic-Equalizer sind weitverbreitet und erlauben ein einfaches und grobes Einstellen des gewünschten Schalldruckverlaufs. Bei Parametric-Equalizern ist der Einstellvorgang weniger übersichtlich. Da aber die Einstellbereiche frei wählbar sind, kann die Anpassung an spezielle Schalldruckverläufe genauer erfolgen als mit Graphic-Equalizern.

Für beide Arten von Equalizern gilt, daß die Einstellabschnitte der Einzelfilter im Gesamtübertragungsbereich der Schaltung immer frequenzmäßig begrenzt sind.

Der Vorteil der Equalizer ist, daß die Einstellmöglichkeiten der aktiven Filter auf relativ kleine und frequenzmäßig begrenzte Einstellbereiche beschränkt wird. Damit ist die Einstellung beliebiger Schalldruckverläufe relativ einfach und übersichtlich. Unter anderem kann auch der lineare Schalldruckverlauf leicht eingestellt werden. Der Nachteil ist jedoch dabei, daß die komplexen Zusammenhänge der Einflüsse beim elektrodynamischen Wandler, deren Parameter sich in ihrer gegenseitigen Abhängigkeit über den gesamten Übertragungsbereich erstrecken, nur noch unzureichend erfaßt werden.

Kennzeichen der Konstruktion des elektrodynamischen Lautsprechers ist es doch, daß die Bauteile des Masse-Feder-Dämpfungs-Schwingsystems in ihrer gegenseitigen Abhängigkeit komplex zusammenwirken. Jede Veränderung eines Werts seiner Bauteile wirkt komplex im gesamten Übertragungsbereich mit den anderen Bauteilen zusammen und ist nicht auf einen begrenzten Frequenzabschnitt des Übertragungsbereichs beschränkt, wie beispielsweise die Einstellmaßnahmen mit Hilfe von Equalizern. Eine Änderung seiner schwingenden Masse bewirkt beispielsweise Änderungen seiner Phasenfehler im Tief- und im Hochtonbereich sowie Änderungen im gesamten Übertragungsbereich des Schalldruckverlaufs.

Jede Schaltung, mit der auf den Amplitudenfrequenzgang eines elektrodynamischen Wandlers Einfluß genommen wird, hat, bedingt durch die komplexen Strukturen und die gegenseitige Abhängigkeit aller Parameter untereinander auch eine Auswirkung auf seinen Phasenfrequenzgang zur Folge.

Trotzdem ist mit der angenäherten Linearisierung des Schalldruckverlaufs nicht automatisch auch sein Phasenfrequenzgang richtig kompensiert. Dies gilt vor allen

Dingen, wenn mit Filtern, die aus aktiven elektronischen Bauteilen bestehen, Kompensationsmaßnahmen vorgenommen werden, die in ihrer komplexen Struktur nicht die komplexen Verhältnisse des elektrodynamischen Wandlers erfassen können. Deshalb geht auch bereits bei der Aufteilung des Gesamtübertragungsbereichs eines elektrodynamischen Lautsprechers in mehrere kleine, jeweils für sich begrenzte Frequenzabschnitte und Korrekturmaßnahmen, die nur in diesen begrenzten Frequenzabschnitten wirken können, die komplexe Gesamtstruktur einer solchen Ersatzschaltung verloren. Wenn deshalb die Fehler im Amplitudenfrequenzgang eines elektrodynamischen Lautsprechers auf diese Weise mit Hilfe von graphischen Equalizern grob, oder mit parametrischen Equalizern etwas besser ausgeglichen werden, können trotzdem die Fehler im Phasenfrequenzgang nur unzureichend kompensiert werden.

Für beide beschriebenen Arten von Equalizern gilt, daß sie nur zur Begradigung des Amplitudenfrequenzgangs bzw. zur Linearisierung des Schalldruckverlaufs geeignet sind. Durch die in selektiven Frequenzbereichen wirkenden Filterschaltungen werden bereits im elektrischen Signal, das den Lautsprechern erst noch zugeleitet werden muß, Phasenfehler erzeugt. Dieser Sachverhalt wird nicht zuletzt daraus deutlich, daß es für jede Meßpositionen im Hörraum eine andere Einstellung der Filter zum Erzeugen des gleichen linearen Amplitudenfrequenzgangs gibt, wobei sich aber alle zugehörigen Phasenfrequenzgänge voneinander unterscheiden. Der unterschiedliche Phasenfrequenzgang bei Lautsprechern ist aber einer der Hauptgründe, weshalb Lautsprecher trotz absolut gleichen Amplitudenfrequenzgangs völlig unterschiedlich klingen. Deshalb sind auch die Bemühungen, die prinzipbedingten Fehler der elektrodynamischen Wandler zu kompensieren, zum Scheitern verurteilt, solange man dies unter dem alleinigen Gesichtspunkt der Linearisierung des Schalldruckverlaufs mit Hilfe von Equalizern versucht.

Beispiele von Kompensationsschaltungen mit solch ungenügender Wirkungsweise sind schon lange bekannt und können bis in die jüngste Zeit der Patentliteratur gefunden werden. Anzuführen sind hier die US-PS 4,042,560 [9] oder die identische DE-PS 33 25 520 [10], die erst sechs Jahre nach der genannten US-Patentschrift angemeldet und deswegen sicherlich zu Unrecht erteilt wurde. In diesen Patentschriften wird zwar mehrfach auf den Schalldruckverlauf Bezug genommen, aber kein einziges Mal kommt das Wort Phasenfrequenzgang oder Phasenfehler vor. Diese Schriften sind exakt einem Parametric-Equalizer nachempfunden. Dort wird der Schalldruckverlauf begradigt, indem mit einem Integierglied der Baßabfall und mit einem Differenzierglied der Höhenabfall ausgeglichen werden. Die US-PS 4,340,778 [11] fügt zu einem Integrier- und Differenzierglied noch ein spezielles Einzelfilter hinzu, um damit die Überhöhung an der Stelle der Resonanzfrequenz im Schalldruckverlauf einzuebnen. Aber auch hier fehlt der Hinweis auf die Phasenfehler, die solche Einzelfilter erzeugen, wenn sie in selektiven Frequenzbereichen getrennt voneinander eingesetzt und eingestellt werden.

Die durch solche Filter hervorgerufenen Phasenfehler sowie die sich aus den Phasenfehlern ergebenden Verzerrungen bei Impulsen sind von der gleichen Art wie bei den handelsüblichen Equalizern. Indem man lediglich den Amplitudenfrequenzgang des elektrodynamischen Wandlers mit Hilfe eines Equalizers begradigt – ohne den Phasenfrequenzgang zu berücksichtigen – läßt sich die Gesamtproblematik des elektrodynamischen Wandlers gar nicht erfassen. Deshalb eignen sich Equalizer nicht zum

Kompensieren der prinzipbedingten Gesamtübertragungsfehler von elektrodynamischen Wandlern.

Die Phasenfehler bei Equalizern werden durch aktive oder passive Filterschaltungen in gleicher Weise erzeugt wie durch analoge oder digitale Filterausführungen. Je größer die Flankensteilheit der Filter in den Equalizern gewählt wird, desto größer werden die Phasenfehler und die Fehler in den Ein- und Ausschwingvorgängen von Impulsen. Die Phasenfehler der Equalizerschaltungen überlagern sich mit den Phasenfehlern der elektrodynamischen Wandler zu neuen, sehr komplexen Fehlern, die eigenständige Klangeindrücke hervorrufen. Besonders bei breitbandigen Rauschsignalen (Pink Noise) oder Musik werden diese Fehler hörbar. Dies ist auch der Grund, weshalb Musik oder breitbandiges Rauschen mit praktisch allen heutigen Lautsprechern, die nicht frequenz- und gleichzeitig auch phasenkompensiert sind, anders klingt – ja anders klingen muß.

Equalizer taugen obendrein nicht einmal zur sachgerechten Anpassung der HiFi-Lautsprecher an die Hörraum-Akustik. Denn sobald man dies mit Equalizern versucht, wird aufgrund der hierbei unvermeidlichen Phasenfehler zwangsläufig auch der Direktschall verfälscht. Das unverfälschte Signal – und damit auch der unbeeinträchtigte Direktschall – sind jedoch das Kernstück der einwandfreien HiFi-Wiedergabe. Daher auch der Verzicht auf die Filter der Klangeinsteller bei High-End-Geräten (näheres hierzu im Kapitel 5 „Raumakustik-Lautsprecher").

1.7 Die Rechteckwiedergabe bei Verstärkern

Das Rechtecksignal konnte vor 30 Jahren mit den damals üblichen Röhrenverstärkern noch nicht richtig wiedergeben werden. Es war ein Meilenstein in der Entwicklungsgeschichte des Verstärkerbaus, als man erstmals mit Transistorverstärkern ein Rechtecksignal zumindest im elektronischen Bereich ohne maßgebliche Verfälschungen wiederzugeben vermochte. Nicht von ungefähr ist daher im elektronischen Teil der Übertragungskette mittlerweile dieses Meßverfahren unumstritten, das mit Hilfe von Rechtecksignalen Signalverfälschungen überprüft.

Durch die Erfindung der elektronischen Lautsprecherentzerrung TPS (Transducer Preset System) wird es auch für elektrodynamische Wandler möglich, das Rechtecksignal im akustischen Bereich annähernd richtig wiederzugeben. Dies ist ohne Zweifel einer der entscheidenden Fortschritte in der Schallwandlertechnik. Da dies aber nicht nur gehörmäßig, sondern ebenso wie bei Verstärkern und CD-Playern auch meßtechnisch überprüft werden kann, haben Lautsprecher und Kopfhörer, die ein Rechteck- oder Tonburstmeßsignal verfälschen, schon kurzfristig schlechtere Chancen, langfristig sind sie als technisch überholt zu betrachten.

1.8 Die TPS-Entzerrung ermöglicht bessere Lautsprecherchassis

Die TPS-Entzerrschaltung kann dazu benützt werden, jedes beliebige elektrodynamische Lautsprecherchassis zu entzerren. Jeder Lautsprecherbesitzer kann somit ein vorhandenes Lautsprecherchassis auch noch nachträglich entzerren. Ganz abgesehen davon, daß die TPS-Entzerrschaltung vor allem den Entwicklern von Lautsprecherchassis völlig neue Möglichkeiten eröffnet. Der Konstrukteur muß nicht mehr gleichzeitig entgegengesetzte Parameter berücksichtigen wie z. B. leichte und stabile Lautsprechermembranen. Er kann ein höheres Gewicht der Membran gut mit der TPS-Entzerrung kompensieren und das Mehrgewicht zur Verbesserung des Partialschwingungsverhaltens einsetzen.

Auch bei der Verwirklichung von immer kleineren HiFi-Boxen kann die TPS-Entzerrung gewährleisten, daß die Baßwiedergabe genauso gut bleibt wie bei wesentlich größeren Lautsprecherboxen. Das kleinere Boxenvolumen wirkt sich aus wie eine steifere Einspannung der Membran mit einer gleichzeitig größeren Bedämpfung. Akustisch wirkt sich dies so aus, daß die Resonanzfrequenz von tieferen auf höherliegende Frequenzen verschoben wird.

Wenn beispielsweise die Resonanzfrequenz eines Lautsprecherchassis in einem großen Lautsprechergehäuse bei 25 Hz liegt, steigt sie in einem entsprechend kleineren Gehäuse auf 70 Hz. Aufgrund physikalischer Gesetzmäßigkeiten fällt jedoch der abgestrahlte Schalldruck unterhalb der jeweiligen Resonanzfrequenz des Lautsprecherchassis stets sehr stark ab. Deshalb wird im kleineren Lautsprechergehäuse die Baßwiedergabe im Tieftonbereich wesentlich leiser.

Die Einflußgrößen der Membraneinspannung und ihrer Bedämpfung sind bei jedem Lautsprecherchassis wesentliche Bestandteile des vom Chassis gebildeten Masse-Feder-Dämpfungs-Schwingsystems. Folglich lassen sie sich mit der TPS-Entzerrung kompensieren. Somit läßt sich mit der TPS-Entzerrung auch der Einfluß der kleinen Lautsprechergehäuse gänzlich ausschalten.

Allerdings benötigt man zur Kompensation dieser Fehler – vor allem bei Baßimpulsen – große Verstärkerleistungen. Sofern der Verstärker ausreichende Kraftreserven bereitstellt, kann der Schalldruck im Baß bis zur gewünschten unteren Grenzfrequenz (die einstellbar ist) absolut linear verlaufen, und die Resonanzfrequenz des Lautsprecherchassis tritt gar nicht mehr in Erscheinung.

Ein weiterer großer Vorteil der direkten Wandlerentzerrung liegt darin, daß hierbei der elektrodynamische Wandler und seine ihm zugeordnete Entzerrschaltung (also „Wandler + TPS") eine Einheit bilden, an deren Eingang und Ausgang sich exakte und fehlerfreie Signale meßtechnisch nachweisen lassen. Jeder Baustein der Übertragungskette, wie CD-Player, Vorverstärker, Endverstärker, sowie Frequenzweiche und „Wandler + TPS" kann demgemäß für sich konstruiert und auch meßtechnisch überprüft werden. Überdies wird der ohnehin aussichtslose Versuch hinfällig, bei Mehrwege-Lautsprechern mit Frequenzweichen die Wandlerfehler durch Weichenfehler zu korrigieren. Hinzu kommt, daß die Vorzüge guter Verstärker in Bezug auf exakte elektrische Signalübertragung erst mit der TPS-Entzerrung akustisch hörbar werden.

Die TPS-Schaltung hat, sobald sie auf einen bestimmten Wandler abgestimmt wird,

1 TPS – Transducer Preset System

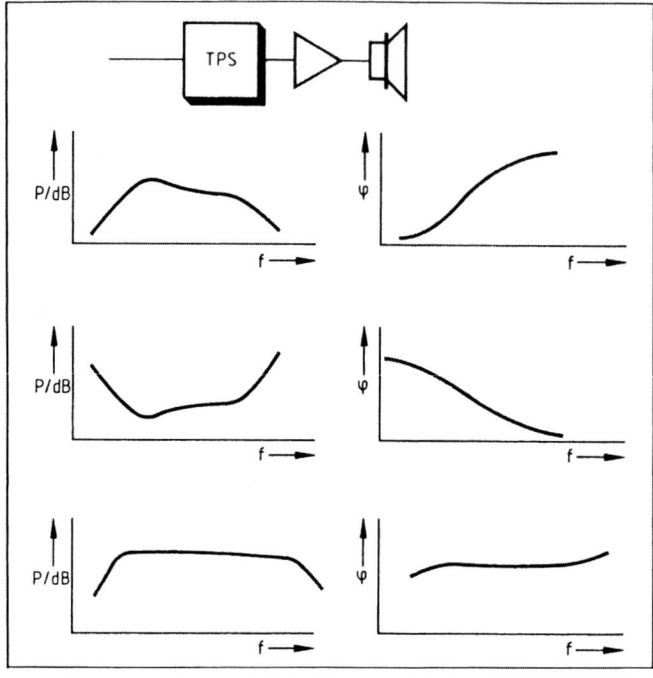

Bild 1.8: Schematische Darstellung der Wirkungsweise der TPS-Korrektur: Amplituden- (linke Spalte) und Phasenfrequenzgang (rechte Spalte) des Wandlers (oben), der TPS-Schaltung (Mitte) und des korrigierten Wandlers (unten).

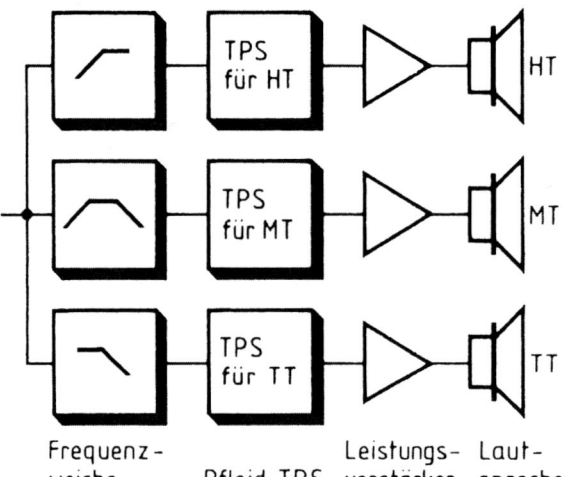

Frequenz-weiche   Pfleid TPS   Leistungs-verstärker   Laut-sprecher

Bild 1.9: Einsatz der TPS-Korrektur in einem 3-Weg-Aktivlautsprecher.

genau das inverse Amplituden- und Phasenverhalten des dazugehörigen Wandlers *(Bild 1.8)*. Die Anordnung der TPS-Entzerrung in einer Schaltung erfolgt immer so, daß jede speziell auf einen Wandler abgestimmte TPS-Schaltung in Reihe vor dem Endverstärker für den zugehörigen Wandler in die Schaltung eingeschleift wird.

Der in *Bild 1.8* dargestellte Einsatz der TPS-Schaltung gilt für Breitband-Kopfhörer und Breitband-Lautsprecher, die im HiFi-, Auto- oder Fernsehbereich eingesetzt werden. Bei diesen Anwendungsbereichen ergibt sich mit der TPS-Entzerrung der große Vorteil, daß man mit nur einem Wandler für den ganzen Übertragungsbereich auskommt. Die zusätzlichen Kosten und auch die Probleme, die mit Frequenzweichen, mit mehreren Lautsprecherchassis und mit mehreren Endverstärkern entstehen, können vermieden werden. Der in *Bild 1.9* dargestellte Einsatz der TPS-Schaltung gilt für Mehrwege-Aktiv-Boxen mit Frequenzweichen.

1.9 Theoretische Grundlagen

Grundsätzlich läßt sich jeder elektrodynamische Lautsprecher wunschgemäß entzerren, egal ob er Differentialgleichungen vierter, fünfter oder auch unbegrenzt höherer Ordnung entspricht, also eine beliebige komplexe Übertragungsfunktion aufweist. Dies ist technisch möglich und auch im Schutzumfang der Patentschriften [7, 8] enthalten.

Nun gibt es jedoch Unstetigkeitsstellen der komplexen Übertragungsfunktionen, vor allem im mittleren Übertragungsbereich, die allein durch Unzulänglichkeiten der Chassis-Bauteile bedingt sind. In diesem Zusammenhang hat es sich in der Praxis bewährt, solche Konstruktionsfehler durch verbesserte Komponenten zu beheben und nicht mit der TPS Entzerrung zu kompensieren. Es ist besser, eine instabile Lautsprechermembran durch eine stabile Membran zu ersetzen oder mit einer anderen Sicke zu

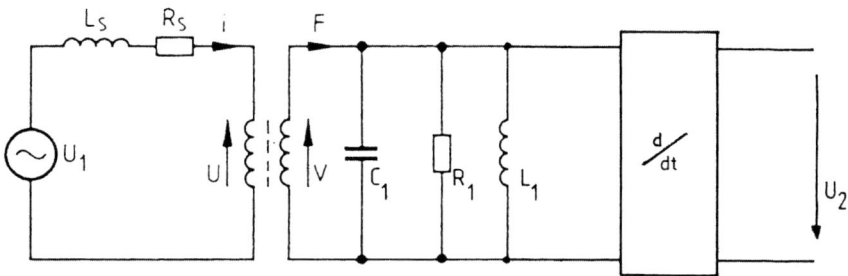

Bild 1.10: Vereinfachtes Ersatzschaltbild eines elektrodynamischen Lautsprechers.

U_1 Eingangsspannung
U_2 Beschleunigung/Schalldruck
R_s Schwingspulenwiderstand
L_s Schwingspuleninduktion
R_1 Dämpfung
C_1 Masse
L_1 Federsteife
V Membrangeschwindigkeit
B magnetische Induktion
l Länge der Spule im Magnetfeld
i Schwingspulenstrom
F Antriebskraft = $B \times l \times i$

bedämpfen, als mit der TPS Entzerrschaltung den daraus resultierenden Übertragungsfehler zu beheben. Zur Korrektur stetiger komplexer Übertragungsfunktionen reicht aber in der Regel eine Differentialgleichung dritter Ordnung aus.

In der elektrischen TPS Kompensationsschaltung dritter Ordnung sind deshalb folgende Einflüsse nicht erfaßt:

1. das akustische Bündelungsverhalten des Wandlers,
2. Nichtlinearitäten bei der Antriebskraft, bei der Membraneinspannung usw. und
3. das Partialschwingungsverhalten der Membran.

Die TPS-Entzerrschaltung ist geeignet, folgende, aus dem Masse-Feder-Dämpfungs-Schwingsystem herrührende, systembedingte Übertragungsfehler eines elektrodynamischen Wandlers zu kompensieren, der nach dem Ersatzschaltbild von *Bild 1.10* als Analogrechenschaltung einer Differentialgleichung dritter Ordnung bestimmt ist.

Je besser der Lautsprecher dem Ersatzschaltbild nach *Bild 1.10* entspricht, desto günstiger wird das Ergebnis beim Einsatz der Korrekturschaltung. Der Wandler muß also gewissen mechanischen Mindestanforderungen entsprechen, damit ein bestmögliches Ergebnis erreicht werden kann. Schlechte Lautsprecher kann man folglich mit der TPS-Entzerrung zwar enorm verbessern, doch erst gute Lautsprecher werden nahezu fehlerfrei.

Ein elektrodynamischer Schallwandler läßt sich in folgende Elemente zerlegen:

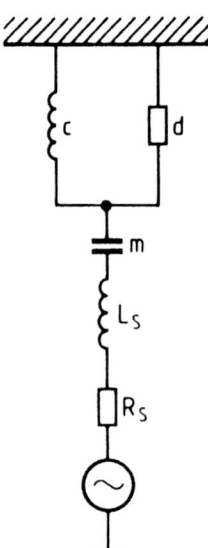

– die schwingende Masse (m),
– die Federkraft der Einspannung (c),
– die Bedämpfung (d),
– der Antrieb (F) und schließlich
– die Schwingspulencharakteristik (S).

Bild 1.11: Mechanisches Systembild eines elektrodynamischen Lautsprechers.

Diese Elemente lassen sich als elektromechanische Analogien in einem Ersatzschaltbild *(Bild 1.10)* aber auch in einem mechanischen Systembild darstellen *(Bild 1.11)*. Diese Darstellungen beschreiben zwar nicht das gesamte Verhalten eines Lautsprechers, reichen jedoch in diesem Zusammenhang zum Erklären der wichtigsten elektromechanischen Reaktionen aus.

1.9 Theoretische Grundlagen

Derlei Reaktionen lassen sich mathematisch mit hinreichender Genauigkeit durch eine Differentialgleichung dritter Ordnung beschreiben. Durch Differentialgleichungen höherer Ordnungen könnte das Wandlerverhalten sogar noch exakter beschrieben werden, jedoch wirken sich die Einflüsse von Koeffizienten höherer Ordnung nicht mehr so stark aus wie die niederer Ordnung. Daher kann man sie für diese näherungsweise Beschreibung durchaus vernachlässigen.
Der Ansatz der Differentialgleichung lautet:

$$S\dddot{s}(t) + m\ddot{s}(t) + R_1\dot{s}(t) + L_1 s(t) = Bli(t) \qquad \text{(Gleichung 0)}$$

Die hier beschriebene Korrektur der linearen Verzerrungen beruht nun darauf, daß die reziproke mathematische Lösung dieser Differentialgleichung, als Analogrechner realisiert, das Verhalten eines elektrodynamischen Lautsprechers elektrisch invertiert nachbildet. Mit dem betreffenden Lautsprecher in Reihe geschaltet, beseitigt sie die systembedingten Wandlerfehler weitgehend.
Zum Ersatzschaltbild des Lautsprechers läßt sich folgende Dämpfungsfunktion ansetzen:

$$H_1(p) = \frac{U_1}{U_2} = L_S C_1 \cdot \frac{p^3 + \left(\frac{R_S}{L_S} + \frac{1}{R_1 C_1}\right)p^2 + \left(\frac{R_S}{R_1 C_1 L_S} + \frac{1}{L_1 C_1} + \frac{1}{L_S C_1}\right)p + \frac{R_S}{L_1 L_S C_1}}{\tau p^2} \qquad \text{(Gleichung 1)}$$

Nach mehreren mathematischen Umformungen und Vereinfachungen ergibt sich daraus:

$$H_1(p) = C_0 \cdot \frac{(p + V_1) \cdot (p + V_2) \cdot (p + V_3)}{\tau_n p^2} \qquad \text{(Gleichung 3)}$$

wobei V_1, V_2 und V_3 dimensionslose Zahlenwerte sind, die sich aus den Bauteilwerten aus der Gleichung 1 ergeben.
Für die gesuchte Korrekturschaltung wird eine Dämpfungsfunktion gefordert, die das inverse Verhalten des Schallwandlers darstellt. Dazu kommt der Zähler aus Gleichung 3 in den Nenner. Der allgemeine Ansatz im Zähler wird auf die dritte Ordnung erweitert, um das mathematische Stabilitätskriterium zu erfüllen. Es ergibt sich der allgemeine Ansatz der Dämpfungsfunktion für die Korrekturschaltung:

$$H(p) = \frac{U_1}{U_2} = C \cdot \frac{\left(p^2 + \frac{\omega_0}{Q}p + \omega_0^2\right) \cdot (p + V)}{(p + V_1)(p + V_2)(p + V_3)} \qquad \text{(Gleichung 4)}$$

Dabei sind V_1, V_2 und V_3 die dimensionslosen Werte aus der Gleichung 3
Die Gleichung 4 läßt sich umformen, und man erhält:

$$H(p) = \frac{p^3 + a_2 p^2 + a_1 p + a_0}{b_3 p^3 + b_2 p^2 + b_1 p + b_0} \qquad \text{(Gleichung 5a)}$$

Diese Gleichung bildet die Grundlage für die TPS Analogrechenschaltung *(Bild 1.12)*.

1 TPS – Transducer Preset System

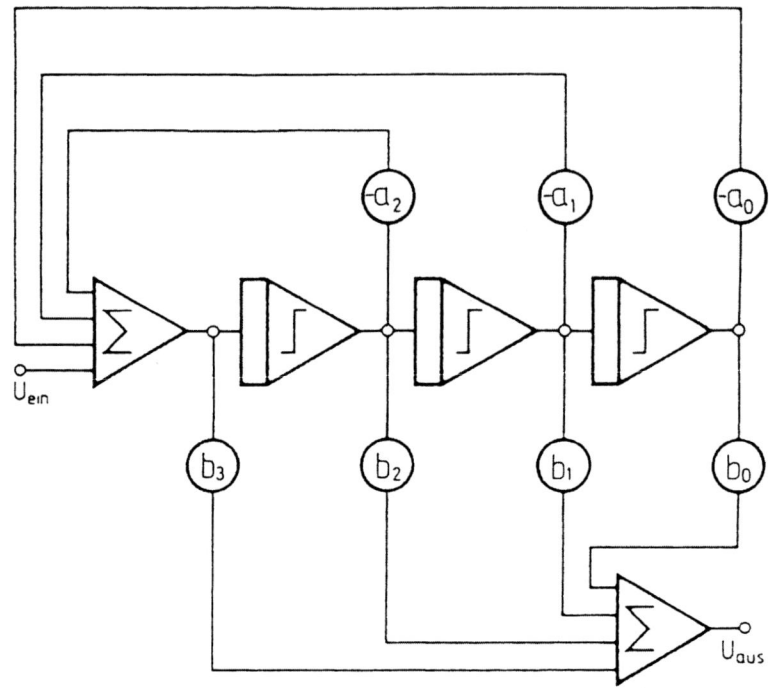

Bild 1.12: Blockschaltbild der Pfleid-TPS-Analogrechenschaltung.

Für die Bestimmung der Koeffizienten der Differentialgleichung gibt es zwei Lösungswege. Der erste Lösungsweg wird vollzogen durch das Ausmessen der physikalischen Werte der Masse, der Federsteife, der Dämpfung sowie der Induktivität. Anschließend rechnet man diese Werte in die entsprechenden Koeffizienten um. Der Nachteil dieses Lösungswegs liegt in der erforderlichen hohen Meßgenauigkeit für die physikalischen Lautsprecherwerte und im aufwendigen Umrechnungsverfahren. Diese Vorgehensweise eignet sich nur für eine computergesteuerte Meßauswertung mit anschließender Berechnung.

Als zweiten Lösungsweg wurde ein einfaches Verfahren entwickelt, das es relativ schnell ermöglicht, die Koeffizientenwerte durch eine schrittweise Annäherung zu ermitteln. Der Vorteil dieses Verfahrens liegt in seiner leichten Anwendbarkeit für jedermann. Eine einfache technische Grundausrüstung genügt, um die Koeffizienten für ein beliebiges Lautsprecherchassis zu ermitteln. Die Beschreibung dieses Verfahrens erfolgt auf den folgenden Seiten in allen Einzelheiten.

1.10 Der Einstellvorgang im Überblick

Der Aufbau der TPS-Entzerrschaltung entspricht der Komplexität eines elektrodynamischen Wandlers und stellt eine Differentialgleichung dritter Ordnung dar. Die Bestimmung der richtigen Kennwerte der Stellglieder auf der Einstellplatine entspricht, mathematisch gesehen, der Bestimmung der richtigen Koeffizienten des zu entzerrenden Wandlers. Durch das Einstellen der Koeffizienten wird das inverse Eigenverhalten des Lautsprecherchassis in der Schaltung gespeichert. Die so eingestellte Schaltung wirkt elektrisch als Entzerrung für den Wandler.

Die Konstruktion der TPS-Lautsprecherentzerrung in Gestalt des Pfleid-TPS-Hybrids ist folgendermaßen strukturiert: Der Schaltungsaufbau der Differentialgleichung wurde innerhalb dieses Elektronikbausteins untergebracht, die Koeffizienten der Differentialgleichung hingegen außerhalb dieses Hybrids angeordnet *(Bild 1.13)*. Acht Widerstände und drei Kondensatoren genügen, um die Entzerrung eines beliebigen elektrodynamischen Wandlers vorzunehmen.

Zum Vereinfachen des Einstellverfahrens liefern wir die in *Bild 1.14* dargestellte Einstellplatine. Darauf sind alle zu bestimmenden Kenngrößen einstellbar angeordnet, z. B. die Koeffizienten der Differentialgleichung in Form von Einstellpotentiometern. Der Pfleid TPS Hybrid und die Kondensatoren finden Platz in Steckfassungen. Die Einstellplatine ist ein Funktionsmuster der TPS-Entzerrschaltung.

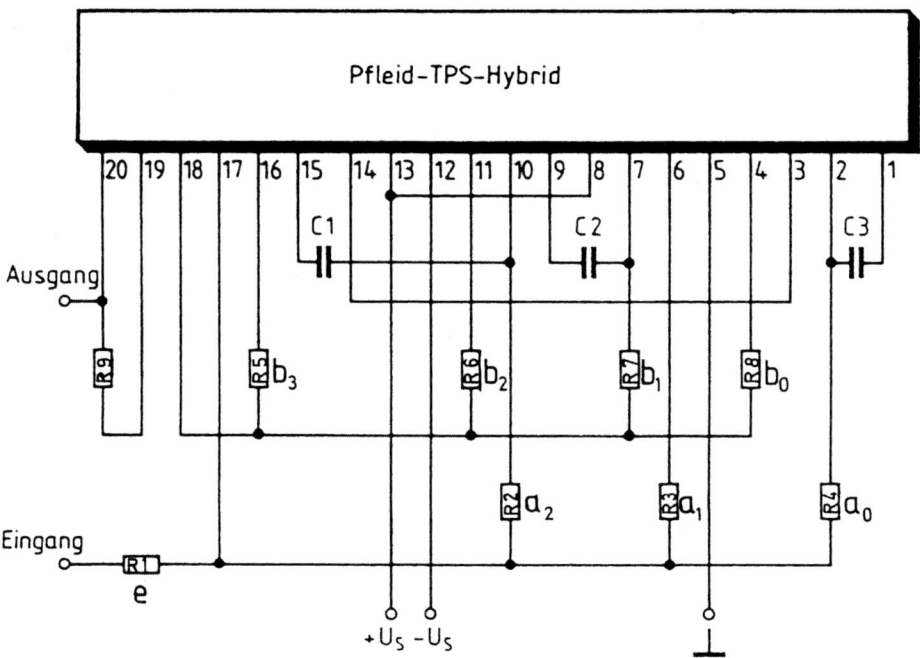

Bild 1.13: Komplette Beschaltung des Pfleid-TPS-Hybrids.

1 TPS – Transducer Preset System

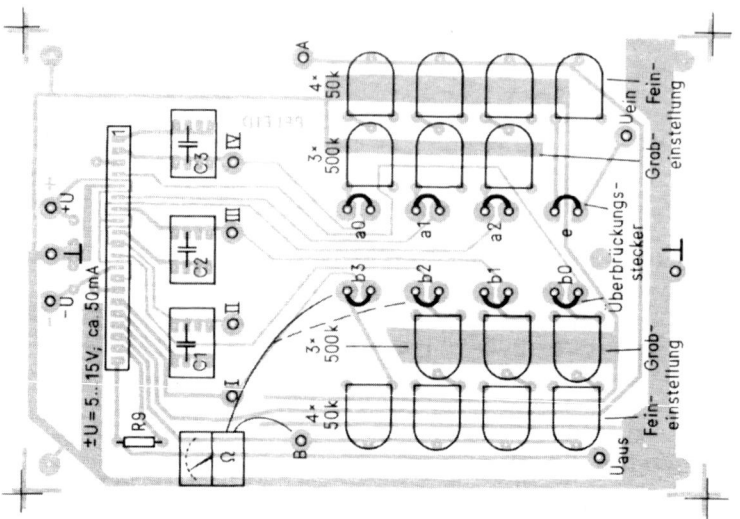

Bild 1.14: Die Einstellplatine. Hier wird die komplette Beschaltung des Pfleid-TPS-Hybrids mit variablen Koeffizientenwerten verwirklicht. Ausgangswiderstand = kleiner 100 Ω kurzschlußfest; Eingangswiderstand = Wert von e (aus Bild 1.13). Platinenlayout siehe Anhang.

Dieses Funktionsmuster wird vor den zu entzerrenden Wandler geschaltet, indem die Signalleitung zwischen dem Vor- und dem Endverstärker einfach aufgetrennt und die Entzerrschaltung dort eingeschleift wird. Das Einschleifen der TPS-Entzerrschaltung kann bei Vollverstärkern auch über einen Tape-Anschluß mit Monitorschaltung erfolgen.

Für den Einstellvorgang sind rechteckförmige Meßsignale erforderlich. Die vom Lautsprecher abgestrahlten Schallwellen werden anhand eines Oszilloskops sichtbar gemacht, indem man sie mit Hilfe eines hochwertigen Kondensator- oder Elektretmikrofon aufzeichnet. Man benötigt deshalb solch hochwertige Mikrofone, weil sie neben einem absolut linearen Schalldruckverlauf auch keine Phasenfehler aufweisen, die das wiederaufgenommene Signal bereits verfälschen würden.

Die Ermittlung der Koeffizienten erfolgt durch manuelles Verstellen der Einstellpotentiometer bei gleichzeitiger Betrachtung der akustischen Antwort auf dem Oszilloskop. Die optische Kontrolle der Signalveränderung durch das Verstellen der Potentiometer ermöglicht es, ohne jeden Rechenaufwand in kurzer Zeit die Kenngrößen der acht Einstellglieder zu bestimmen. Die Koeffizientenpotentiometer werden, ausgehend von empirisch gefundenen Richtwerten, in ihrem Wert variiert. Wenn bei allen Frequenzen die Wiedergabe des Rechtecks einwandfrei bleibt, hat man die Kennwerte der Einstellglieder für diesen Wandler. Die Widerstandswerte lassen sich an der Einstellplatine mit Hilfe von Meßinstrumenten ablesen. Bei Gebrauch der TPS-Entzerrschaltung in der Praxis werden sie auf der entsprechenden Platine nur noch als Festwiderstände ausgeführt.

Bei Rechtecksignalen ergibt sich die Rechteckform nach Fourier aus der Überlagerung vieler Frequenzen. Falls hierbei irgendwo im gesamten Übertragungsbereich

Amplituden- oder Phasenfehler auftreten, läßt sich dies im überlagerten Signal sofort an der Verformung des Rechtecks erkennen. Umgekehrt kann man aber auch sagen, daß keine Fehler mehr vorhanden sind, sobald die Rechteckwiedergabe fehlerfrei ist. Dies ist der große Vorteil, wenn mit Rechtecksignalen gearbeitet wird. Man muß nicht mehr genau nach der Ursache der Fehler suchen, sondern kann sicher sein, daß kein Fehler mehr vorhanden ist, sobald die Rechteckform richtig wiedergegeben wird. Die erst anschließend gemessenen Amplituden- und Phasenfrequenzgänge der Wandler sind naturgemäß hervorragend und dienen lediglich zum Nachweis der erfolgreichen Entzerrung.

Es wird ganz dringend empfohlen, bei der Ermittlung der Koeffizienten für einen Lautsprecher unbedingt die Einstellplatine zu verwenden. Dies ist notwendig, weil sich nämlich mit jedem anderen ungeprüften Schaltungs-Aufbau unvorhersehbare Kapazitäten und unkontrollierte Überspreicheffekte ergeben können und sich somit Schwingneigungen grundsätzlich nicht ausschließen lassen. Ein unbeherrschbares Schwingen kann aber zur Überlastung und Zerstörung der Lautsprecherchassis führen.

1.11 Die Bauteile auf der Einstellplatine

Die Koeffizienten der Differentialgleichung e, a_0, a_1, a_2, b_0, b_1, b_2, b_3 können durch die rechts und links außen angeordneten Potentiometer mit dem Bereich bis 50 kOhm fein eingestellt werden. Mit den innen daneben angeordneten Potentiometern bis 500 kOhm erfolgt die Grobeinstellung. (Für e und b_3 genügt ein Potentiometer.)

Um die TPS-Entzerrung eines elektrodynamischen Lautsprechers mit Hilfe der Einstellplatine in der Praxis durchzuführen, eignet sich die im Anhang „Platinen" unter Punkt 1 dargestellte Platine mit Bestückungsplan und Stückliste, deren Blockschaltung in *Bild 1.12* dargestellt ist.

Wenn die noch weiter in der Mitte liegenden, den Potentiometern zugeordneten Überbrückungsstecker abgezogen werden, kann zwischen A und dem oberen Pin von a_0, a_1, a_2, e der Widerstandswert des Potentiometers gemessen werden, der die Größe dieses Koeffizienten ist. Die Widerstände b_0 bis b_3 werden zwischen B und dem oberen Pin des jeweiligen Koeffizienten gemessen. Vor Inbetriebnahme der Korrekturschaltung sind die Überbrückungsstecker wieder aufzustecken.

C_1, C_2, C_3 sind Integrationskondensatoren; ihr Wert hängt von dem jeweiligen Einsatzbereich des Pfleid-TPS-Hybrids ab. Pro Fassung können bis zu 4 Kondensatoren parallel gesteckt werden. R_9 bestimmt die Größe des Ausgangspegels.

In die Steckfassung wird der Pfleid TPS Hybrid so eingesteckt, daß die gekennzeichnete Seite, Pin 1, sich bei dem Integrationskondensator C_3 bzw. rechts befindet.

Die mit A, B, I, II, III und IV bezeichneten Stellen sind Meßpunkte. Am äußersten oberen Rand sind die Anschlüsse für die externe Stromversorgung $\pm U = 5 - 15$ V; 50 mA. Am äußersten unteren Rand sind die Ein- und Ausgänge sowie der Masseanschluß.

1.12 Beschreibung der Koeffizientenpotentiometer

Wie sich aus der Differentialgleichung und der Analogrechenschaltung zeigen läßt, hat das Verändern eines Koeffizienten a oder b einen mehr oder weniger starken Einfluß auf alle Parameter des Lautsprechers. Das heißt, es ist nicht möglich, mit dem Verändern eines Koeffizienten die Parameter, wie Resonanzfrequenz oder Güte, gezielt zu beeinflussen. Hingegen läßt sich, wie nachfolgend beschrieben, eine grobe Angabe über den jeweiligen Wirkungsbereich eines Koeffizienten vornehmen.

e   bestimmt den Eingangswiderstand und die Größe der internen Signalspannung. Mit steigendem Wert von e sinken die internen Signalspannungen und die Ausgangsspannung proportional. Dieser Koeffizient ist ohne Rückwirkung auf die anderen Koeffizienten.
a_0 Einfluß im untersten Frequenzbereich. Damit wird die untere Grenze des Korrekturbereichs definiert
a_1 In Zusammenwirken mit a_0 wird die Steilheit des Abfalls am unteren Ende des Korrekturbereichs definiert.
a_2 Einfluß bei höheren Frequenzen
b_0 Amplitudenanhebung im unteren Frequenzbereich
b_1 Einfluß im mittleren Bereich
b_2 Einfluß im mittleren Bereich
b_3 Frequenzanhebung im oberen Frequenzbereich. Dieser Koeffizient ist ohne Rückwirkung auf die anderen Koeffizienten.

Bei b_0, b_1, b_2, b_3 nimmt mit steigendem Widerstandswert der Einfluß der Koeffizienten auf die Korrekturwirkung ab.

Die nachfolgenden Graphen in *Bild 1.15 a* zeigen die Auswirkung der Koeffizientenpotentiometer a_0, a_1 sowie der Integrationskondensatoren C_2, C_3 einzeln und miteinander kombiniert. Dargestellt sind die Amplitudenverläufe der Korrekturschaltung. Damit lassen sich gezielt Veränderungen in der Korrekturwirkung vornehmen, wie z. B. eine Kompensation der Resonanzfrequenz an einer beliebigen Stelle im Schalldruckverlauf, die Art des Amplitudenabfalls unterhalb der Resonanzfrequenz, sowie die Einstellung auf eine bestimmte Lautsprechergüte.

Wichtig: Da sich aus dem Amplitudenverlauf der Graphen nicht unbedingt auf den Phasenverlauf schließen läßt, können diese Angaben nur zur Anleitung der Wirkungsweise der Potentiometer beim Abgleichvorgang dienen. Der tatsächliche Feinabgleich muß über die akustische Messung gefunden werden.

Als Ausgangswerte der Koeffizienten zu Beginn des Abgleichvorgangs kann man an der Einstellplatine zunächst die Koeffizienten bekannter Lautsprecherchassis einstellen.

In *Bild 1.15 b* und *c* sind Breitband-Lautsprecher dargestellt, in *Bild 1.15 d* ein Hochtöner, in *Bild 1.15 e* ein Mitteltöner, in *Bild 1.15 f* ein Baß-Lautsprecher.

1.12 Beschreibung der Koeffizientenpotentiometer

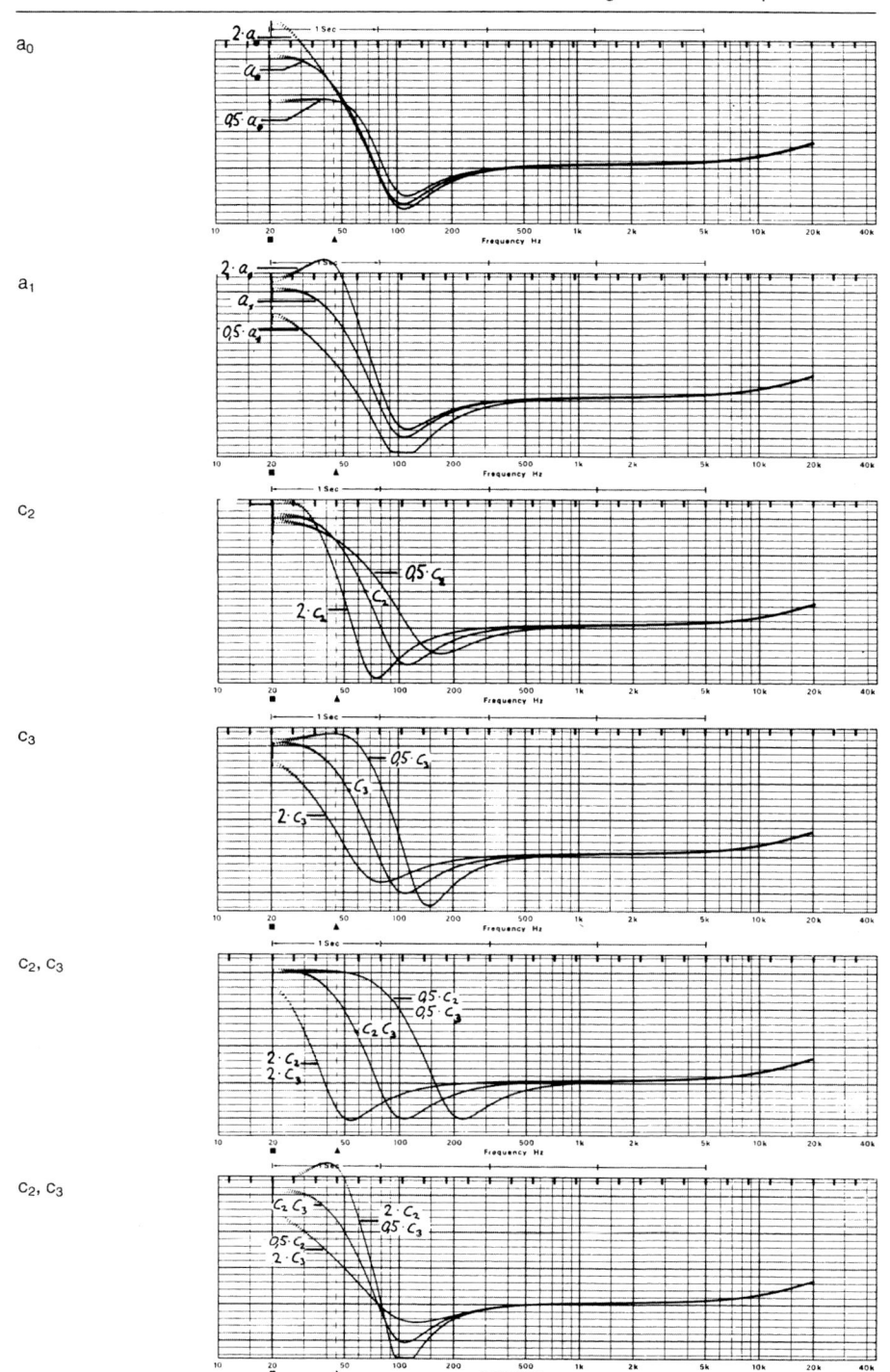

Bild 1.15a: Graphen der Koeffizientenpotentiometer a bzw. der Integrationskondensatoren c.

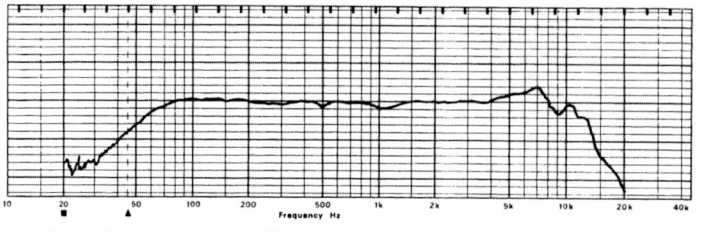

1 TPS – Transducer Preset System

Amplitudenfrequenzgang des Wandlers

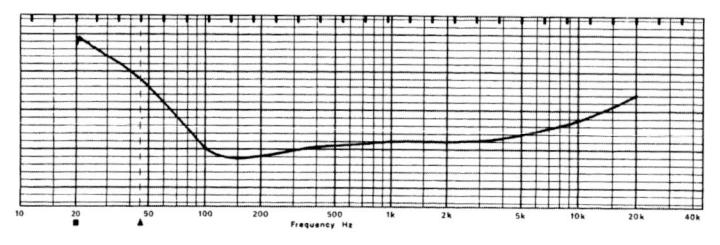

Amplitudenfrequenzgang der Korrekturschaltung

Bild 1.15b: Koeffizienten eines Breitbandlautsprechers.

Werte der Einstellplatine (Bild 1.14)
$a_0 = 120\,k$
$a_1 = 39\,k$
$a_2 = 36\,k$
$b_0 = 36\,k$
$b_1 = 174\,k$
$b_2 = 220\,k$
$b_3 = 120\,k$
$C_1 = 520\,p$
$C_2 = 133\,n$
$C_3 = 440\,n$

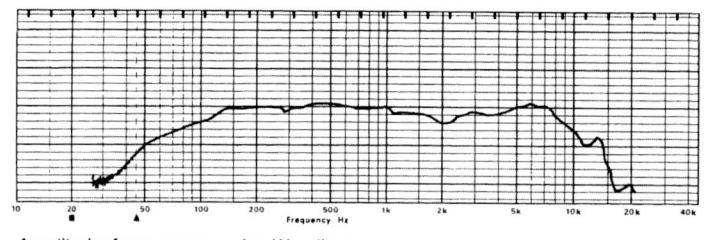

Amplitudenfrequenzgang des Wandlers

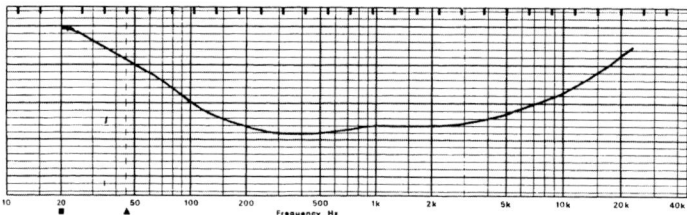

Amplitudenfrequenzgang der Korrekturschaltung

Bild 1.15c: Koeffizienten eines Breitbandlautsprechers.

Werte der Einstellplatine (Bild 1.14)
$a_0 = 100\,k$
$a_1 = 36\,k$
$a_2 = 47\,k$
$b_0 = 100\,k$
$b_1 = 402\,k$
$b_2 = 560\,k$
$b_3 = 205\,k$
$C_1 = 470\,p$
$C_2 = 33\,n$
$C_3 = 330\,n$

Bild 1.15 d: Koeffizienten eines Hochtöners.

a_0 = 14 k b_2 = 270 k
a_1 = 22 k b_3 = 330 k
a_2 = 15 k C_1 = 580 p
b_0 = 95 k C_2 = 5 n
b_1 = 150 k C_3 = 5,2 n

Bild 1.15 e: Koeffizienten eines Mitteltöners.

a_0 = 170 k b_2 = 245 k
a_1 = 86 k b_3 = 220 k
a_2 = 22 k C_1 = 1,2 n
b_0 = 270 k C_2 = 27 n
b_1 = 94 k C_3 = 25 n

Bild 1.15 f: Koeffizienten eines Basses.

a_0 = 180 k b_2 = 300 k
a_1 = 44 k b_3 = 420 k
a_2 = 50 k C_1 = 9 n
b_0 = 38 k C_2 = 80 n
b_1 = 120 k C_3 = 400 n

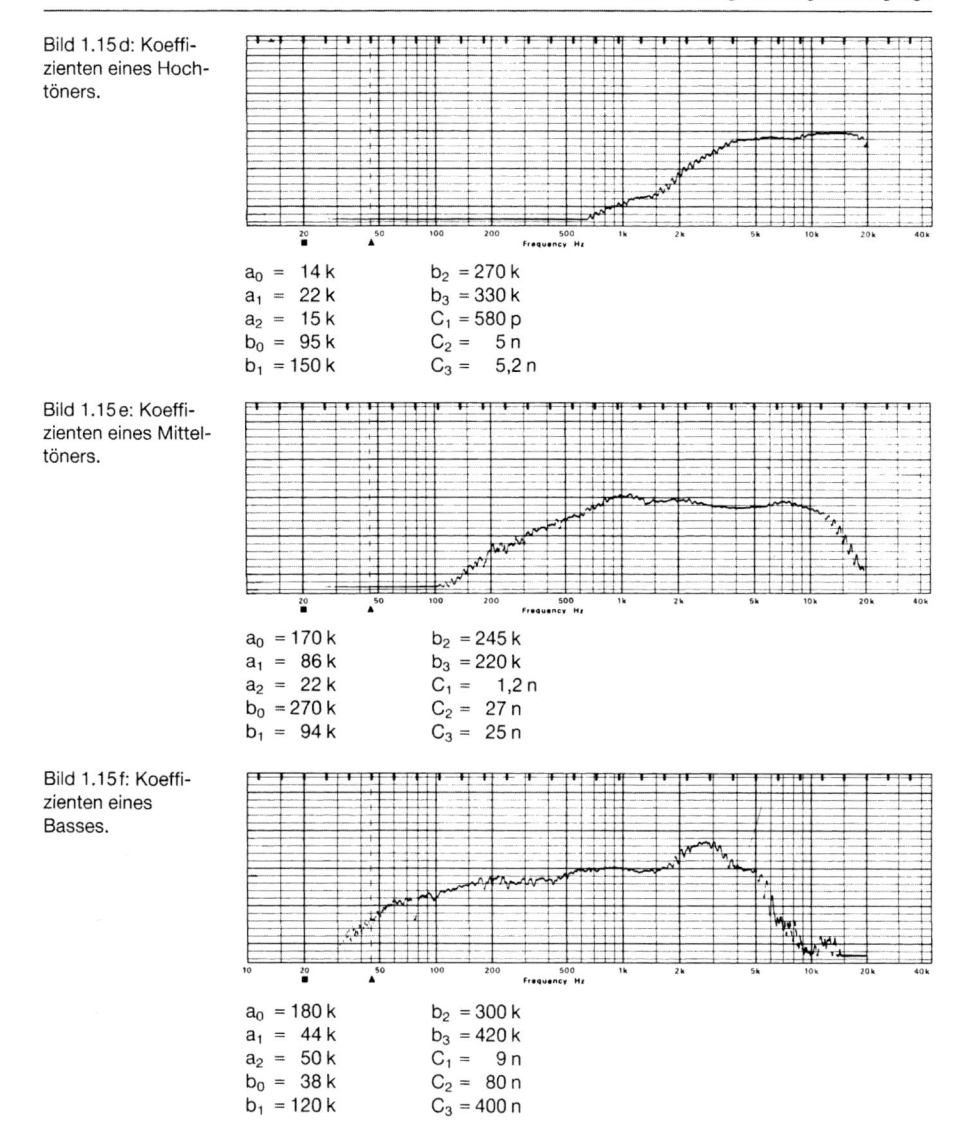

1.13 Die Beschreibung des Abgleichvorgangs

Acht teilweise voneinander abhängige Einstellglieder richtig einzustellen, ist nicht leicht. Dennoch kommt man schnell zu einem guten Ergebnis, weil jede Koeffizientenveränderung sofort am Oszilloskop überprüft werden kann, indem man kontrolliert, wie sich die Veränderungen auf die Form des Rechtecksignals auswirken. Außerdem sollen die nachfolgenden Erläuterungen und Einstellhinweise weiterhelfen.

Da jede neue Koeffizienteneinstellung auf die komplexe Übertragungsfunktion des Gesamtsystems einwirkt, muß ihre Auswirkung nicht nur jeweils bei einer Frequenz, sondern auch bei anderen Frequenzen überprüft werden. Es kann zum Beispiel sein, daß die Veränderung eines Koeffizienten bei einer Frequenz eine Verbesserung der Rechteckwiedergabe erbringt, aber bei allen anderen Frequenzen eine Verschlechterung erzeugt. Es ist dann zu untersuchen, ob nicht ein anderer, oder mehrere Koeffizienten zusammen, bei dieser Frequenz die gleiche Verbesserung erbringen, daß aber dadurch bei den anderen Frequenzen keine Verschlechterung erzeugt wird, sondern ebenfalls eine Verbesserung eintritt. Dies alles geht nur über einen wechselweisen Vorgang des Einstellens und des Überprüfens. Nach kurzer Zeit des Probierens, mit Geduld und mit ein wenig Erfahrung entwickelt man schnell ein Gefühl dafür, um die Wirkung bestimmter Einstellglieder richtig zu beurteilen und um den gesamten Einstellvorgang gezielt vornehmen zu können.

Schritt 1
Zuerst muß akustisch der Amplitudenfrequenzgang des unkorrigierten Wandlers gemessen werden.

Schritt 2
Vergleichen Sie den gemessenen Schalldruckverlauf mit den in *Bild 15 b, c, d, e, f* dargestellten Kennlinien. Suchen Sie einen ähnlichen Frequenzverlauf heraus, und übernehmen Sie die dazugehörigen Werte als erste Näherung der Einstellgrößen für die entsprechenden Einstellpotentiometer. Auch die C-Werte müssen entsprechend eingesetzt werden. Wählen Sie als e-Wert 10 kOhm. Diese Einstellung des e-Werts ist für den Abgleichvorgang noch ohne Bedeutung.

Schritt 3
Zur Durchführung des Abgleichs muß der Schaltungsaufbau nach *Bild 1.16* erstellt werden. Als preiswertes Meßmikrofon kann z. B. das Elektret Sondenmikrofon von Sennheiser Typ KE 4-211-2 verwendet werden.

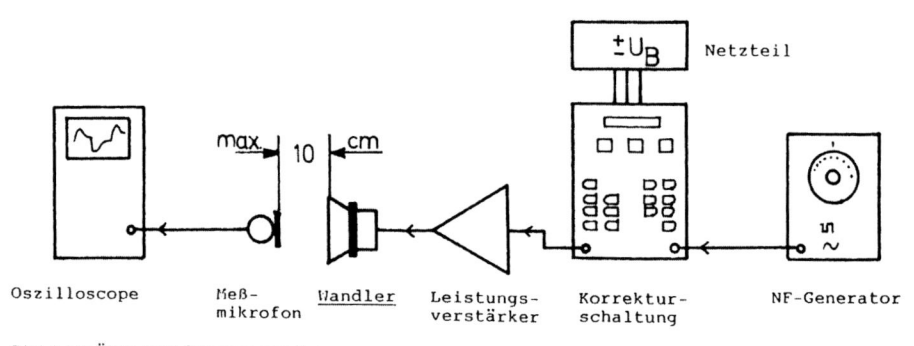

Bild 1.16: Übersicht Schaltungsaufbau.

1.13 Die Beschreibung des Abgleichvorgangs

Schritt 4
Geben Sie ein Rechtecksignal auf den Eingang der Korrekturschaltung. Wählen Sie die Frequenz etwa halb so groß wie gewünschte untere Grenzfrequenz des Wandlers *(Bild 1.17)*. Schließen Sie den Wandler am Verstärkerausgang an, und überprüfen Sie die akustische Antwort am Oszilloskop.

Schritt 5
Stellen Sie als zweite Näherung die Koeffizienten wechselweise so ein, daß sich ein akustisches Rechtecksignal mit linear abfallender Dachschräge ergibt.Indem Sie die Steilheit der Dachschräge einstellen, wählen Sie den Bereich, bis zu dem die Korrekturschaltung den Wandler korrigieren soll. Dies kann später durch die Messung des Amplitudenverlaufs kontrolliert werden.

Wenn Sie das Rechtecksignal nach höheren Frequenzen hin variieren und kontrollieren, muß die Dachschräge allmählich in eine Waagerechte übergehen, ohne Bauch oder Einsenkung. Grundsätzlich kann die Veränderung des Rechtecksignals nach den im *Bild 1.18* schematisch dargestellten Veränderungen beurteilt werden.

1. Unterhalb der Grenzfrequenz ist die Rechteckwiedergabe nicht möglich, es ist jedoch darauf zu achten, daß die zu Beginn linear abfallende Dachschräge sich, wie im *Bild 1.18 a* dargestellt, an die Null-Linie anschmiegt; eine Annäherung an die Null-Linie nach *Bild 1.19 a* und *Bild 1.20 a* ist nicht richtig.

2. In der Nähe der Grenzfrequenz stellt sich die Rechteckwiedergabe mit linear abfallender Dachschräge dar. Die Dachschräge ergibt sich aus dem zwangsläufig nach unten begrenzten Übertragungsbereichs jedes Wandlers und der damit verbundenen Fehler im Amplituden- und Phasenfrequenzgang. So kann bei einem Baß-Lautsprecher die Entzerrung in keinem Fall bis 0 Hz durchgeführt werden, bei Mittel- und Hochtönern ist der Frequenzbereich nach unten ebenso eingeschränkt. Die richtige Form ist in *Bild 1.18 b* dargestellt, falsche Formen in *Bild 1.19 b* und *Bild 1.20 b*. Die akustische Rechteckantwort darf sich in der Nähe der Grenzfrequenz nicht ausbauchen, es ergibt sich sonst eine Amplitudenüberhöhung im Schalldruckverlauf. Solche Amplitudenüberhöhungen werden am besten sofort durch Messen des Schalldruckverlaufs überprüft. Bei Überhöhung mit b_0 korrigieren evt. a_0 a_1 nachregeln. Rechteckantwort des Wandlers bei richtig und falsch eingestellter Korrekturschaltung: siehe *Bild 1.18 b*, *1.19 b* und *1.20 b*.

3. Oberhalb der Grenzfrequenz muß die Dachschräge allmählich in eine Waagerechte übergehen. Die richtige Form ist im *Bild 1.18 c* dargestellt, falsche Formen in *Bild 1.19 c* und *1.20 c*. Beachten Sie bitte, daß die Übergänge der einzelnen Bereiche fließend sind.

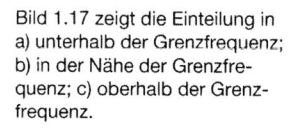

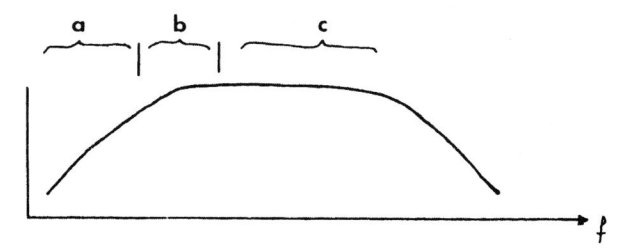

Bild 1.17 zeigt die Einteilung in a) unterhalb der Grenzfrequenz; b) in der Nähe der Grenzfrequenz; c) oberhalb der Grenzfrequenz.

1 TPS – Transducer Preset System

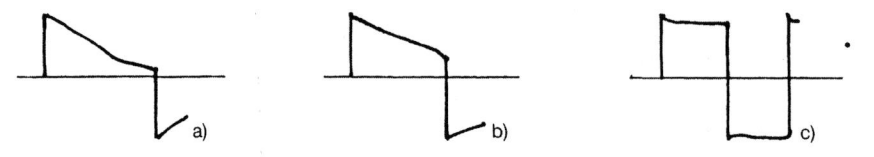

Bild 1.18a–c zeigt die akustisch richtige Rechteckantwort unterhalb, in der Nähe und oberhalb der Grenzfrequenz.

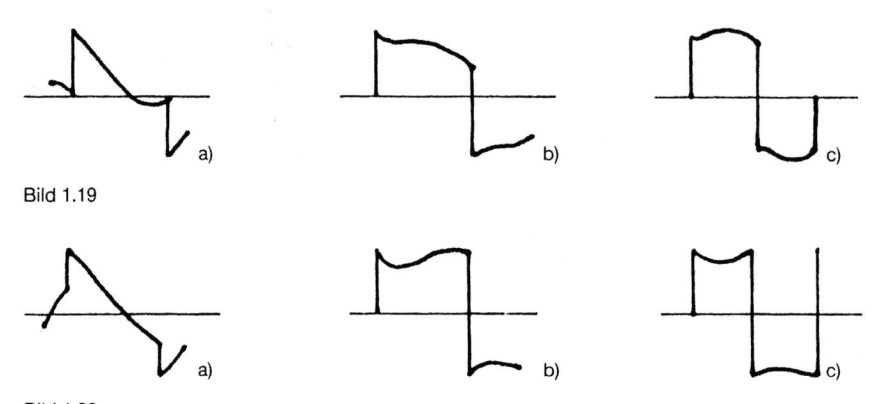

Bild 1.19

Bild 1.20

Bild 1.19a und 1.20a zeigt die akustisch falsche Rechteckantwort unterhalb der Grenzfrequenz,
Bild 1.19b und 1.20b zeigt die akustisch falsche Rechteckantwort in der Nähe der Grenzfrequenz,
Bild 1.19c und 1.20c zeigt die akustisch falsche Rechteckantwort oberhalb der Grenzfrequenz.

Beim Abgleichvorgang nach Schritt 5 tastet man sich schrittweise an die richtige Einstellung der Entzerrung für einen bestimmten Wandler heran. Dieser Schritt muß mehrfach und immer auch bei unterschiedlichen Frequenzen durchgeführt werden. Nachdem dieser Schritt erfolgreich beendet ist, muß noch die Korrekturschaltung selbst überprüft werden, um festzustellen, ob sie nicht übersteuert. Dies geschieht in Schritt 6.

Der Schritt 6 kann aber unter Umständen dazu führen, daß sich neue Werte für Koeffizienten ergeben, die einen neuen Abgleichvorgang nach Schritt 5 erforderlich machen.

Schritt 6
Die Festlegung der unteren Grenzfrequenz ist nicht nur für den Wandler wichtig, sondern auch für die Schaltung. Der Wandler kann nur bestimmte Auslenkungen verkraften, die Korrekturschaltung nur bestimmte Spannungspegel. Wenn diese überschritten werden, verzerrt der Wandler und übersteuert die Schaltung. Zum Beispiel darf bei einer Betriebsspannung von 15 Volt und einer Signaleingangsspannung von 1 Volt die Amplitudenanhebung bei tiefen Frequenzen nicht größer als 18 dB werden.

Bitte beachten Sie, daß der folgende Einstellvorgang am Oszilloskop durch Beobachten des vorverzerrten elektrischen Signals erfolgt, das dem Lautsprecher nach der Korrekturschaltung zugeführt wird.

Wenn die Einstellung der Koeffizienten nach Schritt 5 durchgeführt wurde, kann noch nicht gesagt werden, wie weit die Entzerrung nach unten wirkt. Die Frequenz des Rechtecksignals am Eingang muß auf die untere gewünschte Grenzfrequenz eingestellt werden. Falls die Korrekturwirkung nach unten unvermindert anhält, ergibt sich am Ausgang das vorverzerrte elektrische Signal nach *Bild 1.21 a*. Durch Einstellen der Koeffizienten a_0, a_1 und evt. b_0 kann die Einschränkung der Korrekturwirkung nach unten nach Wunsch festgelegt werden.

Sobald die ansteigende Flanke des vorverzerrten elektrischen Rechtecksignals so eingestellt wird, daß sie in eine Waagrechte übergeht *(Bild 1.21 b)*, wird unterhalb der Grenzfrequenz die Korrekturwirkung aufgehoben – es stellt sich der charakteristische Lautstärkeabfall des Chassis ein. Stellt man die ansteigende Flanke des vorverzerrten elektrischen Rechtecksignals so ein, daß sie sogar rückläufig ist *(Bild 1.21 c)*, so fällt die Korrekturwirkung unterhalb der Grenzfrequenz sogar negativ aus, das heißt, die tiefen Frequenzen werden zusätzlich abgeschwächt. Auf den Amplitudenfrequenzgang wirkt sich dies so aus, daß der Lautstärkeabfall unterhalb der Grenzfrequenz steiler wird, als er durch den charakteristischen Lautstärkeabfall des Chassis vorgegeben ist.

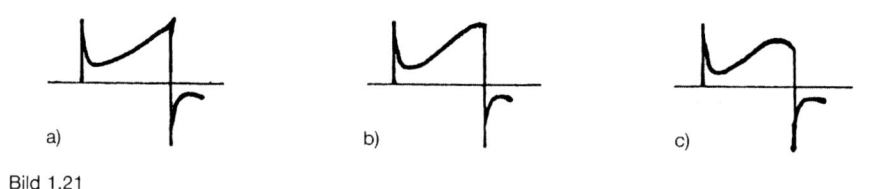

Bild 1.21

1.14 Optimierung der TPS-Entzerrschaltung

Nachdem man die richtigen Koeffizienten gefunden hat, muß die Schaltung noch optimiert werden. Ziel der Optimierung ist es, einen möglichst hohen Aussteuerbereich und Fremdspannungsabstand zu bekommen *(Bild 1.22)*.

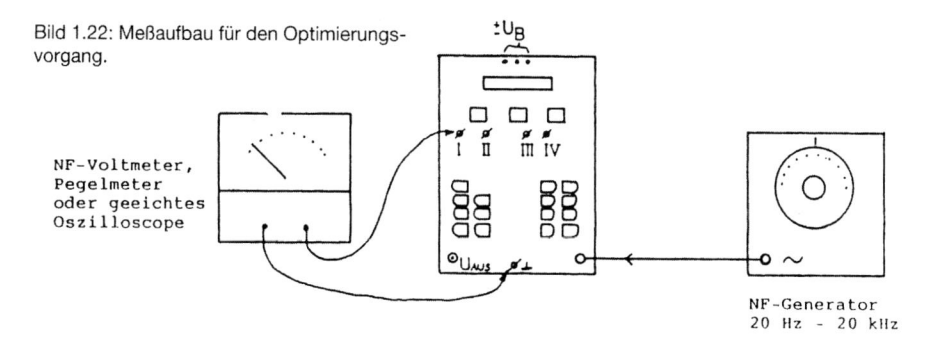

Bild 1.22: Meßaufbau für den Optimierungsvorgang.

NF-Voltmeter, Pegelmeter oder geeichtes Oszilloscope

NF-Generator 20 Hz – 20 kHz

1 TPS – Transducer Preset System

Optimierungsvorgang

An den Eingang der Einstellplatine wird ein Sinussignal gelegt. Die Größe dieser Spannung U_E ist gleich der maximalen Signalspannung, die im späteren Anwendungsfall auftritt. Gewählt wird beispielsweise 1 Volt.

1. Die Frequenz des NF-Signals hat den Wert der höchsten später zu verarbeitenden Frequenz.
   Ist im späteren Anwendungsfall der Korrekturschaltung ein Filter oder eine Weiche vorgeschaltet (Tiefpaß, Mitteltonweiche), so wird die höchste zu verarbeitende Frequenz nach folgenden Gesichtspunkten ermittelt.
   a) bei Filtern mit 6 dB das zweifache der Eckfrequenz,
   b) bei Filtern mit 12 dB und mehr wird die obere Eckfrequenz als die höchste Frequenz bezeichnet. Meßgeräte sind Pegelmeter oder ein geeichtes Oszilloskop.
2. Gemessen wird die Spannung (U_I) an Punkt I. Dieser Wert wird notiert. Er wird später zur weiteren rechnerischen Bearbeitung gebraucht.
3. Pegelmeter an Punkt II anschließen.
   Frequenz am Frequenzgenerator verringern und am Pegelmeter kontrollieren, ob es bei tieferen Frequenzen noch ein Spannungsmaximum gibt, diesen Wert (U_{II}) dann notieren.
4. Pegelmeter an Punkt III anschließen.
   Frequenz noch weiter verringern bis zum Spannungsmaximum und Werte (U_{III}) messen. Frequenz jedoch nicht tiefer als bis zur „tiefsten Frequenz" absenken.
5. Frequenz des Frequenzgenerators bis zur „tiefsten Frequenz" absenken und Spannung (U_{IV}) an Punkt IV messen.
   Als „tiefste Frequenz" wird die Frequenz bezeichnet, die die Korrekturschaltung in der späteren Anwendung verarbeiten muß. Ist ein Filter oder eine Weiche vorgeschaltet, wird als tiefste Frequenz bezeichnet:
   a) bei Filtern mit 6 dB der halbe Wert der unteren Eckfrequenz,
   b) bei Filtern mit 12 dB oder mehr wird der Wert der unteren Eckfrequenz eingesetzt.
6. Der Frequenzgenerator wird auf eine Frequenz f_m eingestellt, die etwa in der Mitte des Übertragungsbereiches des Wandlers liegt und die Ausgangsspannung U_{Aus} gemessen *(Bild 1.23)*.

Mit den gemessenen Spannungswerten lassen sich nun die neuen Koeffizienten für die optimierte Korrekturschaltung berechnen. Diese neuen Koeffizienten haben die gleiche Korrekturwirkung wie die bei der Einstellung gefundenen Werte, aber sie ermögli-

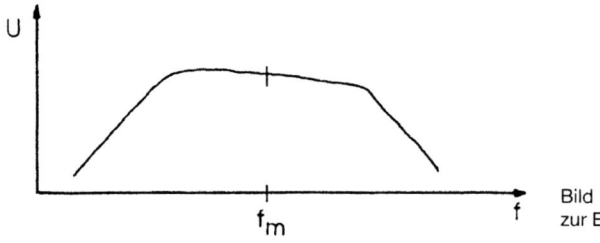

Bild 1.23: Schematische Darstellung zur Ermittlung von U_{Aus}.

1.14 Optimierung der TPS-Entzerrschaltung

chen eine bessere interne Verarbeitung mit hohem Fremdspannungsabstand. Grundsätzlich kann man sagen, daß es mehrere Koeffizienteneinstellungen gibt, die die gleiche Korrekturwirkung haben. Ziel der Berechnung ist es, den maximalen Aussteuerbereich (U_{max}) der Stufen I bis IV voll auszuschöpfen. Der maximale Aussteuerbereich ist abhängig von der Betriebsspannung (U_B) und ergibt sich aus *Bild 1.24*.

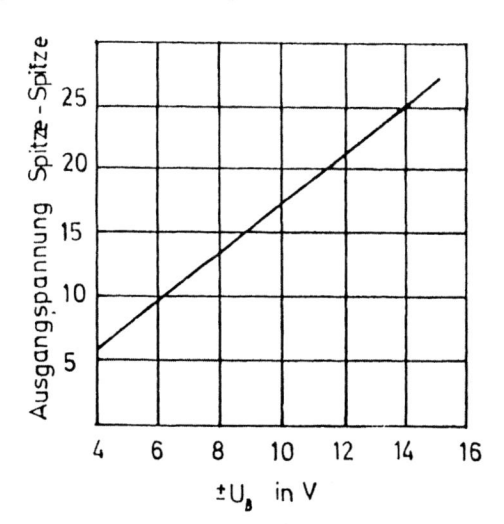

Bild 1.24: Diagramm zur Ermittlung von U_{max}.

Für die Berechnung muß man keineswegs die maximalen Werte U_{max} benutzen – es eignen sich auch kleinere Werte. Für jede Stufe können die Werte unabhängig von den anderen Stufen gewählt werden; es ist lediglich darauf zu achten, daß sie immer kleiner als U_{max} bleiben. Beachte $U_m \leqq U_{max}$. Diese freie Wahl von U_m hat für die Berechnung den Vorteil, daß sich Bauteile mit handelsüblichen Werten bestimmen lassen. Prinzipiell sollte U_m aber so groß wie möglich gemacht werden, um einen großen Fremdspannungsabstand zu erreichen.

Festlegung der Bezeichnungen für die anschließende Rechnung

C_1, C_2, C_3	Werte der Kondensatoren
$e, a_0, a_1 \ldots$	Ausgangskoeffizienten
$e`, a_0`, a_1` \ldots$	neu berechnete Koeffizienten
$U_m \ldots$	gewählter Aussteuerpegel einer Stufe
$U_{Aus}\ U_I;\ U_{II};\ U_{III};\ U_{IV}$	gemessene Spannungen vor Optimierung
U_E	Sinus-Eingangssignal mit konstantem Pegel

1 TPS – Transducer Preset System

1.15 Ablauf der Koeffizientenberechnung

1. Wert U_m für Stufe I wählen, dieser Wert ist im folgenden U_{mI} bezeichnet.

2. $e' = \dfrac{U_I}{U_{mI}} \cdot e$

   Wird ein bestimmter Eingangswiderstand e' gewünscht,, so muß U_{mI} entsprechend gewählt werden.

   $b_3' = \dfrac{U_{mI}}{U_I} \cdot b_3$

3. Festlegen Wert U_{mII} für Stufe II

   $a_2' = \dfrac{U_{mII} \cdot U_I}{U_{mI} \cdot U_{II}}$

   $c_3' = \dfrac{U_{mI} \cdot U_{II}}{U_{mII} \cdot U_I} \cdot c_1$

   $b_2' = \dfrac{U_{mII}}{U_{II}} \cdot b_2$

4. Festlegen von U_{mII} für Stufe III

   $a_1' = \dfrac{U_{mIII} \cdot U_I}{U_{mI} \cdot U_{III}} \cdot a_1$

   $c_2' = \dfrac{U_{mII} \cdot U_{III}}{U_{mIII} \cdot U_{II}} \cdot c_2$

   $b_1' = \dfrac{U_{mIII}}{U_{III}} \cdot b_1$

   c_1' sollte nicht kleiner werden als 470 pF, sonst U_{mII} abändern.

5. Festlegen von U_{mIV} für Stufe IV

   $a_0' = \dfrac{U_{mIV} \cdot U_I}{U_{mI} \cdot U_{IV}} \cdot a_0$

   $c_3' = \dfrac{U_{mIII} \cdot U_{IV}}{U_{mIV} \cdot U_{III}} \cdot c_3$

   $b_0' = \dfrac{U_{mIV}}{U_{IV}} \cdot b_0$

6. Die Höhe der Ausgangsspannung U_{Aus} ist frei wählbar entsprechend den Anforderungen nachgeschalteter Endverstärker. Beachtet werden muß, daß die Amplitudenanhebung durch die Korrekturschaltung bei tiefen Frequenzen nicht zu einer Übersteuerung der Schaltung selber bzw. des nachgeschalteten Verstärkers führt. Die Ausgangsspannung läßt sich auf zwei verschiedene Weisen einstellen.

a) durch R1.

Der notwendige Widerstand R1' ergibt sich aus dem gewünschten Ausgangspegel (U'$_{Aus}$) nach der Formel

$$R1' = \frac{U'_{Aus}}{U_{Aus}} \cdot 20\,k$$

R1' muß immer größer als 20 kOhm sein; wenn dies nicht erfüllt werden kann, dann mit Methode b).

b) durch Änderung der Koeffizienten b'_0 bis b'_3.

R1 bleibt unverändert bei 20 kOhm.

$$b_0'' = \frac{U'_{Aus}}{U''_{Aus}} \cdot b_0'$$

$$b_1'' = \frac{U'_{Aus}}{U''_{Aus}} \cdot b_1'$$

$$b_2'' = \frac{U'_{Aus}}{U''_{Aus}} \cdot b_2'$$

$$b_3'' = \frac{U'_{Aus}}{U''_{Aus}} \cdot b_3'$$

U'_{Aus} = gemessene Ausgangsspannung
U''_{Aus} = gewünschte Ausgangsspannung

Die Toleranz der Widerstände und Kondensatoren soll kleiner als 5% sein.

Der beschriebene Vorgang der Entzerrung ist für alle elektrodynamischen Wandler im Prinzip gleich. Es gilt jedoch in der Praxis ein paar Besonderheiten zu beachten, die in den folgenden Abschnitten beschrieben werden.

1.16 Die TPS-Entzerrung bei dynamischen Breitband-Lautsprechern

Zwar weisen konventionelle Breitband-Lautsprecher meist in einem verhältnismäßig großen Frequenzbereich einen linearen Schalldruckverlauf auf. Probleme ergeben sich jedoch am unteren und am oberen Ende des Übertragungsbereichs.

Am unteren Ende des Übertragungsbereichs wird der Schalldruckverlauf ganz wesentlich durch die Einspannung und die Bedämpfung der Membran beeinflußt. Diese Einflußgrößen werden zum einen durch die Bauteile des Lautsprecherchassis selbst vorgegeben, nämlich durch die Federsteife der Zentrierung und die Bedämpfung durch die Sicke. Sie können aber auch später noch durch unterschiedlich große Lautsprechergehäuse beeinflußt werden (*Bild 1.25* Kurven c, d).

Am oberen Ende des Übertragungsbereichs zeigen sich stets auf und außerhalb der Lautsprecherachse ganz deutliche Unterschiede im Schalldruckverlauf. Die Ursachen

1 TPS – Transducer Preset System

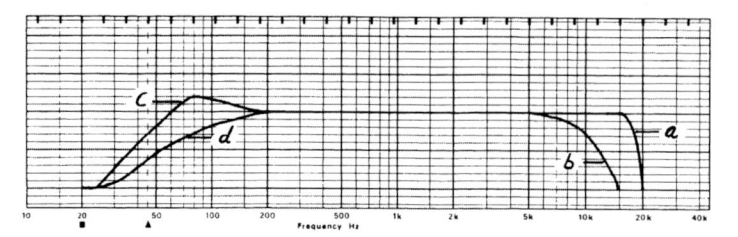

Bild 1.25: Frequenzgangkennlinien eines konventionellen Breitband-Lautsprechers (schematisch).

hierfür sind akustische Bündelungswirkungen, die bei hohen Frequenzen auf der Lautsprecherachse zu deutlich größeren Schalldruckpegeln führen (*Bild 1.25*, Kurven a, b).

Bei dem auf der Lautsprecherachse gemessenen Schalldruckverlauf zeigen sich außerdem oft vor dem meist steilen Abbruch im obersten Übertragungsbereich ähnliche Überhöhungen wie bei einer schlecht bedämpften Resonanzfrequenz im Baßbereich. Hierbei handelt es sich ebenfalls um Resonanzeffekte. Doch haben sie nichts mit dem Masse-Feder-Dämpfungs-Schwingsystem des Wandlers zu tun, sondern es sind stark ausgeprägte Partialschwingungen innerhalb der Membranfläche.

Im Baßbereich kann die Entzerrung des Masse-Feder-Dämpfungs-Schwingsystems immer so durchgeführt werden, daß jeweils das vorhandene Chassis im vorgegebenen Gehäuse perfekt fehlerkompensiert wird. Dabei kann man sogar unterschiedliche Entzerrkurven wählen, um bei lauteren Pegeln zu große Membranauslenkungen zu vermeiden (*Bild 1.26*, Kurven e, f).

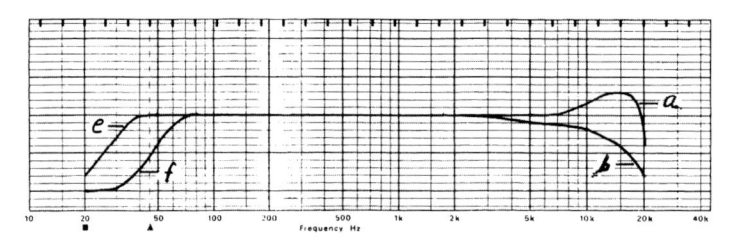

Bild 1.26: Kompensierte Frequenzgangkennlinien eines konventionellen Breitband-Lautsprechers (schematisch).

Bei der Entzerrung eines konventionellen Breitband-Lautsprechers im Hochtonbereich muß man darauf achten, daß sich hierdurch jene Pegelunterschiede auf- und außerhalb der Lautsprecherachse nicht beeinflussen lassen, die durch akustische Bündelungswirkungen entstehen. Wird der Pegel auf der Lautsprecherachse erhöht, steigt auch der Pegel außerhalb der Achse an. Die großen Unterschiede zwischen dem Pegel auf- und außerhalb der Achse bleiben dabei jedoch immer erhalten. Aus dieser Sachlage ergibt sich das Problem, daß konventionelle Breitband-Lautsprecher im Hochtonbereich entweder nur auf dem schmalen Bereich um die Lautsprecherachse herum oder in dem großen Bereich außerhalb der Lautsprecherachse einen linearen Schalldruckverlauf aufweisen können.

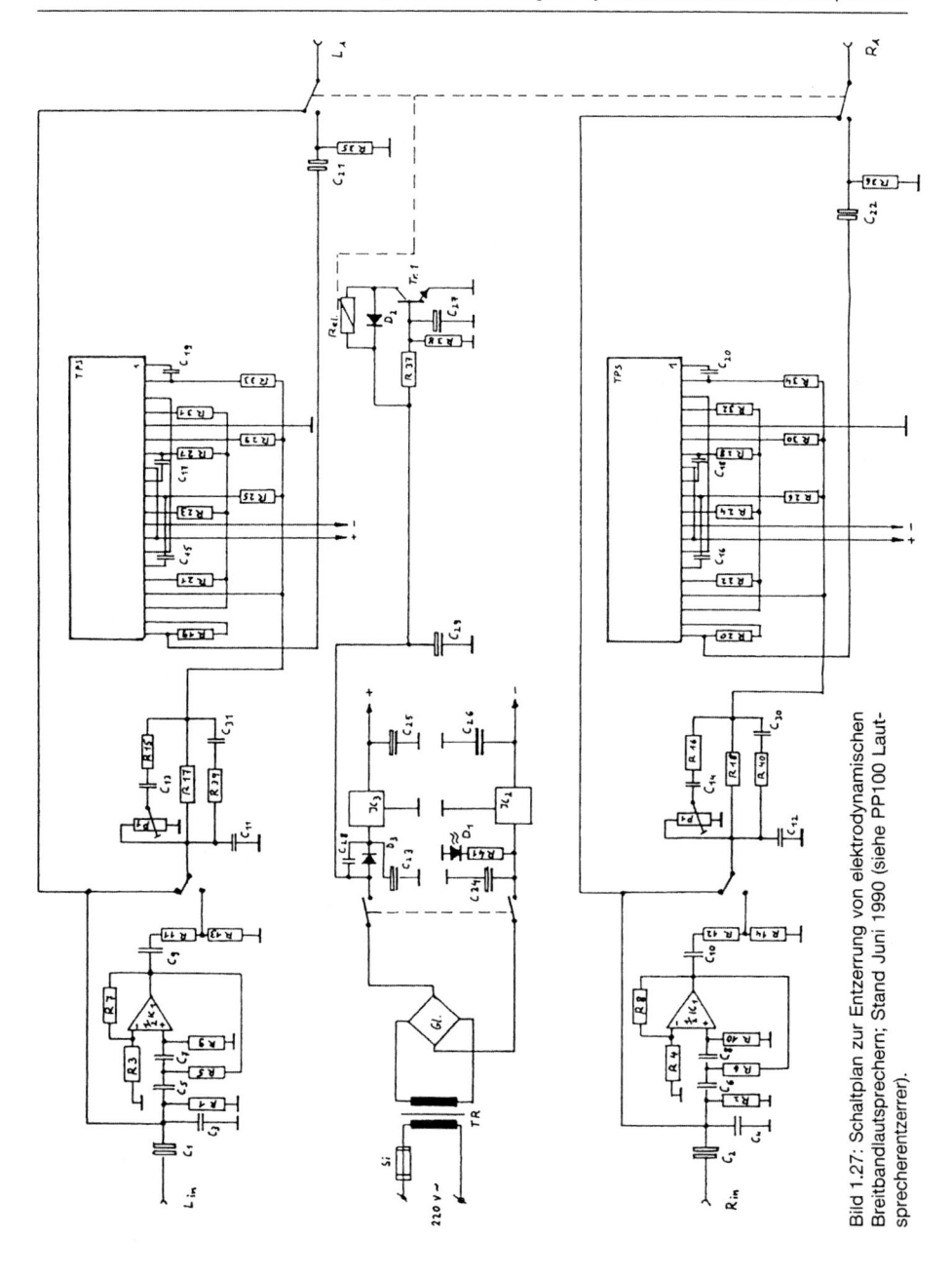

1.16 Die TPS-Entzerrung bei dynamischen Breitband-Lautsprechern

Bild 1.27: Schaltplan zur Entzerrung von elektrodynamischen Breitbandlautsprechern; Stand Juni 1990 (siehe PP100 Lautsprecherentzerrer).

Bei der Durchführung der TPS-Entzerrung im Hochtonbereich konventioneller Breitband-Lautsprecher hat es sich durch Hörversuche ergeben, daß eine kräftige Überhöhung auf dem schmalen Bereich um die Lautsprecherachse herum, in Verbindung mit einem linearen Schalldruckverlauf außerhalb der Lautsprecherachse, die praxistauglichste Lösung liefert (*Bild 1.26*, Kurven a, b).

An dieser Stelle soll bereits auf die Vorzüge der FRS Vollbereichs-Punktstrahlerchassis hingewiesen werden, die weder diese akustische Bündelungswirkungen erzeugen noch diese Partialschwingungen in der Membranfläche aufweisen und deswegen bei einer sachgerechten Entzerrung auf- und außerhalb der Lautsprecherachse zu gleichwertigen Übertragungsfunktionen führen.

Um die TPS-Entzerrung in Verbindung mit Breitband-Lautsprechern in der Praxis gut benützen zu können, eignet sich die im Anhang „Platinen" unter Punkt 2 dargestellte Platine mit Bestückungsplan und Stückliste, deren Schaltplan im *Bild 1.27* dargestellt ist.

1.17 Die TPS-Entzerrung bei dynamischen Kopfhörern

Während sich beim Einmeßverfahren der TPS-Entzerrung für Lautsprecher vom Meßaufbau her keinerlei Schwierigkeiten ergaben, zeigte sich bei Kopfhörern sehr schnell, daß weder das Meßverfahren mit dem künstlichen Ohr am Kuppler 4153 von Brüel und Kjaer noch das Meßverfahren mit Sondenmikrofonen im Ohr zu richtigen Ergebnissen führten. Zum einen schließt der Kuppler das Kopfhörervolumen zu dicht ab. Dadurch wird meßtechnisch ein zu hoher Schalldruck im Baßbereich aufgezeichnet, der nicht den wirklichen Verhältnissen am Ohr eines Hörers entspricht. Zum anderen wird durch den Trichter vor dem Meßmikrofon des Kupplers der aufgezeichnete Schalldruckverlauf bei den hohen Frequenzen künstlich verstärkt. Die gemessene Baßüberhöhung sowie die zu lauten Höhen werden jedoch nur durch die Kopfhörer-Meßanordnung des Kupplers hervorgerufen.

Auch wenn Messungen mit Sondenmikrofonen im Gehörgang eines Ohrs vorgenommen werden, geht stets die Trichterwirkung der Ohrmuschel sowie der Einfluß des Gehörgangs in die Messung des Schalldruckverlaufs des Kopfhörers ein.

Wird ein elektrisches Signal mit Hilfe von Lautsprechern oder Kopfhörern in ein akustisches Signal umgewandelt, werden die Schallwellen immer über die Einflüsse der Ohrmuscheln und des Gehörgangs wahrgenommen. So wie die Einflüsse der Ohrmuscheln und des Gehörgangs aber bei den Schalldruckverläufen der Lautsprecher nichts zu suchen haben, sind sie auch bei den Schalldruckmessungen der Kopfhörer überflüssig.

Wie gesagt, wird durch ein zu luftdichtes Aufliegen des Kopfhörers auf der Meßvorrichtung ein meßtechnisch guter Baßbereich vorgetäuscht, den man aber im Hörvergleich mit einem Referenz-Lautsprecher (mit ähnlichem Schalldruckverlauf) als zu gering empfindet. Hierbei ergeben sich mit Frequenzen im untersten Baßbereich bei gleichen Schalldruckverläufen hörbare Unterschiede bis zu 10 dB. Daraus folgt, daß der Schalldruck bei Kopfhörern mit einer bestimmten Luftdurchlässigkeit zwischen

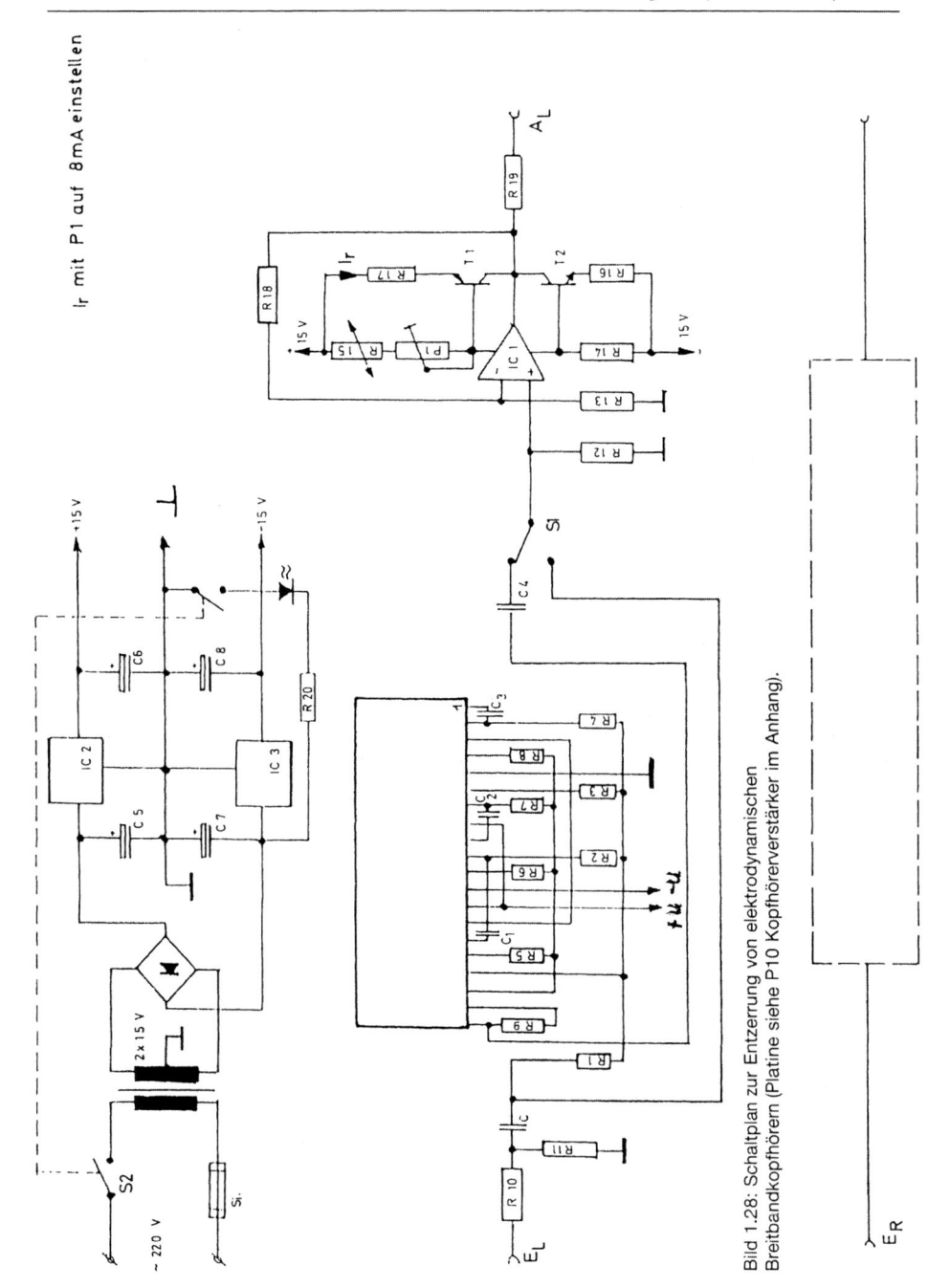

1.17 Die TPS-Entzerrung bei dynamischen Kopfhörern

Bild 1.28: Schaltplan zur Entzerrung von elektrodynamischen Breitbandkopfhörern (Platine siehe P10 Kopfhörerverstärker im Anhang).

dem Kopfhörer und der Kopfhörerauflagefläche gemessen werden muß. Dies entspricht auch den tatsächlichen Verhältnissen des Kopfhörers und seiner Auflagefläche am Kopf. Deshalb haben wir bei der von uns entwickelten Meßanordnung eine kleine Öffnung des Kopfhörervolumens nach außen vorgenommen.

Außerdem mußte das Meßmikrofon so nah wie möglich an der Kopfhörermembran angeordnet werden, um auch bei den hohen Frequenzen zu richtigen und zutreffenden Meßergebnissen über den Schalldruckverlauf des Kopfhörers zu kommen. Denn hier dürfen keinesfalls eventuelle Trichterwirkungen ähnlich dem Ohrmuscheleinfluß in das Meßprotokoll einfließen.

Dieses Meßverfahren zur technisch und akustisch richtigen Aufzeichnung von Kopfhörerfrequenzgängen, die weder den Ohrmuschel- noch den Gehörgangeinfluß enthalten, war deswegen von Bedeutung, weil auch der dynamische Kopfhörer nur mit Hilfe von Rechtecksignalen entzerrt werden kann. Wenn jedoch durch den falschen Aufbau der Meßanordnung falsche Werte im Schalldruckverlauf bei den tiefen oder den hohen Frequenzen gemessen werden, muß auch die damit durchgeführte Entzerrung zu falschen Ergebnissen führen. Wenn man die Koeffizienten eines dynamischen Kopfhörers ermittelt, geht man genauso vor wie bei einem Breitband-Lautsprecher.

Um die TPS-Entzerrung für beliebige Breitbandkopfhörer in der Praxis durchzuführen, eignet sich die im Anhang Platinen unter Punkt 3 dargestellte Platine mit Bestückungsplan und Stückliste, deren Schaltplan in *Bild 1.28* dargestellt wird.

Bei der TPS-Entzerrung von Kopfhörern gilt es zu beachten, daß es auf dem Markt Kopfhörer mit ganz unterschiedlichen Schalldruckverläufen gibt. Die sogenannten „freifeld"-entzerrten Kopfhörer weisen eine starke aber schmale Senke im Schalldruckverlauf bei ca. 8000 Hz auf, die sogenannten „diffusfeld"-entzerrten Kopfhörer haben mehr einen linearen Verlauf. Die Senke bei den freifeld-entzerrten Kopfhörern wurde bewußt eingebaut, weil ein von vorne auf das Ohr des Hörers eintreffender Schall bei Aufnahme durch die Ohrmuscheln und den Gehörgang in dieser Weise verändert wird. Man glaubte früher allen Ernstes, durch die Nachbildung eines solchen Schalldruckverlaufs die „Nach-Vorne-Ortung" bei der Kopfhörerwiedergabe bewirken zu können. Daß die Nach-Vorne-Ortung, bzw. die Außer-Kopf-Lokalisation bei Kopfhörern aber kein Frequenzgangproblem, sondern wahrnehmungspsychologischer Natur ist, wird in den Kapiteln über die Kunstkopf-Aufnahmetechnik und den Echtzeitprozessor PP9 erklärt.

Sehr schmale und tiefe Einbrüche im Schalldruckverlauf werden bei Musik, die ja aus breitbandigen Geräuschen besteht, nicht so deutlich wahrgenommen wie leichte Einsenkungen, die sich über einen größeren Frequenzbereich erstrecken (siehe hierzu Kapitel 11.4). Tatsächlich hören sich die unterschiedlich konzipierten Kopfhörer nur in der Klangfärbung leicht unterschiedlich an. Welche Klangfarbe aber schöner empfunden wird, ist Geschmackssache. Über diese unterschiedlichen Schalldruckverläufe bei Kopfhörern zu streiten ist genauso unsinnig, wie über Lautsprecher zu streiten, bei denen mit Hilfe eines Equalizers ähnlich unterschiedliche Schalldruckkurven eingestellt wurden.

Die schmale aber tiefe Senke im Schalldruckverlauf der freifeld-entzerrten Kopfhörer kann mit der TPS-Entzerrung nicht beseitigt werden, da sie nichts mit dem Masse-Feder-Dämpfungs-Schwingsystem des Kopfhörers zu tun hat, sondern durch konstruktive Maßnahmen innerhalb der Kopfhörer bewirkt wird.

1.18 Die TPS-Entzerrung bei Mehrwege-Lautsprechern

Bei Mehrwege-Lautsprecherboxen hat es sich gezeigt, daß die jeweiligen Chassis ca. zwei Oktaven über den Frequenzbereich hinaus entzerrt werden müssen, in dem sie durch die Frequenzweiche begrenzt betrieben werden *(Bild 1.29)*. Dies ist notwendig, um Fehler der Phasenlage im akustischen Überlappungsbereich zweier Lautsprecherchassis klein zu halten *(Bild 1.30)*.

Wenn die einzelnen Chassis auch nach der Übernahmefrequenz keine gravierenden Fehler im Amplituden- und Phasenfrequenzgang aufweisen, müssen keine steilflankigen Filter in der Frequenzweiche zum Einsatz kommen. Steilflankige Filter können einen unerwünschten Frequenzbereich sehr scharf vom erwünschten Übertragungsbereich abgrenzen. Sie können Überlastungen einzelner Lautsprecherchassis gut verhindern. Allerdings erzeugen sie durch ihre extremen Phasendrehungen auch sehr große Fehler bei den Einschwingvorgängen von Impulsen. Diese Fehler sind später nicht mehr behebbar. Mehr über Frequenzweichen im Kapitel 2.

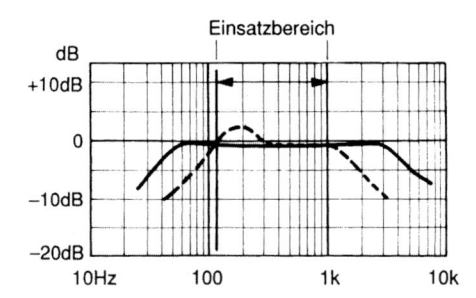

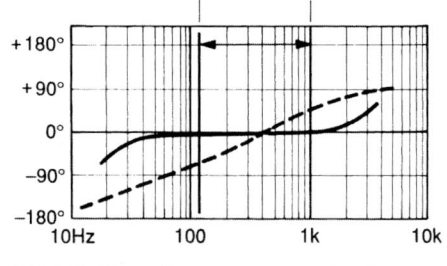

Bild 1.29: Amplitudenfrequenzgang: unentzerrt (gestrichelt); TPS-entzerrt (durchgezogene Kurve).

Bild 1.30: Phasenfrequenzgang: unentzerrt (gestrichelt); TPS-entzerrt (durchgezogene Kurve).

Grundsätzlich kann die Entzerrung, z. B. bei einem Baß, so weit getrieben werden, daß er über den Mitteltonbereich hinaus auch Höhen abstrahlt. Es hat sich jedoch gezeigt, daß bei Lautsprechern nur der Klirrfaktor steigt, wenn sie in einem Frequenzbereich betrieben werden, für den sie von der Konstruktion her nicht geeignet sind. Hochtöner eignen sich nicht zur Baßwiedergabe, und auch Mitteltöner lassen sich nicht so gut für den gesamten Frequenzbereich entzerren wie Breitband-Lautsprecher. Breitband-Lautsprecher lassen schon von der Konstruktion her größere Auslenkungen im Baßbereich zu als Mitteltöner und sind deswegen im Tieftonbereich gut zu entzerren. Im Hochtonbereich treten allerdings akustische Bündelungswirkungen auf, die durch die große Membranfläche hervorgerufen werden.

Die bei den Baß-, Mittel- und Hochtönern am unteren Ende des jeweiligen Übertragungsbereichs auftretenden Resonanzerscheinungen werden vom Masse-Feder-Dämpfungs-Schwingsystem der Chassiskonstruktion hervorgerufen und können gut mit der TPS-Entzerrung kompensiert werden. Treten bei Baß-, Mittel- und Hochtönern auch am oberen Ende des Übertragungsbereichs Resonanzerscheinungen auf,

1 TPS – Transducer Preset System

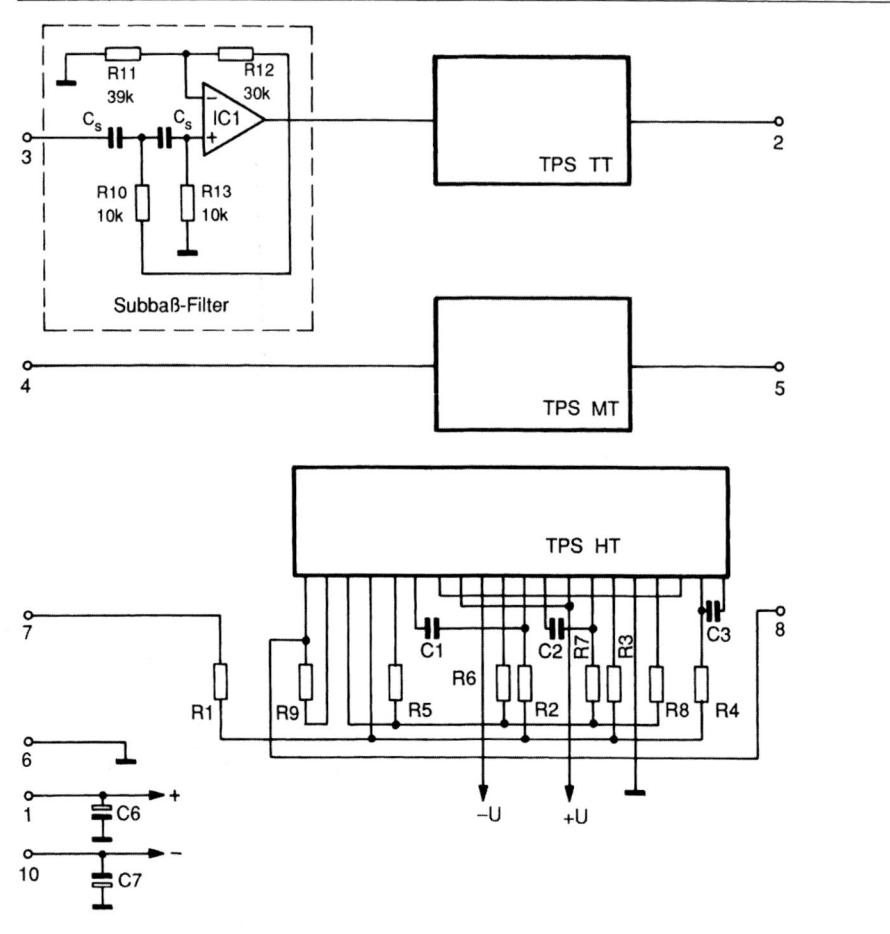

Bild 1.31: Schaltplan zur Entzerrung der elektrodynamischen Lautsprecher einer aktiven Dreiwege-Lautsprecherbox.

sind diese immer einer ungeeigneten Lautsprechermembran zuzuschreiben, die einen hohen Anteil an Partialschwingungen zuläßt. Diese Resonanzerscheinungen können mit der TPS-Entzerrung nicht verhindert werden.

Zur nachträglichen TPS-Entzerrung von vorhandenen Mehrwege-Aktiv-Boxen, eignet sich die im Anhang „Platinen" unter Punkt 4 dargestellte Dreiwege-Korrekturplatine mit Bestückungsplan und Stückliste. Sie muß in Verbindung mit einer Frequenzweiche benutzt werden, die nicht zu steilflankig ist. Eine solche Frequenzweichenplatine mit Bestückungsplan und Stückliste ist im Anhang Platinen unter Punkt 5 dargestellt. Die Schaltungen der Korrektur- und der Frequenzweichenplatine sind im *Bild 1.31* und *Bild 1.32* dargestellt.

1.18 Die TPS-Entzerrung bei Mehrwege-Lautsprechern

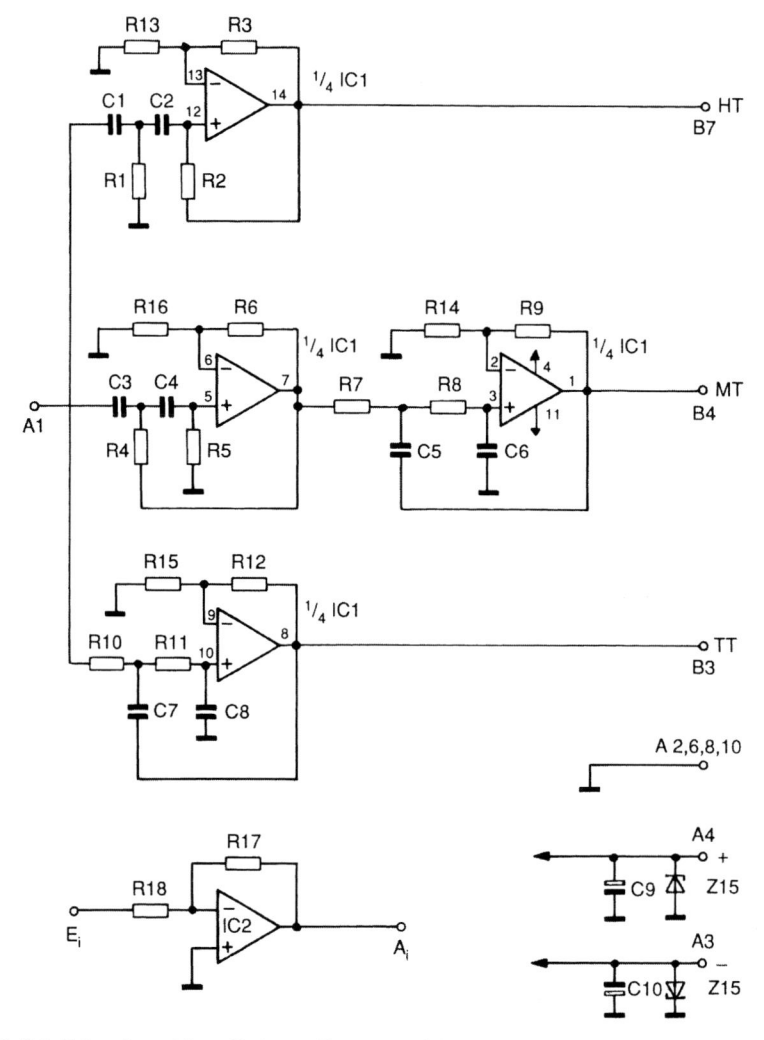

Bild 1.32: Schaltplan einer aktiven Dreiwege-Frequenzweiche, gut geeignet, eine vorhandene Box nachträglich mit der TPS-Schaltung zu entzerren.

Die Frequenzweichenplatine kann zusammen mit der Korrekturplatine in beliebige Mehrwege-Aktiv-Boxen eingebaut werden *(Bild 1.33)*.

55

1 TPS – Transducer Preset System

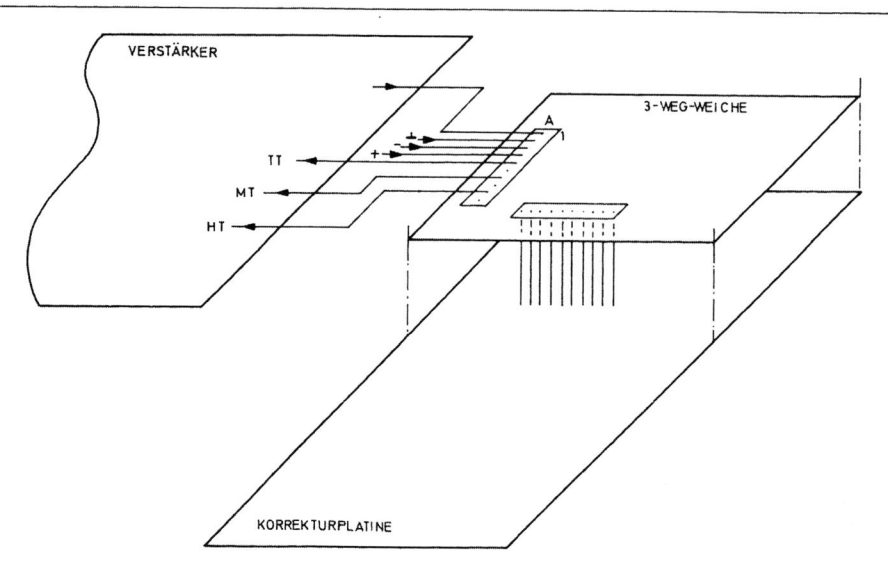

Bild 1.33: Platinenanordnung der Dreiwege-Frequenzweiche auf der Dreiwege-Korrekturplatine.

1.19 Die TPS-Entzerrung im Auto

Bei der Entzerrung im Auto muß darauf geachtet werden, daß geschlossene Lautsprechergehäuse verwendet werden. Bei offenen Gehäusen muß der Laufweg zwischen der Membranvorderseite und der Rückseite so groß sein, daß der akustische Kurzschluß erst im untersten Baßbereich einsetzen kann [12]. Um einen ausreichenden Fremdspannungsabstand zu erhalten und um mit der Autobatterie die Entzerrung betreiben zu können, muß ein Spannungswandler zum Erzeugen der negativen Versorgungsspannung eingesetzt werden.

Der Differenzverstärker am Eingang *(Bild 1.34)* ermöglicht eine massefreie Eingangsbeschaltung mit dem vorgeschalteten Autoradio. Dies ist notwendig, weil die meisten Endstufen der Radio- oder Cassetteneinheiten in einer sogenannten Brückenschaltung betrieben werden, bei denen die positiven und negativen Ausgänge keinen Massebezug haben. Sie dürfen auch keinesfalls mit der Masse verbunden werden.

Durch die entsprechende Dimensionierung der Eingangswiderstände R10 und R11 wird die Anpassung des Eingangspegels vorgenommen. Der Differenzverstärker ermöglicht auch ohne weiteres den Anschluß an massebezogene Signalausgänge, wie z. B. niederpegelige Chinchausgänge. In diesem Fall wird der Eingang E1' bzw. E2' auf Masse gelegt und E1 bzw. E2 an das signalführende Kabel angeschlossen. Die Versorgungsspannung sollte direkt an der Batterie abgegriffen werden.

Die Entzerrung im Auto zu verwenden, hat aber nur Sinn, wenn gleichzeitig ein kräftiger Endverstärker eingesetzt wird. Mit zu schwachen Verstärkern kann es bei

1.19 Die TPS-Entzerrung im Auto

Impulen zu wahrnehmbaren Verzerrungen kommen, die durch die ungenügende Ausgangsleistung der Verstärker verursacht werden.

Besondere Bedeutung kommt den Abschirm- und Entstörmaßnahmen bei der TPS Korrektureinheit und der gesamten Verdrahtung im Auto zu. Im Bordspannungsnetz des Autos befinden sich einige energiereiche Störquellen, welche sonst zu unerwünschten Störeinstrahlungen in den NF-Bereich führen würden. Prinzipiell sollte man die gesamte Verdrahtung mit hochwertigen abgeschirmten Kabeln vornehmen und die Lautsprecherkabel verzwirbeln, um induktive Einwirkungen zu vermeiden. Die Korrekturplatine mit dem Spannungswandler muß in ein allseitig abgeschirmtes Metallgehäuse eingebaut werden. Im Inneren des Gehäuses werden von allen Signal-Ein- und Ausgängen noch 470-pF-Kondensatoren direkt an das Abschirmgehäuse gelötet, ebenso der 1000-μF-Elko von der positiven Versorgungsspannung.

Darüberhinaus muß zwischen dem Bereich des Spannungswandlers und dem TPS Korrekturteil der Platine ein Abschirmblech angebracht werden, welches ebenfalls mit dem Gehäuse verlötet wird (siehe Position im Bestückungsplan).

Um die TPS-Entzerrung für Breitband-Lautsprecher im Auto in der Praxis gut benützen zu können, eignet sich die im Anhang Platinen unter Punkt 6 dargestellte Platine mit Bestückungsplan und Stückliste. Die Platine wird zwischen das Autoradio und einen separaten, kräftigen Autoverstärker gesetzt [62].

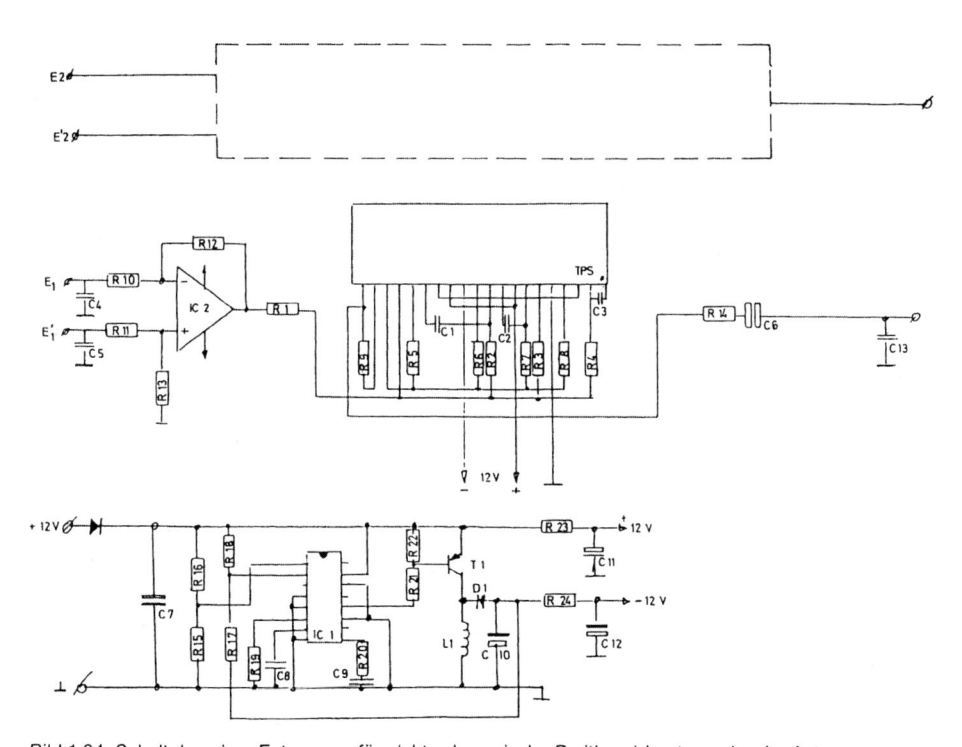

Bild 1.34: Schaltplan einer Entzerrung für elektrodynamische Breitband-Lautsprecher im Auto.

1.20 Hör-Erfahrungen mit der TPS-Entzerrung

Um die Wirkung der nachträglichen TPS-Entzerrung einer Mehrwege-Aktiv-Box zu verdeutlichen, soll das folgende Beispiel dienen. Der Autor hat einmal jene Lautsprecherbox angefordert, die der „Verlierer" in einem Vergleichstest von Mehrwege-Aktiv-Boxen war. Er hat die beschriebene aktive Frequenzweiche und auch die Dreiweg-Korrekturplatine eingebaut und dann die Entzerrung der Lautsprecherchassis vorgenommen. Er gab die TPS-entzerrte Lautsprecherbox an die Redaktion, die den Vergleichstest durchgeführt hatte. Zufällig war der damalige Testsieger noch vorhanden, so daß ein direkter Vergleich des Testsiegers mit dem jetzt umgebauten ehemaligen Testverlierer stattfinden konnte, dessen Chassis aber jetzt mit der TPS-Schaltung entzerrt waren. Der ehemalige Verlierer schlug jetzt den damaligen Sieger [13].

Die Verbesserungen durch den Einsatz der TPS-Entzerrung zeigen sich meist in einem erweiterten Übertragungsbereich sowie einer erheblich verbesserten Transparenz der Musikwiedergabe. Versuche, bei Lautsprechern ohne TPS-Entzerrung eine ähnliche Transparenz zu erreichen, laufen darauf hinaus, den Hochtonbereich im Pegel anzuheben. Wenn jedoch ein Instrument wiedergegeben wird, dessen Klangspektrum vorwiegend im Hochtonbereich liegt, fallen sofort die überzogenen Höhen auf – die Wiedergabe klingt schrill. Hier ermöglicht die TPS-Entzerrung die optimale Transparenz der Musikwiedergabe bei linearem Schalldruckverlauf.

Beim Einsatz der TPS-Entzerrschaltung im Auto ergaben sich mit kleinen Breitband-Lautsprechern saubere und tiefe Bässe. Dabei konnten im Fahrgastraum die kleinen Einbauöffnungen für die werksseitig vorgesehenen Auto-Lautsprecher genutzt werden. In Verbindung mit zusätzlichen Raumakustik-Lautsprechern zur Anpassung an die speziellen akustischen Verhältnisse im Fahrgastraum ergab sich eine Klangqualität, die der von Wohnzimmer-HiFi-Anlagen kaum noch nachstand.

1.21 Die Patente zur TPS-Entzerrung

Der Autor hat sich die Verfahren zur richtigen elektronischen Lautsprecherentzerrung mehrfach gesichert. Die DE-PS 33 43 027 [6] beschreibt die Entzerrung mit Hilfe einer Digitalrechenschaltung. Die Kompensation der Wandlerfehler kann hier in der Form eines Rechenprogramms, z. B. in einem digitalen Signalprozessor (DSP), verwirklicht werden. Die DE-PS 34 18 047 [7] beschreibt die Verwirklichung der Entzerrung als Analogrechenschaltung. Diese Ausführungsform besteht aus einfachen elektronischen Bauteilen, die einem großen Anwenderkreis zugänglich sind. Die Schaltung ist von jedem Elektroniker problemlos zusammenzubauen und kann genauso leicht auf ein beliebiges Lautsprecherchassis abgestimmt werden.

Die digitale und die analoge Entzerrung wurden in der US-PS 4,675,835 [8] oder auch bei der japanischen und der europäischen Anmeldung zu einer einzigen Schrift zusammengefaßt, die auch die beiden erteilten Deutschen Patente ersetzt.

1.21 Die Patente zur TPS-Entzerrung

Wie bereits erwähnt, wurden Lautsprecherchassis vor den Arbeiten des Autors praktisch nur als Schalldruckerzeuger betrachtet, und die Verfahren zu deren Fehlerkompensation beschränkten sich allein oder vorwiegend auf die Linearisierung des Schalldruckverlaufs. Der Autor konnte erstmals den richtigen Weg der Fehlerkompensation bei elektrodynamischen Wandlern darlegen, der sich auf deren Gesamtübertragungsverhalten im Amplituden- und Phasenfrequenzgang bezieht. Weil der Autor als erster diese Lösung gefunden hat, konnte er in seinen Patentschriften den Schutzumfang sehr weit fassen. Der Schutzumfang bezieht sich allgemein auf analoge bzw. digitale Rechenschaltungen, welche aus aktiven elektronischen Bauteilen bestehen und die komplexe Gesamtübertragungsfunktion eines elektrodynamischen Wandlers in Bezug auf seinen Amplituden- und Phasenfrequenzgang invers nachbilden und dadurch, vor den Wandler geschaltet, seine komplexen Gesamtübertragungsfehler kompensieren [6, 7, 8].

Andere mathematische Lösungswege oder andere aktive analoge oder digitale Schaltungen, die ebenfalls, wie die TPS-Entzerrschaltung, den inversen Amplituden- und den inversen Phasenfrequenzgang eines elektrodynamischen Wandlers nachbilden und vor ihn geschaltet werden, um seinen Gesamtübertragungsfehler zu kompensieren, fallen dadurch gleichfalls unter die Schutzrechte des Autors und sind weder erfinderisch noch patentfähig [14].

Das folgende Beispiel soll diesen patentrechtlichen Zusammenhang verdeutlichen. Der Autor hat eine Firma als Patentlizenznehmer, die eine bekannte Filterschalterschaltung als elektronischen Baustein zur Kompensation der Amplituden- und Phasenfehler der elektrodynamischen Lautsprecher benützt. Hierfür muß die Lizenzgebühr entrichtet werden. Diese Firma setzt den gleichen Baustein mit einer anderen äußeren Beschaltung aber auch bei Frequenzweichen ein. Da dieser andere Anwendungsbereich nicht Gegenstand der erteilten Schutzrechte ist, fällt dieser Gebrauch der Schaltung für einen anderen Zweck nicht unter das Patent des Autors. Für die Benutzung des gleichen elektronischen Bausteins zu verschiedenen Anwendungszwecken muß also einmal die Lizenzgebühr bezahlt werden; zum anderen aber kann er auch lizenzfrei eingesetzt werden.

Wenn eine analoge oder eine digitale Filterschaltung, die durchaus seit längerer Zeit in einem anderen Zusammenhang bekannt sein kann, vor einen elektrodynamischen Wandler geschaltet wird, um mit ihr dessen Gesamtübertragungsfehler im Amplituden- und Phasenfrequenzgang zu kompensieren, muß geprüft werden, ob ein solcher Gebrauch dieser Schaltung nicht unter die Patentrechte des Autors fällt. Dies entspricht dem internationalen Patentrecht.

So wie sich das Verständnis um die richtige Lautsprecherentzerrung fast schlagartig durchgesetzt hat, wird sich auch der Gebrauch der TPS-Entzerrschaltung schnell am Markt etablieren. Dafür gibt es mehrere Gründe. Der Hauptgrund ist die technische Perfektion der digitalen HiFi-Übertragungskette, die von der Tonaufzeichnung bis zur Zuleitung an die Lautsprecher praktisch fehlerfrei geworden ist. Die großen Wandlerfehler der elektrodynamischen Lautsprecher stehen in einem krassen Gegensatz hierzu. Dieses Mißverhältnis bewirkt, daß hier der größte Handlungsbedarf in der HiFi-Technik entstanden ist. Für den Autor und Patentinhaber hat die Firma Pfleid Wohnraumakustik die Aufgabe übernommen, diese Erfindung auch anderen Firmen in Lizenz anzubieten, um die Patentrechte zu vermarkten.

59

2 Frequenzweichen

Frequenzweichen sind elektronische Filter. Wie alle Filterschaltungen erzeugen sie Signalveränderungen nach Betrag und Phase, also im Amplituden- und im Phasenfrequenzgang. Die Frequenzweichen allein aus dem einseitigen Blickwinkel des Schalldruckverlaufs zu beurteilen und dabei ihre Phasenfehler und die aus den Phasenfehlern resultierenden enormen Impulsverzerrungen zu übersehen, kann heute nicht mehr genügen. Hier offenbart sich bereits ein ganz eklatanter logischer Widerspruch zwischen dem Anspruch nach technischer Perfektion und den Fehlern, die sie bei ihrem Einsatz in Mehrwege-Lautsprechern verursachen.

Bei hochwertigen Vor- und Endstufen wird heute bereits oft auf alle Klangregelnetzwerke verzichtet, weil sich bei allen Schalldruckbeeinflussungen durch Filterschaltungen Phasenfehler nicht vermeiden lassen. Es nützt aber nicht viel, wenn in der gesamten elektroakustischen Übertragungskette mit großem Aufwand und größtmöglicher Genauigkeit darauf geachtet wird, das Tonsignal möglichst wenig zu verändern, wenn es dann durch die Frequenzweichenfilter fundamental verformt wird. Die Verfälschungen durch diese massive Signalbearbeitung sind so groß, daß sich das elektrische Signal als akustisches Signal nie mehr fehlerfrei reproduzieren läßt.

Wenn Musik aufgezeichnet wird, nimmt ein Mikrofon den gesamten Frequenzbereich in seiner originalen und richtig überlagerten Form als Hüllkurve auf. Musik, die sich aus Grund- und Obertönen zusammensetzt, aber auch Geräusche, bestehen immer aus Frequenzgemischen. Die Zusammensetzungen der Frequenzgemische ergeben die Klangfarben. Vom Mikrofon über die beiden Stereokanäle bis zu den Lautsprechern wird immer das gesamte Frequenzgemisch in seiner unveränderten ursprünglichen Form transportiert. Erst in den Frequenzweichen erfolgt die Auftrennung dieses Gefüges in einzelne Frequenzbereiche.

Warum hat man diese Art der Behelfsschaltung überhaupt entwickelt? Der Grund war doch nur, daß es bis heute kein elektrodynamisches Lautsprecherchassis gab, das den gesamten Frequenzbereich vom tiefsten Baß bis zu den höchsten Höhen mit hoher Qualität übertragen konnte. Werden Frequenzgemische bei Mehrwege-Lautsprechern über eine Frequenzweiche in Teilfrequenzbereiche zerlegt und dann über separate Lautsprecher, die für die Wiedergabe der jeweiligen Teilfrequenzbereiche optimiert wurden, wieder zusammengesetzt, lassen sich ganz grundsätzlich Klangverfälschungen nicht mehr verhindern. Dies gilt für Aktiv- oder Passivboxen in gleicher Weise wie für aktive oder passive Frequenzweichen.

Durch eine Frequenzweichenschaltung entstehen nichtlineare Verzerrungen, die vom nichtlinearen Verhalten der Bauteile der Frequenzweiche hervorgerufen werden. Außerdem lassen sich auch lineare Verzerrungen wie Phasendrehungen und Fehler bei bei den Ein- und Ausschwingvorgängen von Impulsen ganz grundsätzlich nicht vermeiden. Sie werden aus physikalischen Gründen durch das Funktionsprinzip der Weiche als elektrische Filterschaltung hervorgerufen. Diese Fehler treten deshalb bei analogen oder digitalen Filtern in gleicher Weise auf.

Bei der Konstruktion heutiger Frequenzweichen beschränkt man sich im wesentlichen darauf, Auslöschungen im Schalldruckverlauf zwischen den Lautsprecherchassis im Überlappungsbereich der beiden aufgetrennten Kanäle zu vermeiden. Unberücksichtigt bleiben hierbei die Phasenfehler, die im gesamten Übertragungsbereich auftreten und nicht nur im Überlappungsgebiet zweier Zweige (z. B. Tief- und Hochtonzweig) vorkommen. Sie haben die bereits genannten enormen Verzerrungen der Ein- und Ausschwingvorgänge bei Impulsen zur Folge.

Die unzähligen Bücher über Frequenzweichenschaltungen machen eine Hilfskonstruktion zur Hauptsache. Sie stellen eine Notlösung so dar, als sei sie der Stein der Weisen. Es wird nicht erwähnt, daß diese Schaltung prinzipielle und damit unvermeidliche Fehler mit sich bringt, die in jedem Fall die unverfälschte akustische Signalwiedergabe verhindern.

2.1 Hochpaß-, Bandpaß- und Tiefpaßfilter

Die meisten Filterschaltungen in Frequenzweichen setzen sich bei Zweiwege-Boxen aus einem Hochpaß und einem Tiefpaß zusammen. Bei Mehrwege-Boxen lassen sich beliebig viele Bandpässe dazwischenschalten *(Bild 2.1)*.

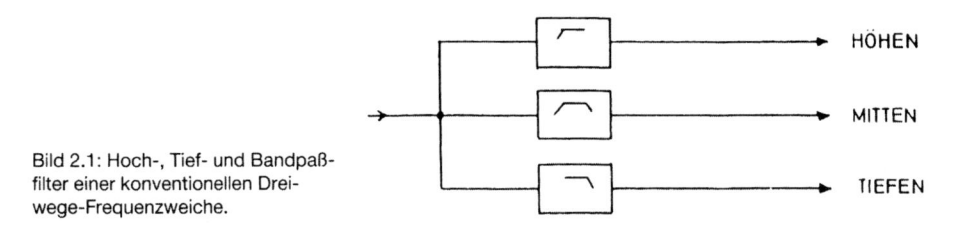

Bild 2.1: Hoch-, Tief- und Bandpaßfilter einer konventionellen Dreiwege-Frequenzweiche.

Solche Filterschaltungen erzeugen aber neben der gewünschten Einwirkung auf den Übertragungsbereich auch unerwünschte Veränderungen in der Phasenlage des übertragenen Signals. Diese Phasenverschiebungen können bei sinusförmigen Signalen weitgehend wieder unschädlich gemacht werden. Bei impulsförmigen Signalen führen sie zu bleibenden Ein- und Ausschwingverzerrungen. Diese Fehler sind bei Filtern mit erster Ordnung, d. h. 6 dB Flankensteilheit, nicht so groß wie bei Filtern mit höherer Ordnung und einer größeren Flankensteilheit. Auch Filter mit Bessel-Charakteristik weisen geringere Ein- und Ausschwingverzerrungen auf als Filter mit einer Charakteristik nach Butterworth oder Tschebyscheff.

Strahlen die Lautsprecherchassis einer Mehrwege-Lautsprecherbox, deren Übertragungsbereiche durch Frequenzweichenfilter begrenzt werden, Schallwellen ab, so kommen zu jenen Phasenfehlern, die aufgrund der jeweiligen Chassiskonstruktion bedingt sind, noch weitere Phasenfehler hinzu – sie werden von der Weiche bewirkt. Das Ausmaß der Phasenfehler hängt davon ab, mit welcher Filtercharakteristik sowie Flankensteilheit die Frequenzweiche arbeitet. Der Phasenfehler zwischen den zwei durch eine Frequenzweiche aufgeteilten Kanälen beträgt bei:

6–dB–Weichen	erster Ordnung	90 Grad
12–dB–Weichen	zweiter Ordnung	180 Grad
18–dB–Weichen	dritter Ordnung	270 Grad
24–dB–Weichen	vierter Ordnung	360 Grad

Wie schon erwähnt, beschränken sich die heute üblichen Maßnahmen zur Verhinderung der unvermeidlichen Fehler bei Frequenzweichen nur darauf, Auslöschungen im Schalldruckverlauf zwischen den Lautsprecherchassis im Überlappungsbereich der beiden aufgetrennten Kanäle zu vermeiden.

Bei sinusförmigen Signalen wird dies verhindert, indem man die Quellen der gegeneinander phasenverschobenen und somit zeitversetzten Signale so lange weiter gegeneinander verschiebt, bis die gegenseitige Verschiebung nicht mehr zu Auslöschungen der beiden Sinusschwingungen führt. Oder man erzielt dieselbe Wirkung, indem man die Chassis gegeneinander verpolt. Ebenso lassen sich beide Maßnahmen miteinander kombinieren. Für eine Übernahmefrequenz von 1000 Hertz ergäben sich die folgenden geometrischen Werte:

Flankensteilheit	Phasenverschiebung	Versetzung
6–dB–Weiche	90 Grad	8,3 cm
12–dB–Weiche	180 Grad	16,6 cm
18–dB–Weiche	270 Grad	24,9 cm
24–dB–Weiche	360 Grad	33,2 cm (oder 0 cm)

Für 12-dB-Weichen mit einer Phasenverschiebung von 180 Grad ergibt sich die Möglichkeit, nur eines der beiden Chassis umpolen, um genau diese Phasenverschiebung von 180 Grad auszugleichen, statt die Chassis gegeneinander zu versetzen. Bei 24-dB-Weichen muß man weder verpolen noch versetzen. Man bekommt – so scheint es zumindest – das beste Ergebnis. Allerdings sind hier die beiden Signale aus beiden Lautsprecherchassis um eine volle Periode gegeneinander phasenverschoben. Eine Phasenverschiebung um 360 Grad führt bei reinen Sinussignalen nicht mehr zu gegenseitigen Auslöschungen und ist deshalb bei solchen Signalen nicht hörbar. Bei 6- und 18-dB-Weichen beträgt die Phasenverschiebung 90 bzw. 270 Grad. Folglich kommt man mit Umpolen allein nicht weiter – man muß zusätzlich verschieben. Aber auch allein das Verschieben führt zum entsprechenden „Erfolg". In diesem Fall müssen die beiden Lautsprecherchassis um den jeweiligen Betrag der zugehörigen Wellenlänge gegeneinander versetzt werden.

Anhand von Tonbursts werden in *Bild 2.2 a* (12-dB-Weiche) und 2.2 b (24-dB-Weiche) die Signalverfälschungen dargestellt, welche sich im Hochtonzweig einer

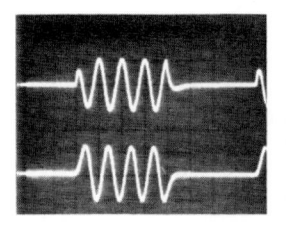

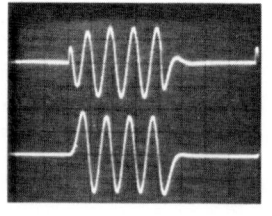

Bild 2.2: Tonbursts im Hoch- und Tieftonzweig einer Zweiwege-Frequenzweiche bei der Übernahmefrequenz. links: 12 dB-Weiche; rechts 24 dB-Weiche.

2.1 Hochpaß-, Bandpaß- und Tiefpaßfilter

Zweiwegweiche (unteres Signal) und deren Tieftonzweig (oberes Signal) ergeben. Bei der 12-dB-Weiche in *Bild 2.2 a* verlaufen die Einschwingvorgänge zu Signalbeginn (links) in beiden Zweigen zunächst gleichsinnig. Bereits nach der ersten Schwingungsperiode ist es schon zu einer Phasenverschiebung von 180 Grad zwischen den Kanälen gekommen – die beiden Signale schwingen nun, im eingeschwungenen Bereich, gegensinnig. Da diese Phasenverschiebung bei der Überlagerung der beiden Kanäle zu hörbaren Auslöschungseffekten führen würde, muß ein Signalzweig umgepolt oder eines der beiden Chassis verschoben werden. Daraufhin beginnen die Einschwingvorgänge in beiden Kanälen gegensinnig. Aber egal, ob ein Chassis verpolt wird oder nicht, in beiden Fällen bleiben, auch bei der Überlagerung der beiden Zweige, die in ihrer jeweiligen Summe wirksamen Einschwingverzerrungen immer hörbar. Diese Einschwingverzerrungen in den einzelnen Zweigen von Frequenzweichen treten immer auf, selbst dann, wenn Tonburstsignale nur in einem Übertragungsbereich eines einzigen Zweiges der Frequenzweiche übertragen werden, z. B. nur im Baßbereich.

Auch bei der 24-dB-Weiche in *Bild 2.2 b* verlaufen die Einschwingvorgänge in den beiden Zweigen zu Signalbeginn gleichsinnig. Doch hier läßt sich bereits nach der ersten Schwingungsperiode eine Phasenverschiebung von 360 Grad zwischen beiden Kanälen feststellen. Bei der Überlagerung im Bereich des eingeschwungenen Signals ergeben sich daher zwar keine Auslöschungen, und man muß weder einen der beiden Zweige umpolen, noch zeitlich versetzen. Trotzdem lassen sich die Einschwingverzerrungen in den einzelnen Zweigen noch deutlicher feststellen, und sie bleiben auch bei der Überlagerung ihrer Zweige immer hörbar. Sie entstehen aufgrund der Phasendrehung eines Zweigs um eine volle Schwingungsperiode. Auch hier treten diese Einschwingverzerrung selbst dann auf, wenn Tonburstsignale nur in einem Übertragungsbereich eines einzigen Zweigs der Frequenzweiche übertragen werden.

Eine Weiche mit 24-dB-Flankensteilheit produziert somit beträchtlich stärkere Klangverfälschungen als jene mit 12 dB Flankensteilheit. Sichtbar machen läßt sich dies, indem man auf dem Oszilloskop die Wiedergabe von Rechtecksignalen betrachtet.

Werden den Chassis hingegen keine sinusförmigen Signale zugeführt, sondern Tonbursts oder breitbandige, aus Frequenzgemischen zusammengesetzte Rechtecksignale, machen sich die Phasenfehler gehörmäßig deutlich durch Klangverfälschungen bemerkbar. Dies gilt in gleicher Weise auch für Musik, die ja auch aus Frequenzgemischen und impulsförmigen Signalen besteht. Nachweisen lassen sich diese Verfälschungen am Oszilloskop. Dort sieht man nicht nur den beträchtlichen Phasenfehler – vor allem bei steilflankigen Weichen – sondern auch die enormen Ein- und Ausschwingverzerrungen, die sich unmittelbar aus den Phasenverschiebungen ergeben.

In den Abbildungen 2.3a (12-dB-Weiche) und 2.3b (24-dB-Weiche) wird gezeigt,

Bild 2.3 zeigt die Verformung von Rechtecksignalen a) nach einer 12 dB-Zweiwege-Weiche; b) nach einer 24 dB-Zweiwege-Frequenzweiche.

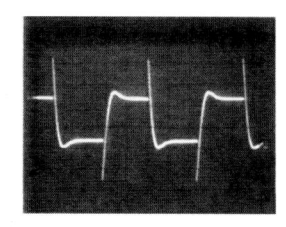

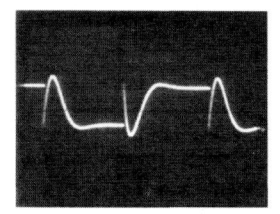

welche Signalverfälschungen entstehen, wenn man einer Zweiwegweiche Rechtecksignale zuführt und Hoch- und Tieftonzweig wieder miteinander überlagert. In der der 12 dB Weiche ist bereits ein Zweig umgepolt. Wie in *Bild 2.3 a* dargestellt, wird das Rechteck bei der Überlagerung beider Zweige deutlich verformt. Sowohl die ansteigende als auch die abfallende Flanke des Rechtecksignals zeigen Verformungen, hervorgerufen durch die Verzerrungen der Ein- und Ausschwingvorgänge in den beiden Zweigen der Weiche.

Obwohl bei der 24-dB-Weiche die Einschwingvorgänge von Tonbursts zu Signalbeginn gleichsinnig verlaufen und auch im eingeschwungenen Bereich von Sinussignalen keine Umpolung eines Signalzweiges erfolgen muß, ergeben sich durch die Phasendrehung um volle 360 Grad noch größere Einschwingverzerrungen als bei der 12-dB-Weiche. Dies zeigt auch die Überlagerung der Rechtecksignale beider Zweige in *Bild 2.3 b*.

Bei den weniger steilflankigen 6 dB-Weichen mit Bessel-Charakteristik läßt sich der Phasenfehler von 90 Grad zwischen den beiden Lautsprecherchassis durch eine gegenseitige Versetzung der Chassis oder mit Hilfe eines zusätzlichen Allpasses wieder ausgleichen – sofern nur Sinusschwingungen anliegen. Für impulsförmige Signale (Bursts, Rechtecke) sind bei diesem Weichentyp die Einschwingverzerrungen zwar schon deutlich nachweisbar, bleiben jedoch – verglichen mit den steilflankigeren Weichentypen – noch am kleinsten. Allerdings lassen sich mit den 6-dB-Weichen Überlastungen der angeschlossenen Einzelchassis weniger wirkungsvoll vermeiden als mit steilflankigeren Weichentypen.

Bei 12-dB-Weichen mit Bessel-Chakteristik kann der Phasenfehler von 180 Grad zwischen den beiden Lautsprecherchassis durch die Umpolung eines der beiden Lautsprecherchassis wieder ausgeglichen werden – was sich jedoch wiederum nur für sinusförmige Signale auswirkt. Nicht behoben wird hingegen die zeitliche Versetzung beider Kanäle. Wird durch einen Allpaß die zeitliche Versetzung zwischen beiden Kanälen wieder ausgeglichen, kann man auf die Umpolung eines Chassis verzichten. Keine dieser Maßnahmen kann hingegen Fehler bei den Einschwingvorgängen verhindern. Und die sind bei diesem Weichentyp schon erheblich. Da man bei 12-dB-Weichen noch mit wenigen Bauteilen auskommt und obendrein die Überlastung der einzelnen Lautsprecherchassis vermieden werden kann, halten wir Weichen mit diesem Dämpfungsverhalten für den erträglichsten Kompromiß.

Zwar lassen sich Chassis-Überlastungen mit 24-dB-Weichen am zuverlässigsten vermeiden – dementsprechend vorteilhaft ist ihre Verwendung dort, wo es hauptsächlich auf hohen Schalldruck bei der Wiedergabe ankommt – etwa bei Rock-Konzerten. Allerdings wird dies mit klanglichen Nachteilen erkauft. Musik besteht nämlich zum großen Teil aus breitbandigen Impulsen, und die werden durch diesen Weichentyp wiederum am stärksten verfälscht. Bei 24-dB- Weichen bleiben die Verzerrungen der Einschwingvorgänge grundsätzlich sehr groß, egal ob die beiden Kanäle zeitlich gegeneinander versetzt werden oder nicht. Dementsprechend miserabel bleibt auch die Impulswiedergabe – auf die der HiFi-Freund zu Recht großen Wert legt.

2.2 Subtraktionsfilter

Bei den sogenannten Subtraktionsfilterschaltungen geht man bereits davon aus, daß jeder Hoch-, Tief- oder Bandpaßfilter enorme Verzerrungen mit sich bringt. Man verwendet deshalb neben solchen Filtern eine Subtraktionschaltung, die aus dem Eingangssignal das durch die Filter verfälschte Signal abzieht und gibt diesem Signal einen eigenen Übertragungsweg *(Bild 2.4)*.

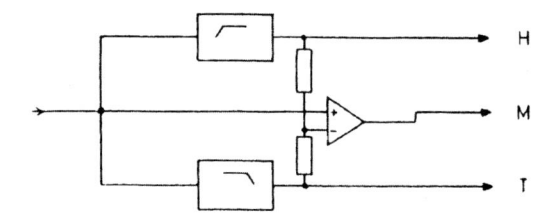

Bild 2.4: Schaltbild einer Dreiwege-Subtraktionsweiche.

Diese Schaltung gewährleistet, daß sich durch Addition der elektrischen Signale hinter den Filtern wiederum exakt das in die Filter eingespeiste Signal nachweisen läßt. Die bei jedem Filter unvermeidlichen Impulsverzerrungen kompensieren sich bei der Addition der Frequenzbänder, da das benachbarte Frequenzband die Impulsverzerrungen ebenfalls enthält, jedoch mit umgekehrtem Vorzeichen. Der Trugschluß hierbei ist, daß diese Aufsummierung im elektrischen Teil nach der Weiche zwar wunderschön funktioniert, nicht aber im akustischen Bereich, wenn das Lautsprecherchassis den Schall abstrahlt.

Werden die hochfrequenten Impulsverzerrungen, die in zwei Frequenzbändern mit unterschiedlichem Vorzeichen enthalten sind, den Lautsprecherchassis zugeleitet, werden sie dort akustisch unterschiedlich umgesetzt. Ein Baßchassis wird hier andere akustische Signale bezüglich der Einschwingverzerrungen abstrahlen als ein Mittel- oder ein Hochtöner.

Da ein Tieftöner die hochfrequenten Impulsverzerrungen akustisch nicht wirksam werden läßt, der Mittel- oder der Hochtöner aber die Verzerrungen mit anderem Vorzeichen akustisch wahrnehmbar abstrahlt, werden die von den Filtern hervorgerufenen Ein- und Ausschwingverzerrungen trotzdem hörbar. Sie lassen sich auch meßtechnisch nachweisen.

2.3 Gegengekoppelte Frequenzweiche

Als der Autor noch versuchte, Frequenzweichen zu verbessern, kam er auf die folgende Lösung [15]: Nach konventionellen Hoch-, Tief- und Bandpaßfiltern werden die Signale aufsummiert und mit dem Eingangssignal verglichen. Das Differenzsignal entsteht im wesentlichen durch die Einschwingverzerrungen. Es wird als Korrektursi-

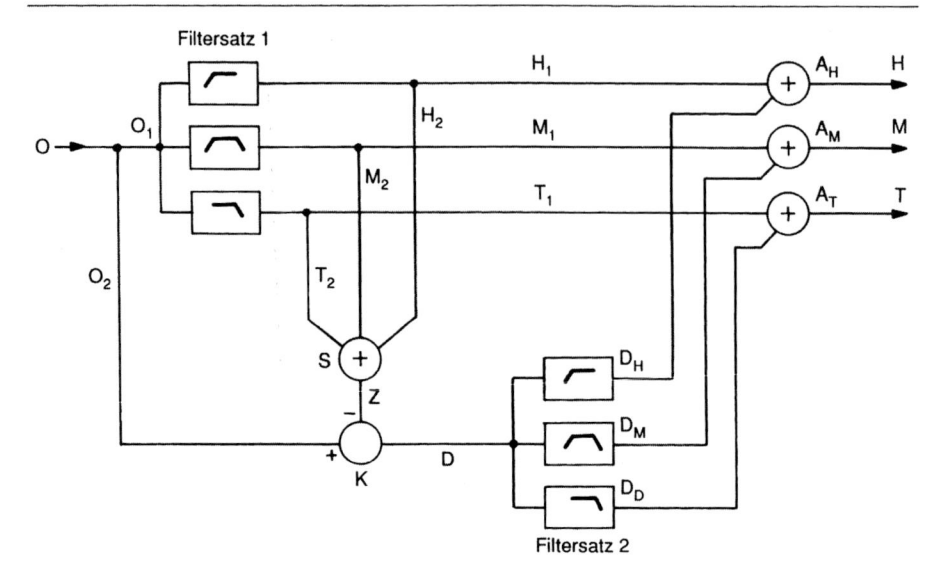

Bild 2.5: Schaltbild einer Dreiwege-Frequenzweiche mit einer Rückkopplungsschaltung.

gnal über weitere Filter geleitet und damit den Lautsprecherchassis zugeführt, die diese Korrektur der Einschwingvorgänge auch akustisch zur Wirkung kommen lassen können *(Bild 2.5)*.

Hierbei liegen allerdings die durch die Filter der Frequenzweiche hervorgerufenen Phasendrehungen voll innerhalb des Übertragungsbereichs. Ebenso wie bei gegengekoppelten Lautsprecherchassis besteht deshalb auch hier die Gefahr der Schwingneigung. Sie erlaubt keinen hohen Rückkopplungsfaktor und begrenzt daher die Korrekturwirkung ganz erheblich.

2.4 Frequenzweichen – Zusammenfassung

Frequenzweichen, die ausschließlich unter dem Gesichtspunkt eines möglichst linearen Schalldruckverlaufs konstruiert wurden, zeigen oft fundamentale Klangverfälschungen. Ähnlich wie bei der Lautsprecherwiedergabe wurde der Schalldruckverlauf mit sinusförmigen Signalen bis ins letzte Detail optimiert und dabei die Auswirkung der Phasenfehler für Frequenzgemische oder impulsförmige Signale nicht genug berücksichtigt.

Ganz allgemein zeigen Frequenzweichen folgendes Verhalten: Je steilflankiger die Filterwirkung ausgeführt wird, desto größer werden auch die Phasenfehler. Je größer aber die Phasenfehler werden, desto unterschiedlicher kann auch das Klangergebnis von Mehrwege-Lautsprechern ausfallen, trotz gleichen Schalldruckverlaufs. Auch hier

2.4 Frequenzweichen – Zusammenfassung

sind die Phasenfehler für die hörbaren Unterschiede verantwortlich, die bei Frequenzgemischen zu unterschiedlich überlagerten Hüllkurven führen sowie die verschiedenartigen Einschwingverzerrungen hervorrufen.

Wenn sich die extremen Phasenfehler von Frequenzweichen mit den Phasenfehlern der einzelnen Lautsprecherchassis überlagern, entstehen neue, äußerst komplexe Fehlerstrukturen. Kleinste Fehler können sich bei zufälliger ungünstiger Überlagerung zu deutlich hörbaren Einflüssen aufsummieren. Dies passiert speziell dann, wenn auch durch die Musik ein sehr komplexes Signal aus Frequenzgemischen und Impulsen wiedergegeben werden muß. Dies ist auch der Grund, weshalb Musik bei der Wiedergabe mit praktisch allen Mehrwege-Lautsprechern anders klingt.

Aber nicht nur der Klang, auch die räumlichen Höreindrücke von Mehrwege-Lautsprechern unterscheiden sich deutlich voneinander, je nachdem ob Weichen mit 12 dB, 18 dB oder 24 dB Dämpfung/Oktave verwendet werden. Die Filter der Frequenzweichen wirken hier ähnlich wie die Filter beim Räumlichkeitsverfahren des Stereofernsehens. Die Phasenfehler zur Erzeugung des künstlichen Raumklangs beim Fernsehen lassen sich mit einem Schalter abstellen, die Phasenfehler der Frequenzweichen leider nicht. Von vielen Testern werden die Phasenfehler der Mehrwege-Lautsprecher deswegen nicht erkannt.

Oft liest man bei Lautsprechertests von „einer verblüffenden Räumlichkeit, die ihresgleichen sucht" oder von „noch nie vorher gehörten Räumlichkeitseindrücken". Es ist deswegen von größter Bedeutung, sich über die Rolle der Phasenfehler bei Lautsprechern klar zu werden, denn sie sind es, die bis heute die größte Hürde zur unverfälschten Klangwiedergabe darstellen.

Auch die kleinsten Fehler anderer Komponenten, die normalerweise vernachlässigt werden dürfen, können bei einer unglücklichen Überlagerung mit den zuvor beschriebenen komplexen Fehlerstrukturen plötzlich unüberhörbare Klangeinflüsse hervorrufen. Man spricht dann von ungünstigen Gerätekonstellationen. Diese Problematik, die heute unter dem Begriff „Anpassungsproblem" immer öfter beschrieben wird, ist auf den ersten Blick nicht zu durchschauen. Sie hat aber nichts mit Voodoo-Zauber zu tun, sondern sie resultiert aus den bis heute vernachlässigten Phasenfehlern und den sich daraus ergebenden Klangverzerrungen.

Die besondere Schwierigkeit, gegen diese Fehler vorzugehen, ergibt sich daraus, daß mit Meßsignalen und der Darstellung der Verzerrungen am Oszilloskop nicht der große Stellenwert dieser Fehler deutlich gemacht werden kann. Dieser ergibt sich erst bei Musik und ihrer Wahrnehmung durch das Gehör. Denn unser Gehör kann selbst die subtilsten Ein- und Ausschwingverzerrungen sehr wohl wahrnehmen. Das Gehirn ist geradezu darauf spezialisiert, die Einschwingvorgänge zum Erkennen von Schallereignissen auszuwerten.

Mit Hilfe von Frequenzweichen läßt sich in jedem Fall nur ein klanglicher Kompromiß erreichen. Frequenzweichen führen grundsätzlich – und zwar immer – zu Ein- und Ausschwingverzerrungen, die lediglich mehr oder weniger groß sind, je nachdem wie der Filter aufgebaut ist. Die Frequenzweiche wegzulassen muß letztlich auch eines der Hauptanliegen von HiFi-Puristen sein, für die immer schon die Regel galt, mit möglichst wenig Eingriffen in die Tonübertragungskette auszukommen.

3 Auf dem Weg zum fehlerfreien Punktstrahler

Wie sehr die Frequenzweichen in Mehrwege-Lautsprechern das elektrische Signal bei der Aufteilung in mehrere Teilfrequenzbereiche verfälschen, wurde im vorigen Kapitel ausführlich beschrieben. Hinzu kommt aber noch, daß sich auch beim Wiederzusammenfügen der Teilfrequenzbereiche, als akustische Signale, Fehler nicht vermeiden lassen.

Diese akustischen Verzerrungen enstehen durch die Anordnung der Teilfrequenzchassis nebeneinander. Aus geometrischen Gründen kann eine akustisch richtige Überlagerung der Teilfrequenzbereiche nur an einem einzigen Punkt im Hörraum erfolgen; für alle anderen Punkte ergeben sich auf jeden Fall anders zusammengesetzte Hüllkurven *(Bild 3.1)*. Dies zeigt auch, wie fragwürdig die Bemühungen der Frequenzweichen-Optimierung sind, die immer nur auf einen ganz bestimmten Meßpunkt im Raum bezogen sein können und an anderen Meßpunkten im Raum grundsätzlich zu anderen Ergebnissen führen müssen.

Auch wenn gut funktionierende Lautsprecher-Kompensationsschaltungen in den teuren Mehrwege-Aktiv-Boxen eingesetzt werden, läßt sich trotzdem der Erfolg in Form eines völlig unverfälschten akustischen Signals nicht meßtechnisch nachweisen. Es kommt auch hier bereits im Direktschallsignal bei der Wiederzusammensetzung des Eingangssignals aus den Einzelanteilen der Teilfrequenz-Lautsprecher an jedem Meßpunkt im Hörraum zu andersartig überlagerten Hüllkurven. Auch die Verzerrungen der Einschwingvorgänge von Impulsen, die allerdings nicht mehr von den Lautsprecherchassis herrühren, sondern von der Frequenzweiche stammen, sind im akustischen Bereich immer nachweisbar.

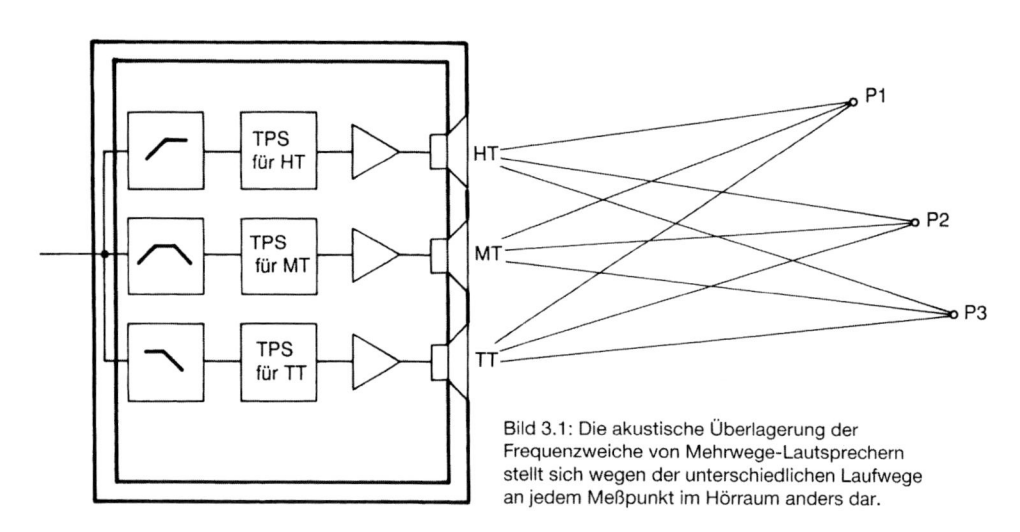

Bild 3.1: Die akustische Überlagerung der Frequenzweiche von Mehrwege-Lautsprechern stellt sich wegen der unterschiedlichen Laufwege an jedem Meßpunkt im Hörraum anders dar.

Pfleid hat deshalb den Bau der teuren Mehrwege-Aktiv-Boxen eingestellt. Die Vorteile, daß die einzelnen Lautsprecherchassis unmittelbar am eigenen Verstärker betrieben und auch bedämpft werden können, sind bei Mehrwege-Aktiv-Boxen von geringerer Bedeutung als die Nachteile, die sich aufgrund der Signalverzerrungen durch die Frequenzweiche ergeben.

Als Ursachen für unzulängliche Lautsprecherwiedergabe wurden bisher vorwiegend die Fehler der elektrodynamischen Wandler und der Frequenzweichen genannt. Wenn es aber darum geht, ein elektrisches Signal ohne jede Verfälschung in ein akustisches Signal umzuwandeln, müssen auch noch andere Fehler vermieden werden. Weitere Fehlerquellen sind: die großen Membranflächen mancher Lautsprecher sowie die Interferenzen, die sich zwischen nebeneinander angeordneten Lautsprecherchassis ergeben, wenn sie den gleichen Frequenzbereich in die gleiche Richtung abstrahlen.

Zur lautstarken Beschallung von normalen Wohnräumen bis zu 100 qm sind bereits erhebliche Schalldruckleistungen nötig. Die Membranfläche der hierzu erforderlichen Lautsprecher läßt sich nicht beliebig verkleinern. Für unterschiedlich große Membranflächen, die den gleichen Schalldruck erzeugen sollen, gilt, daß bei einer kleineren Membranfläche weitere Membranauslenkungen notwendig werden als bei einer größeren Membranfläche.

Kleinere Membranflächen lassen sich leichter formstabil ausführen; man kommt aber bei hohen Pegeln durch den großen Hub sehr schnell in den nicht mehr linearen Übertragungsbereich des Lautsprechers. Bei größeren Membranflächen können zwar solch große Membranauslenkungen vermieden werden, jedoch bilden sich innerhalb großer Membranflächen sehr leicht Partialschwingungen aus, die einen hohen Klirrgrad bewirken. Außerdem läßt sich bei größeren Membranflächen der akustische Fehler der Richtwirkung für die Schallabstrahlung bei höheren Frequenzen nicht vermeiden. Dies geschieht dann, wenn die vom Lautsprecher abgestrahlte Wellenlänge klein wird im Verhältnis zu den Abmessungen der zugehörigen Schallabstrahlfläche der Membran.

3.1 Großflächige Lautsprechermembranen

Die Membranen elektrostatischer Lautsprecher werden oft so großflächig gebaut, daß sie bis zu zwei Meter hoch werden. Hierdurch wird erreicht, daß sich der Zuhörer sowohl im Stehen als auch im Sitzen stets in der von der durchgehenden Membranfläche aus gerichtet abgestrahlten, ebenen Wellenfront befindet. Bei solchen Lautsprechern läßt es sich jedoch nicht vermeiden, daß die wahrgenommenen Schallquellen, der großen Lautsprechermembranfläche entsprechend, breit auseinandergezogen werden. Wenn ein Tester berichtet, noch nie habe er mit einem anderen Lautsprecher die riesigen Dimensionen eines großen Orchesters so realistisch wahrgenommen, dann ist dies nur die halbe Wahrheit. Es fehlt der Hinweis, daß er auch noch nie den Mund einer Sängerin zwei Meter hoch und zwei Meter breit aufgebläht wahrgenommen hat. Punktförmige Schallquellen können mit großflächigen Lautsprechern bei der Wiedergabe nicht mehr punktförmig dargestellt werden.

Wenn elektrodynamische Bändchen-Lautsprecher oder sogenannte Magnetostaten ebenfalls zwei Meter hoch gebaut werden, kommt es neben den Fehlern, die durch die großen Abmessungen der Membranfläche bewirkt werden, auch noch zu Phasenfehlern der elektrodynamischen Wandler. Diese Phasenfehler der Wandler wirken bei der Schallausbreitung des Direktschalls, akustisch gesehen, wie Laufzeitfehler. Deshalb wird nicht nur die Größenabbildung der Tonquellen verfälscht, sondern auch der Eindruck der Hörentfernung. Es entstehen folglich auch falsche räumliche Höreindrücke.

3.2 Lautsprecherzeilen

Wird eine einzige große, durchgehende Membranfläche in mehrere kleine Membranflächen einzelner Lautsprecherchassis aufgeteilt, wobei die Chassis nebeneinander montiert werden, zerfällt die ebene Wellenfront. Meßtechnisch gesehen ergeben sich an verschiedenen Positionen im Hörraum kammfilterartige Überlagerungen und Auslöschungen im Frequenzband, sogenannte Interferenzen. Die Richtwirkung bei hohen Frequenzen nimmt auf der Achse im Zentrum des Lautsprechers noch weiter zu. Es entsteht der bei Lautsprecherzeilen bekannte Bündelungseffekt *(Bild 3.2, Bild 3.3)*.

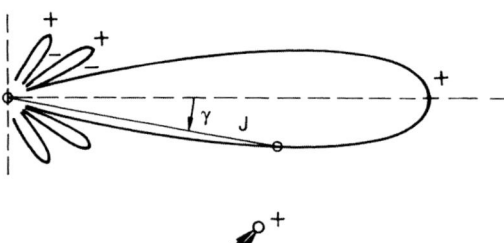

Bild 3.2: Richtcharakteristik bei Lautsprecherzeilen.

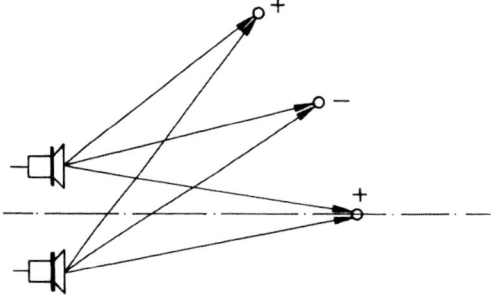

Bild 3.3: So entsteht die Richtcharakteristik bei Lautsprecherzeilen aus Überlagerungen und Auslöschungen einzelner Schallstrahlen. Auf der Achse ist die Schallverstärkung wegen der Symmetrieeigenschaften am größten.

Dies geschieht insbesondere dann, wenn die Abstände zwischen den einzelnen Chassis, die den gleichen Frequenzbereich abstrahlen, groß werden im Verhältnis zur kleinsten übertragenen Wellenlänge und außerdem die Abmessungen der aus mehreren Einzelchassis zusammengesetzten Membranfläche groß wird im Verhältnis zur Hörentfernung.

Akustisch gesehen wird auch hier der Direktschall verfälscht. Die Verfälschung entsteht dadurch, daß die verschiedenen Schallanteile, die von verschiedenen Orten herkommen, erst durch ihre Überlagerung oder Auslöschung die wirklich wahrgenommene Direktschallinformation bilden. Gehörmäßig wird die Wahrnehmung der Einschwingvorgänge beeinträchtigt, die Ortung der Schallquellen verfälscht, und es kommt zu Klangverfärbungen.

Ganz besonders deutlich empfinden wir diese Fehler im Frequenzbereich von ca. 100 bis 2000 Hz. Wenn der Schall in diesem Frequenzbereich von einer einzigen und obendrein relativ kleinen Membranfläche erzeugt wird, verteilt er sich meist noch sehr gut kugelförmig im Hörraum und ist gerade deswegen besonders überlagerungsgefährdet. Strahlen in diesem Frequenzbereich mehrere, nebeneinander angeordnete Lautsprecherchassis gleichzeitig Schall ab, ergeben sich unweigerlich die beschriebenen Fehler aus falschen Überlagerungen im Bereich des Direktschalls.

Dieser Fehler aus falschen Überlagerungen zweier Anteile des Direktschalls tritt deswegen auch bei allen Mehrwege-Lautsprechern auf, wenn die nebeneinander angeordneten Lautsprecherchassis auch nur in einem kleinen Übergangsbereich den gleichen Frequenzanteil in die gleiche Richtung abstrahlen *(Bild 3.4)*.

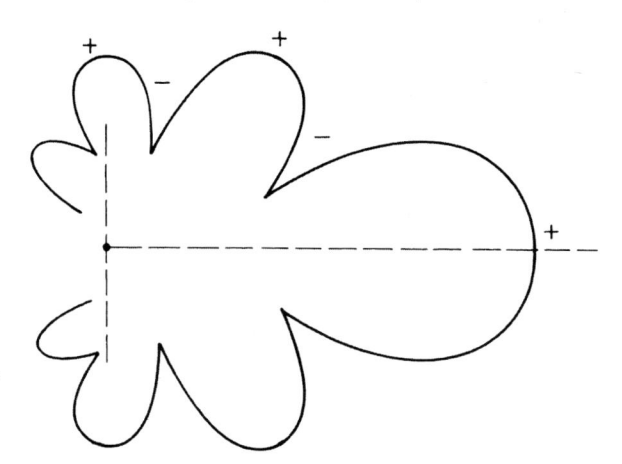

Bild 3.4: Überlagern sich nur zwei Chassis bei Mehrweglautsprechern, ist die Richtcharakteristik nicht so extrem wie bei Lautsprecherzeilen, jedoch aber deutlich nachweisbar.

3.3 Kugel-Lautsprecher

Sogar wenn einzelne Lautsprecherchassis auf einer Kugel so angeordnet werden, daß sie ein gemeinsames virtuelles Zentrum haben, lassen sich trotzdem die beschriebenen Fehler nicht vermeiden, die entstehen, weil Frequenzanteile der einzelnen Lautsprecherchassis sich im Hörraum falsch überlagern *(Bild 3.5)*. Der Fehler, der sich aus zwei nebeneinander angeordneten Lautsprecherchassis ergibt, die den gleichen Frequenzbereich in die gleiche Richtung abstrahlen, kann sich genauso durch eine falsche Lautsprecheraufstellung im Hörraum ergeben, wenn der Direktschall zu schnell und

3 Auf dem Weg zum fehlerfreien Punktstrahler

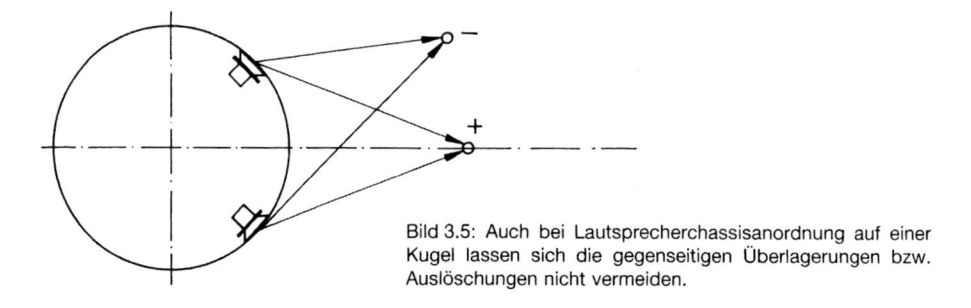

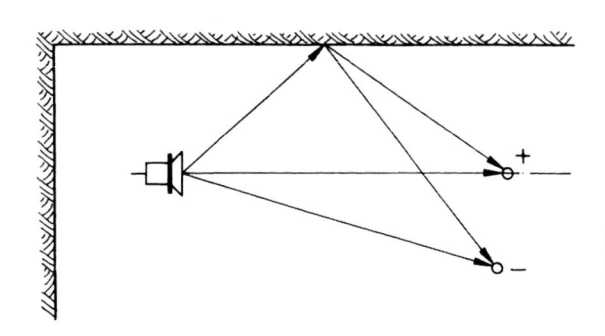

Bild 3.5: Auch bei Lautsprecherchassisanordnung auf einer Kugel lassen sich die gegenseitigen Überlagerungen bzw. Auslöschungen nicht vermeiden.

Bild 3.6: Auslöschungen bzw. Überlagerungen ergeben sich auch bei falscher Lautsprecheraufstellung zu nahe an den Wänden.

aus der gleichen Richtung kommend von der ersten schallstarken Reflexion überlagert wird *(Bild 3.6)*.

Dies passiert vor allem bei den rundumstrahlenden Lautsprechern oder den Dipolstrahlern. Nachweislich schaffen diese Raumstrahler bei der Aufstellung in Wohnräumen erhebliche akustische Probleme. Sie lassen sich in kleinen Wohnräumen, wegen des erforderlichen Abstands von den Wänden, oft überhaupt nicht so aufstellen, daß ein akustisch hochwertiger Klangeindruck entsteht.

Technisch nachweisbare Fehler entstehen aber nicht nur durch zu große Membranflächen mancher Lautsprecher, durch nebeneinander angeordnete Lautsprecherchassis oder durch die Plazierung von Raumstrahlern in kleinen Wohnräumen, sie entstehen auch durch das elektrodynamische Wandlerprinzip.

3.4 Phasenfehler

Diese Fehler im Amplituden- und Phasenfrequenzgang wurden im Kapitel 1 (TPS – Transducer Preset System) bereits ausführlich dargestellt. Falls die Phasenfehler nicht mit der TPS-Analogrechenschaltung kompensiert werden, entstehen Klangverfärbungen und Fehler in den Ein- und Ausschwingvorgängen bei Impulsen. Die für das menschliche Hören so wichtigen Einschwingvorgänge und Ortungswahrnehmungen werden verfälscht. Hörbar werden die Phasenfehler vor allem bei Impulsen. Die einzelnen Impulsanteile des Hoch-, Mittel- und Tieftonbereichs werden durch die unterschiedliche Phasenlage dieser Frequenzen unterschiedlich zeitlich versetzt und treffen dadurch nacheinander beim Hörer ein. Die erste Wellenfront des Direktschalls wird zerstückelt.

Bei einem elektrodynamischen Breitband-Lautsprecherchassis ist eine Phasenverschiebung von 90 Grad im Bereich von 100 Hz durchaus üblich *(Bild 1.2)*. Die Wellenlänge bei 100 Hz beträgt 3,30 m, so daß die Phasenverschiebung von 90 Grad einer Laufzeitverzögerung in der Schallausbreitung des Direktschalls von 0,80 m Wegstrecke entspricht. Die tiefen Töne bei 100 Hz werden also gegenüber den höheren Frequenzen des gleichen Lautsprecherchassis so gehört, als kämen sie von einem Instrument, das 0,80 m weiter entfernt steht. Daraus wird deutlich, daß die Phasenfehler der Lautsprecher einer Laufzeitverzögerung in der Schallausbreitung gleichzusetzen sind. Es entstehen deswegen nicht nur Klangverfärbungen, sondern auch Ortungsbeeinträchtigungen, die eine künstliche räumliche Tiefe bei der Wahrnehmung erzeugen. Die sich ergebenden Ortungen sind frequenzabhängig, und wir hören, je nachdem welche Frequenz ein Musikinstrument oder eine Stimme gerade wiedergibt, die Instrumente oder Stimmen so, als wanderten sie ständig in einem bestimmten Bereich hinter dem Lautsprecher vor und zurück. Die kleinen, unwillkürlichen Kopfdrehungen, die wir zur unbewußten Ortungskontrolle immer durchführen, ergeben keine Verbesserung zur Lokalisation der wiedergegebenen Schallquellen, sondern stören beim Auswerten der wahrgenommenen akustischen Eindrücke.

Der künstlich erzeugte Räumlichkeitseindruck entsteht auf Kosten der Ortbarkeit. Es ist aufs erste zuweilen durchaus beeindruckend, vor allem für den nicht konzerterfahrenen Hörer. Wenn mit schlechten Lautsprecherchassis oder mit primitiven Filtern eine in der Aufnahme nicht vorhandene Räumlichkeit künstlich erzeugt wird, finden das viele Laien, aber auch manche HiFi-Fachleute, ganz vorteilhaft. Nur so ist es zu verstehen, daß einige Hersteller immer wieder versucht haben, Phasenfehler bewußt für ihre Räumlichkeitsverfahren einzusetzen. Der künstliche Raumklang beim heutigen Stereofernsehen stützt sich vorwiegend auf Phasenfehler. Wie anfechtbar jedoch dieser Weg ist, zeigt sich an dem immer deutlicheren Trend, bei hochwertigen HiFi-Geräten auf alle Klangregelnetzwerke mit Filtern zu verzichten, eben wegen der Phasenfehler, die sie erzeugen. Auch die Phasen- und Einschwingfehler bei Impulsen, die von Frequenzweichen hervorgerufen werden, äußern sich letztlich in falschen räumlichen Höreindrücken.

3.5 Koaxial-Lautsprecherchassis

Auf der Suche nach dem fehlerfreien Punktstrahler schieden auch die sogenannten Koaxial-Lautsprecher bald aus. Bei ihnen werden die zwei Lautsprecherchassis für die verschiedenen Frequenzbereiche nicht nebeneinander gesetzt, sondern auf einer gemeinsamen Achse angeordnet. Auch sie benötigen eine Frequenzweiche. Selbst wenn die beiden Einzelchassis mit der TPS- Entzerrschaltung von den Fehlern befreit werden, die von dem Masse-Feder-Dämpfungs-Schwingsystem der Wandler hervorgerufen werden, lassen sich jene Fehler nicht aus der Welt schaffen, die von der Frequenzweiche herrühren.

Koaxial-Lautsprecher haben aber noch andere Nachteile, die durch ihre Konstruktion bedingt sind und die der Anlaß waren, von vornherein keine Konstruktionsverbesserungen zu erwägen. Durch die axiale Anordung des Hochtöners auf Achsenmitte geht nämlich ein Teil der Membran-Abstrahlfläche für den Baßbereich verloren. Um nun im Baßbereich genügend Schalldruck zu erzeugen, muß die Restfläche größere Hübe ausführen. Wegen den anteilsmäßig großen inneren und äußeren Randzonen, in Verbindung mit den großen Hüben der Restbaßfläche, lassen sich akustische Verzerrungen schon bei mittleren Schallpegeln nicht mehr genügend klein halten.

Außerdem kommen zwei Schwingspulen für den Tief-Mittelton- und den Hochtonbereich zum Einsatz. Da die Null-Lage des Hochtöners im Zentrum feststeht und sich nicht im Auslenkvorgang mit den Schwingungen der Baßmembran überlagert, lassen sich die Hüllkurven des Gesamtfrequenzspektrums grundsätzlich nicht mehr richtig und unverfälscht darstellen.

Auch die elektrischen sowie die magnetischen Felder beider Teilfrequenzbereiche lassen sich nicht zuverlässig voneinander trennen. Die vom Strom durchflossenen Schwingspulen beider Frequenzbereiche schwingen in unmittelbarer Nähe zueinander. Induktionswirkungen sind unvermeidlich. Beide Teilfrequenzchassis benötigen auf engstem Raum zwei sehr starke Magnete, die jedoch völlig voneinander abgeschirmt werden müssen. Dies macht die Konstruktion aufwendig und teuer. Dennoch lassen sich elektrische und magnetische Streufelder an der Vorderseite der Magnete nicht verhindern, nämlich dort, wo die Schwingspulen aus dem Spalt hervorschwingen. Die elektrischen und mangnetischen Streufelder führen stets zu wahrnehmbaren Fehlern.

Koaxial-Lautsprecher bleiben letzten Endes lediglich Zweiwege-Lautsprecher, die als Punktstrahler arbeiten. Da sie eine Frequenzweiche benötigen, kann mit ihnen ganz grundsätzlich nicht die wirklich fehlerfreie Klangwiedergabe erzielt werden.

4 FRS Vollbereichs-Punktstrahlerchassis

Umfangreiche Untersuchungen und mehrjährige Vorarbeiten waren notwendig, um überhaupt die Grundlagen zu ermitteln, anhand derer sich ein fehlerfreier akustischer Punktstrahler für den ganzen hörbaren Frequenzbereich verwirklichen ließ (FRS = Full Range Speaker). Dabei ergab sich:

1. Es durfte nur ein einziges Lautsprecherchassis vom tiefsten Baß bis zu den höchsten Höhen eingesetzt werden; dies sprach für den elektrodynamischen Wandler.
2. Dieser Wandler mußte elektrische Signale ohne jede Verfälschung in akustische Signale umsetzen können; dies sprach für den elektrodynamischen Wandler in Verbindung mit der TPS-Entzerrschaltung.

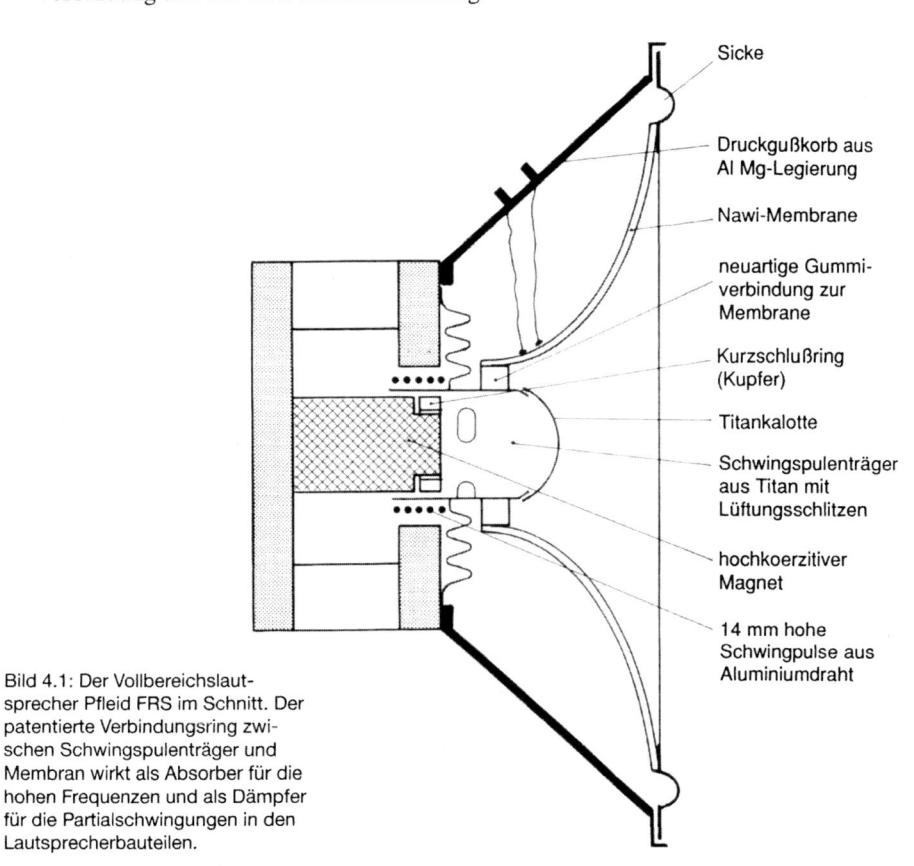

Bild 4.1: Der Vollbereichslautsprecher Pfleid FRS im Schnitt. Der patentierte Verbindungsring zwischen Schwingspulenträger und Membran wirkt als Absorber für die hohen Frequenzen und als Dämpfer für die Partialschwingungen in den Lautsprecherbauteilen.

Beschriftungen: Sicke; Druckgußkorb aus Al Mg-Legierung; Nawi-Membrane; neuartige Gummiverbindung zur Membrane; Kurzschlußring (Kupfer); Titankalotte; Schwingspulenträger aus Titan mit Lüftungsschlitzen; hochkoerzitiver Magnet; 14 mm hohe Schwingpulse aus Aluminiumdraht

3. Die Frequenzweiche mußte entfallen; dies sprach für einen Breitband-Lautsprecher.
4. Die Membranfläche des Breitband-Lautsprechers durfte nicht zu groß werden; dies sprach für den elektrodynamischen Breitband-Lautsprecher.

Welch hervorragende Tonqualität ohne Frequenzweiche in Bezug auf die Klangfarbentreue und auf die Lokalisationsschärfe erreicht werden kann, läßt sich bei den einfachsten Kopfhörern nachvollziehen, die meist als elektrodynamische Breitbandsysteme arbeiten.

Als hochwertige HiFi-Lautsprecher waren die handelsüblichen Breitband-Lautsprecherchassis aber nicht zu gebrauchen. Lautsprecher müssen nämlich im Verhältnis zu Kopfhörern viel höhere Schalldrücke erzeugen. Indem man die für elektrodynamische Kopfhörer übliche Konstruktionsform vergrößerte, entstanden die gravierenden akustischen und technischen Fehler der heutigen konventionellen Breitband-Lautsprecherchassis. Dazu zählen die Richtwirkung im Hochtonbereich, bedingt durch die vergrößerte Schallabstrahlfläche, und ein hohes Maß an Partialschwingungen in der Membranfläche, und zwar aufgrund der steifen Kopplung der Membran mit dem Schwingspulenträger.

Die neue Lösung, das FRS Vollbereichs-Punktstrahlerchassis, kann sowohl in konkaver als auch in konvexer Bauform ausgeführt werden [16, 17]. In *Bild 4.1* mit dem aufgeschnittenen Wandler fällt auf, daß um dem Schwingspulenträger, auf dessen Zentrum die Kalotte sitzt, ein Gummiring angeordnet wurde. Außerdem ist der äußere Teil der Membran nicht in konventioneller Weise am Schwingspulenträger befestigt, sondern eben an diesem Gummiring [18, 19, 20, 21, 22, 23].

4.1 Das Bündeln bei hohen Frequenzen verschwindet

Dieser Gummiring hat eine vielfältige Wirkung. Das Material ist elastisch, hat aber gleichzeitig auch eine hohe innere Reibung, die die Dämpfung bewirkt. Der Gummiring verhindert die akustische Richtwirkung im Hochtonbereich, indem hohe Tonfrequenzen nur über die Kalotte im Zentrum des Lautsprechers abgestrahlt und nicht auf den äußeren Membranteil übertragen werden. Die Energie im Hochtonbereich, die bei konventionellen Breitband-Lautsprechern in den äußeren Teil der Membran gelangt und durch die vergrößerte Schallabstrahlfläche die Richtwirkung hervorruft, wird noch innerhalb der Gummiverbindung aufgearbeitet und in Wärme umgewandelt.

Der Gummiring bewirkt keine Frequenzaufteilung in mehrere Wege wie bei den steilflankigen elektrischen Filtern einer Frequenzweiche. Diese Filter haben einen Durchlaßbereich, einen Sperrbereich und einen Übergangsbereich mit einer bestimmten Flankensteilheit. Sie erzeugen Phasenfehler und somit Verfälschungen bei den Ein- und Ausschwingvorgängen von Impulsen.

Der Gummiring bewirkt im Zentrum des Lautsprechers gar keine Frequenzaufteilung. Dort werden von der Kalotte alle Frequenzen vom Baß bis zu den höchsten Höhen in ihrer richtigen Überlagerung abgestrahlt. Auch für den äußeren Membranteil wirkt der Gummiring keineswegs als Filter mit einem Durchlaß- und einem Sperrbereich, der Phasenfehler hervorruft. Statt dessen wirkt er als Absorber. Durch seine hohe Dämpfung wird bei jeder Schwingbewegung Energie vernichtet. Je höher dabei die Anzahl der Schwingungen ist, umso höher wird die Wirkung der Dämpfung. Das heißt, der Gummiring stellt hier einen frequenzabhängigen Widerstand dar, der bei hohen Frequenzen einen großen Absorptionsgrad erreicht.

Bei tiefen Frequenzen im Baßbereich wirkt die Gummiverbindung wie eine „feste" Verbindung zwischen dem Schwingspulenträger und dem äußeren Membranteil. Da die Kalotte im Zentrum ohnehin fest mit dem Schwingspulenträger verbunden ist, schwingt im Tieftonbereich die gesamte Membranfläche des Lautsprechers gleichförmig. Die Kalotte im Zentrum des Lautsprechers geht als Schallabstrahlfläche für den Baß nicht verloren.

Die Gummiverbindung koppelt die beiden Membranteile so aneinander, daß sich der Hochtonbereich und der Baßbereich am Lautsprecher als Hüllkurve richtig überlagern. Weil die Richtwirkung im Hochtonbereich durch die Gummiverbindung ausgeschlossen wird, verteilen sich der Hochtonbereich und der Baßbereich gleichförmig im Hörraum und überlagern sich auch außerhalb der Lautsprecherachse an jedem beliebigen Ort im Hörraum immer richtig. Dadurch werden im Hörraum Klangverfärbungen aufgrund falscher akustischer Überlagerung von Frequenzgemischen vermieden. Die in *Bild 4.2* dargestellten Richtdiagramme zeigen die hervorragenden Schalldruckverteilungen der verschiedenen Lautsprecherchassis bei unterschiedlichen Frequenzen.

Das FRS Vollbereichs-Punktstrahlerchassis wurde bisher mit den Durchmessern von 16, 20 und 25 Zentimetern entwickelt. Beim 16er-, 20er- und 25er-Chassis wird die gleiche Schwingspule und die gleiche Kalottengröße von 37 mm Durchmesser verwendet. Sie sind im Bündelungsverhalten über 10 000 Hz gleich gut. Während das 16er-Chassis aber auch den Mitteltonbereich räumlich sehr gut verteilt, ist aufgrund der im Mitteltonbereich größer wirksamen Membranfläche des 25er-Chassis in diesem Frequenzbereich ein leichtes Bündeln festzustellen. Andererseits hat das 25er-Chassis wiederum den Vorteil, daß es, bedingt durch die große Membranfläche, schon bei kleinen Membranhüben einen wesentlich kräftigeren Baß erzeugen kann als das 16er-Chassis.

4.2 Die Partialschwingungen werden bedämpft

Der in Bild 4.1 erwähnte Gummiring dient nicht nur dazu, die elektrisch erzeugten Schwingungen in der gewünschten Weise auf die Membranflächen zu verteilen, um akustische Bündelungswirkungen zu verhindern, sondern hilft auch, Partialschwingungen im äußeren Membranteil, im Schwingspulenträger und in der Kalotte zu dämpfen.

In allen dünnen und steifen Membranen treten beim Schwingen Belastungen durch Biegeschwingungen auf, die Partialschwingungen und Resonanzen hervorrufen können. Diese Partialschwingungen sind das Hauptproblem von Breitband-Lautsprechern. Bei Breitband-Lautsprechern können die Lautsprecherbauteile für die Übertragung eines kleinen Frequenzbereichs nicht so optimiert werden wie bei Baß-, Mittel-

4 FRS Vollbereichs-Punktstrahlerchassis

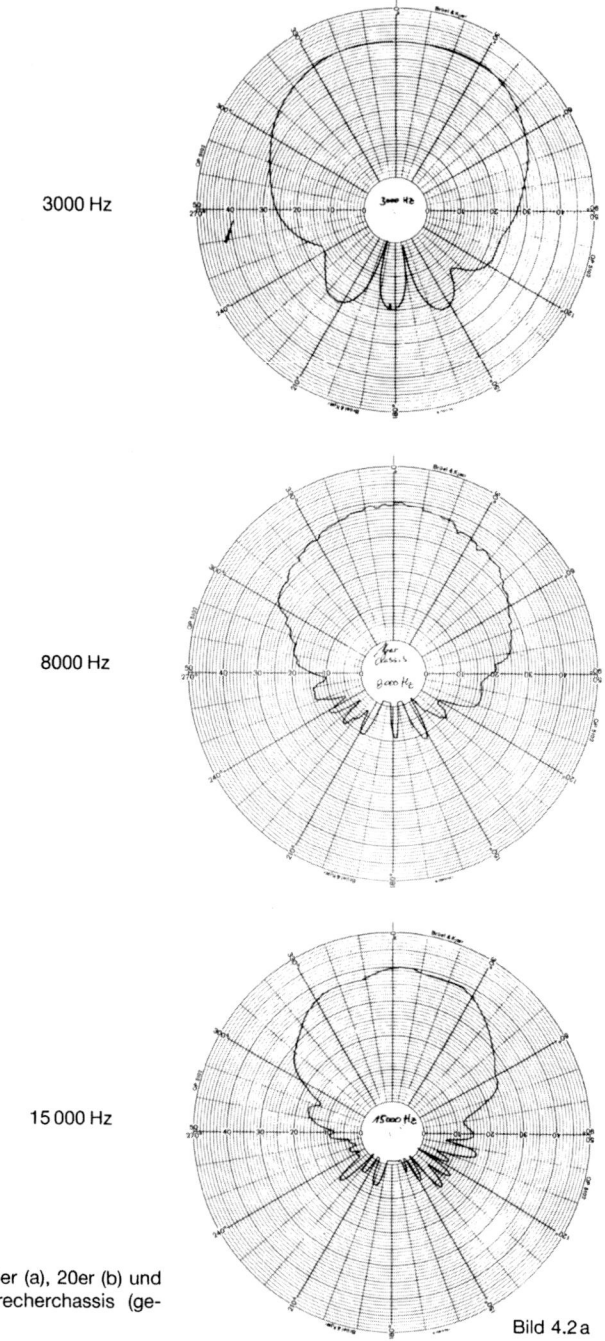

3000 Hz

8000 Hz

15 000 Hz

Bild 4.2: Richtcharakteristik des 16er (a), 20er (b) und 25er (c) FRS-Vollbereichs-Lautsprecherchassis (gemessen im schalltoten Raum).

Bild 4.2 a

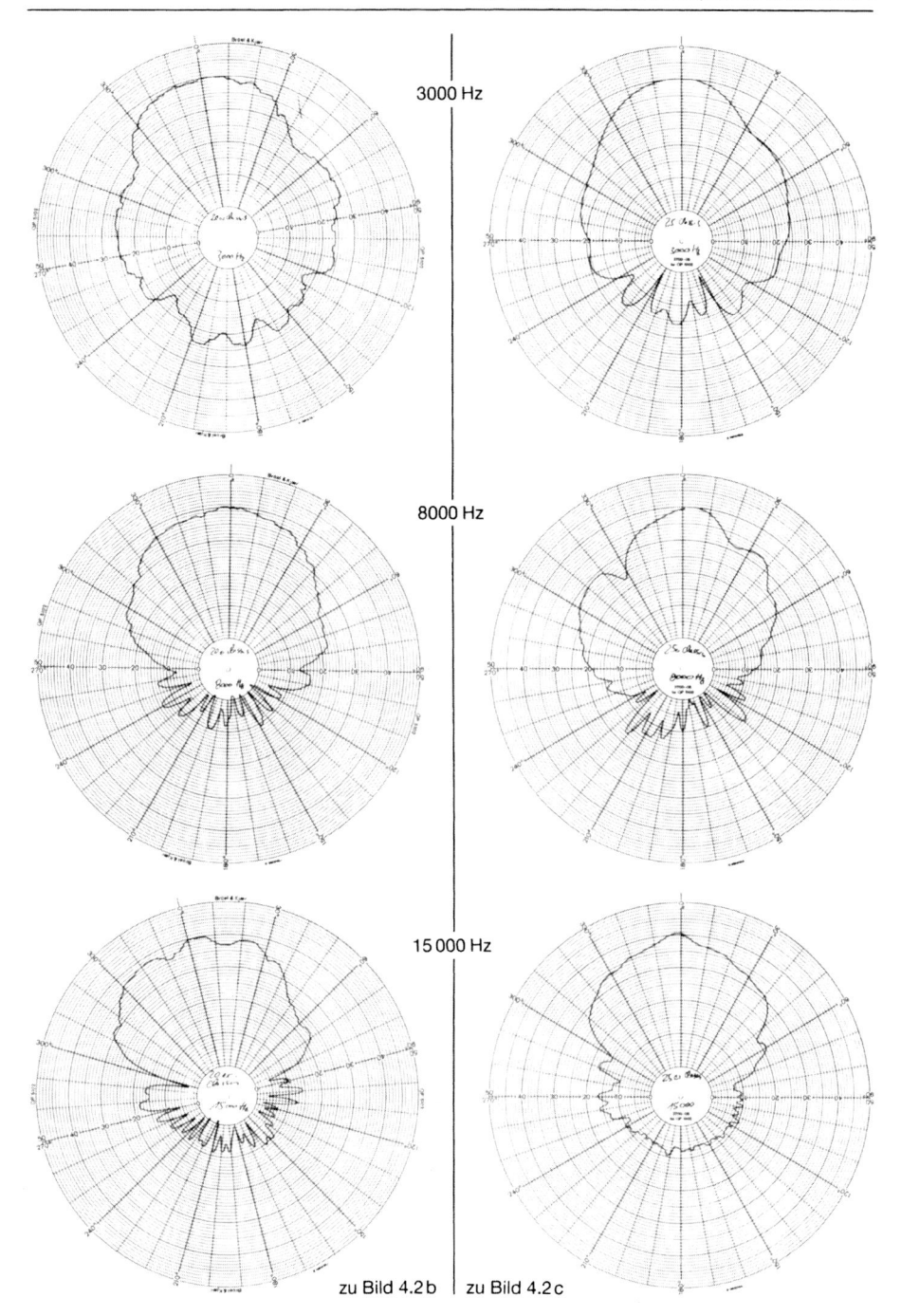

4.1 Das Bündeln bei hohen Frequenzen verschwindet

3000 Hz

8000 Hz

15 000 Hz

zu Bild 4.2 b | zu Bild 4.2 c

oder Hochtönern. Zudem müssen die dünnen und zugleich großflächigen Lautsprechermembranen sowohl tiefste Bässe als auch und höchste Höhen übertragen und werden dadurch wesentlich stärker beansprucht als die bereits für eine spezielle Belastung optimierten Bauteile von Baß-, Mittel- oder Hochtönern.

Im äußeren Membranteil, im Schwingspulenträger und in der Kalotte treten durch die unterschiedlichen Materialien, Materialdicken, Steifigkeiten und anderen Abmessungen jeweils unterschiedliche Eigenschwingungen auf. Bei konventionellen Breitband-Lautsprechern verteilen sich diese Eigenschwingungen als Körperschall in der jeweiligen Membranfläche und werden sogar über die Verklebung an der Schwingspule stets auf alle anderen Lautsprecherbauteile weitergeleitet. An den steiferen Stellen in der Membranfläche, z.B. an der Verklebung des äußeren Membranteils mit dem Schwingspulenträger und der Kalotte, bilden sich Schwingungsknoten aus, und die zugehörigen Schwingungsbäuche verteilen sich auf die Flächen mit geringerer Steifigkeit in der Membranoberfläche sowie im Schwingspulenträger.

Neben dem akustischen Fehler der Schallbündelung hoher Frequenzen ist der hohe Klirrfaktor der Hauptgrund, warum Breitband-Lautsprecher als Lautsprecher minderer Qualität gelten. Diese Fehler waren auch der Grund dafür, daß man überhaupt Teilfrequenz-Lautsprecher mit Frequenzweichen entwickelt hat.

Es ist somit entscheidend, die Verbindung zwischen dem äußeren Membranteil und dem Schwingspulenträger aufzutrennen und den Gummiring mit seiner hohen Dämpfungswirkung als eigenständiges, räumliches Bauteil dazwischen anzuordnen. Dabei muß der Gummiring ein mehrachsig elastisches und zugleich mehrachsig dämpfendes Verhalten aufweisen. Der Gummiring sitzt deshalb genau an der Stelle, die am stärksten mechanisch beansprucht wird und wo eine Bedämpfung der Bauteile des Lautsprechers die größte Wirkung hat. Doch werden durch ihn nicht nur die einzelnen Bauteile in ihrem Eigenschwingungsverhalten optimal bedämpft, sondern er verhindert auch, daß Eigenschwingungen von einem Bauteil auf ein anderes Lautsprecherbauteil weitergeleitet werden.

Im FRS Vollbereichs-Punktstrahler ist der äußere Membranteil als NAWI-Membran (NAWI = nicht abwickelbar) ausgeführt. Diese Membranform zeigt von vornherein ein geringeres Eigenschwingungsverhalten als eine Konusmembranform. Der Gummiring dämpft noch den Rest der Partialschwingungen im äußeren Membranteil.

Auch der innere Membranteil würde ohne die Bedämpfung Resonanzen entwickeln. Ein Schwingspulenträger aus Metall und eine daran befestigte Metallkalotte bilden ein Schwingsystem ohne Bedämpfung. Nicht von ungefähr hat man daher den „Metallsound" derartiger Konstruktionen gerügt. Der Gummiring wirkt auch hier vorzüglich als Bedämpfung. Er verhindert Partialschwingungen und Resonanzen in der Kalotte und sogar im Schwingspulenträger.

4.3 Die TPS-Entzerrung und das FRS-Chassis gehören zusammen

Wichtig war es auch, eine Konstruktionsform zu finden, die es ermöglicht, die prinzipbedingten linearen Verzerrungen des elektrodynamischen Wandlers mit Hilfe der TPS-Analogrechenschaltung auszugleichen. Aufgrund der starren Verklebung der Kalotte mit dem Schwingspulenträger und der bei niedrigen Frequenzen ebenfalls festen Verbindung des äußeren Membranteils mit dem Schwingspulenträger sind beide Membranteile unmittelbar mit dem Schwingspulenträger gekoppelt. Beide Membranteile können zur Kompensation ihrer linearen Verzerrungen direkt durch den Strom des Verstärkers korrigiert werden; unkontrollierbare Schwingungszustände sind ausgeschlossen.

Durch die üblichen Schalldruckmessungen in einem Meter Entfernung vor dem Lautsprecher in Achse und 30 Grad außermittig lassen sich die Verbesserungen durch die Gummiverbindung sehr eindrucksvoll aufzeigen. Während sich bei einem konventionellen Breitband-Lautsprecher der Schalldruck mittig und außermittig deutlich in den Höhen unterscheidet *(Bild 4.3)*, verschwindet dieser Unterschied bei einem Lautsprecher, der bei sonst gleicher Ausführung die hier beschriebene Verbindung zwischen dem Schwingspulenträger und dem äußeren Membranteil aufweist *(Bild 4.4)*. Zwar wird der Schalldruck in den Höhen durch diese Maßnahme auf der Achse geringer, was man bei oberflächlicher Betrachtung als einen geringeren Wirkungsgrad bezeichnen könnte. Doch bei genauerer Untersuchung läßt sich nachweisen, daß damit nur die Partialschwingungen im äußeren Membranteil nichts mehr zur Schallabstrahlung beitragen können. Auf diese Weise nimmt die technische Übertragungsqualität zu, und durch die auf das Zentrum begrenzte Flächenabstrahlung verschwindet die Richtwirkung im Hochtonbereich. Wenn der partialschwingungsfreie, verminderte Pegel in den Höhen durch vermehrte elektrische Leistungszuführung wieder ausgeglichen wird, vergrößert sich trotzdem die schallabstrahlende Fläche im Zentrum nicht, und es entsteht auch keine Richtwirkung mehr.

Um die Tonübertragung perfekt zu machen, sind nur noch die verbleibenden Fehler des dynamischen Wandlerprinzips zu kompensieren. Dies macht die TPS-Analogrechenschaltung, welche in den Pfleid Lautsprecherentzerrer PP 100 eingebaut ist. Ihre Wirkung auf den Amplitudenfrequenzgang sehen Sie in *Bild 4.5*.

Mit dem FRS Vollbereichs-Punktstrahlerchassis können hier erstmals in Verbindung mit Lautsprechern akustisch aufgenommene Rechtecksignale gezeigt werden. Diese Darstellung ist bei Lautsprechern bis heute nicht üblich.

Elektrodynamische Breitband-Lautsprecher ohne TPS-Entzerrung, ebenso wie alle Mehrwege-Lautsprecher mit Frequenzweichen, verfälschen das akustische Signal so sehr, daß anhand von Rechtecksignalen keine Qualitätsbeurteilungen möglich sind. Die Verfälschungen sind so groß, daß oft nicht einmal die Rechteckform erkennbar ist. Bei konventionellen Lautsprechern ließe sich damit nur aufzeigen, wie schlecht eigentlich die Umsetzung der elektrischen Signale in Schallwellen bis heute immer noch ist.

Da die Darstellung der Rechtecksignale andererseits im gesamten elektronischen Bereich der HiFi-Geräte als Meßstandard bei der Überprüfung der Geräte auf Signalverfälschungen benützt wird, dürfte es nur eine Frage der Zeit sein, bis auch alle

4 FRS Vollbereichs-Punktstrahlerchassis

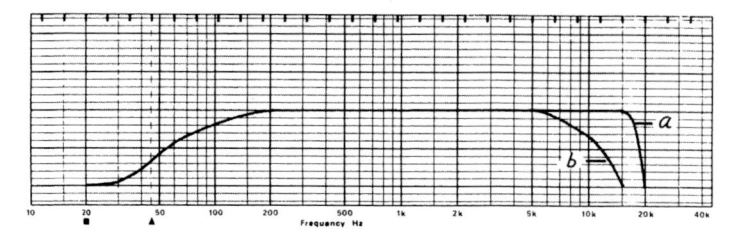

Bild 4.3: Frequenzgang eines konventionellen Lautsprechers (schematisch). a) in Achse gemessen; b) 30 Grad außerhalb der Achse gemessen.

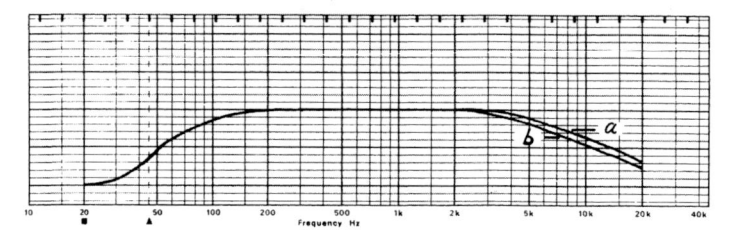

Bild 4.4: Frequenzgang mit der Gummiverbindung (schematisch). a) in Achse gemessen; b) 30 Grad außerhalb der Achse gemessen.

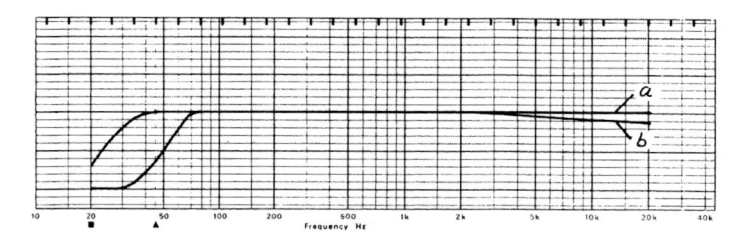

Bild 4.5: Kompensierter Frequenzgang mit der Gummiverbindung (schematisch). a) in Achse gemessen; b) 30 Grad außerhalb der Achse gemessen. Im Baß ist einstellbar linear bis 35 Hz oder 65 Hz.

Lautsprecher und Kopfhörer das Rechtecksignal akustisch möglichst ohne jegliche Verfälschungen wiedergeben müssen.

Das FRS Vollbereichs-Punktstrahlerchassis stellt angenähert eine Punktschallquelle für den ganzen hörbaren Frequenzbereich dar. Weil es zudem die hohen Frequenzen nicht bündelt, läßt sich die akustische Rechteckwiedergabe nicht nur an einem genau definierten Meßpunkt nachweisen, sondern an beliebigen Punkten im Hörraum. Das Rechteck kann nicht nur auf der Lautsprecherachse nachgemessen werden, sondern auch links und rechts davon sowie darüber und darunter. *Bild 4.6* zeigt Rechtecksignale bei fünf Frequenzen ohne TPS, *Bild 4.7* zeigt Rechtecksignale bei fünf Frequenzen mit der TPS – Lautsprecherentzerrung.

4.4 Konstruktive Maßnahmen beim FRS-Chassis

a) 230 Hz   b) 500 Hz   c) 750 Hz

Bild 4.6: Rechtecksignale ohne TPS-Entzerrung.

d) 1300 Hz   e) 2800 Hz

a) 230 Hz   b) 500 Hz   c) 750 Hz

Bild 4.7: Rechtecksignale mit TPS-Entzerrung.

d) 1300 Hz   e) 2800 Hz

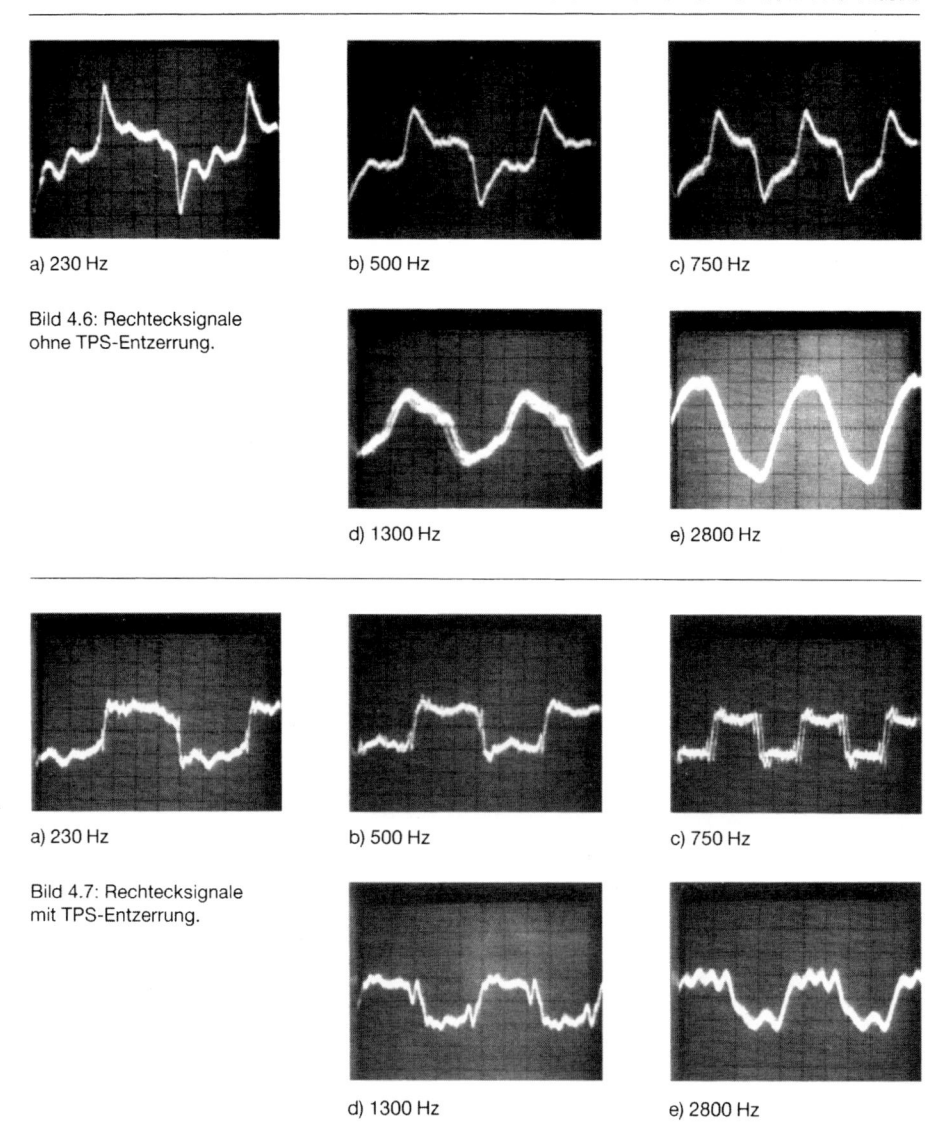

4.4 Konstruktive Maßnahmen beim FRS-Chassis

Beim FRS Vollbereichs-Punktstrahler wurden darüberhinaus alle konstruktiven Maßnahmen ausgeschöpft, um die konventionelle Wandlerkonstruktion durch die Verwendung bester Materialien zu perfektionieren, nämlich:

- der kräftige Magnet (11 000 Gauß)
- das homogene Magnetfeld im Spalt (magnetische Streufelder werden durch einen Lautsprecherkorb aus Nichteisenmetall vermieden)
- der Kurzschlußring am Magnet (geringe Induktivität)
- das geringe Gewicht in Verbindung mit der Steifigkeit und der Bedämpfung der bewegten Teile durch ausgesuchte Materialien (Schwingspulendraht ist aus Aluminium, die 37er Kalotte und der Schwingspulenträger sind aus leichtem und steifen Titan)
- Schwingspulenträger mit Lüftungsschlitzen (die optimale Kühlung durch die Bewegung der Schwingspule ermöglicht eine hohe Belastbarkeit)
- die hohe Schwingspulenwickelhöhe von 14 mm (das gewährleistet geringe nichtlineare Verzerrungen auch bei großem Membranhub)
- die NAWI-Membran (bestmögliche Membranstabilität).

Die Konstruktion des FRS-Chassis wurde außerdem so ausgeführt, daß die weiche Textilzentrierung bei extremen Auslenkungen der Membran nach rückwärts den Magneten berührt und dadurch ein Anschlagen der Schwingspule im Magneten verhindert. Bei solch extremen Auslenkungen fängt dann auch die Sicke an, Eigengeräusche von sich zu geben und zeigt damit die mechanische Überlastung des FRS-Chassis an, ohne daß dabei etwas kaputt gehen kann.

4.5 Lautsprecherkabel werden mitentzerrt

Auch Lautsprecherkabel sind kein Thema mehr. Die TPS-Entzerrung kompensiert nicht nur die induktiven und kapazitiven Komponenten des Wandlers. Wenn die TPS-Entzerrung an einem FRS Vollbereichs-Punktstrahler als Einwegsystem vorgenommen wird, können auch die induktiven und kapazitiven Komponenten eines Lautsprecherkabels, die um ein hundertstel kleiner sind und in der Regel vernachlässigt werden, mitkompensiert werden.

4.6 Die maßgeblichen Fehler werden kompensiert

Durch die TPS-Entzerrung in Verbindung mit dem FRS-Chassis werden die maßgeblichen linearen, nichtlinearen und akustischen Verzerrungen in der Schallwandlertechnik weitgehend ausgeschaltet oder stark reduziert. Wie wichtig diese Erfindungen sind, wird deutlich wenn man sich klar macht, daß z. B. Verstärker in Class-A-Technik oder mit astronomischen Ausgangsleistungen, so begrüßenswert sie aus anderen Gründen sein mögen, weder einen Einfluß auf die maßgeblichen Fehler der Wandler noch auf die der Frequenzweiche haben. Auch einen Schallwandler zu optimieren, der nur für einen

Teilfrequenzbereich eingesetzt werden kann, bringt insgesamt gesehen sehr wenig an Verbesserung. Der masselose Ionenhochtöner oder ein Mittelton-Bändchen-Lautsprecher verlieren ihre Vorzüge, sobald sie über eine Frequenzweiche betrieben werden. Sofort zeigen sie die von der Frequenzweiche verursachten Phasenfehler und fehlerhafte Ein- und Ausschwingvorgänge bei Impulsen. Außerdem bleiben die akustisch falschen Überlagerungen mit anderen Teilfrequenz-Lautsprechern unbeeinflußt erhalten.

4.7 Aktiv- und Passivboxen sind technisch gleichwertig

Wegen der unvermeidlich großen Fehler der Frequenzweichen bleibt es bei den Mehrwege-Aktiv-Lautsprechern unerheblich, ob die einzelnen Lautsprecherchassis direkt vom Verstärker angetrieben werden oder nicht.

Beim FRS Vollbereichs-Punktstrahler entfällt die Frequenzweiche. Dadurch wird nicht nur bei den Aktiv-Lautsprechern mit eingebauten Verstärkern der Vorteil der direkten Verbindung des Endverstärkers mit dem Lautsprecherchassis voll wirksam, sondern auch bei der Passiv-Box. Es spielt technisch keine Rolle mehr, wo der Endverstärker plaziert wird. Er kann in das Lautsprechergehäuse eingebaut sein oder extern angeordnet werden. Nach wie vor gilt allerdings: Je kürzer dabei das Lautsprecherkabel ist, umso besser ist diese direkte Verbindung.

4.8 Die TPS-Schaltung im Lautsprecherentzerrer PP 100

Wird die TPS-Analogrechenschaltung als separate Einheit im PP 100 Lautsprecherentzerrer betrieben, kann sie in Verbindung mit jedem handelsüblichen Vorverstärker und jeder handelsüblichen Endstufe benutzt werden, die dann ihrerseits mit den passiven Pfleid FRS Vollbereichs-Punktstrahlern verbunden ist. Die in HiFi-Anlagen vorhandene Leistungsendstufe kann weiter benutzt werden. Das PP 100 Gerät wird nach dem Vorverstärker, aber vor dem Endverstärker in den Signalweg eingeschleift. Dieses Einschleifen ist nicht nur bei separaten Vor- und Endverstärkern möglich, sondern läßt sich auch mit jenen Geräten vornehmen, bei denen Vor- und Endverstärker in einem Gehäuse untergebracht sind, aber über einen Tape-Eingang mit Monitorbeschaltung verfügen.

Dies ist genau die Stelle, an der z. B. auch ein Equalizer in den Signalweg eingeschleift werden kann. Anstatt eines Equalizers wird der PP-100-Lautsprecherentzerrer eingeschleift, der nicht nur den Amplitudenfrequenzgang, sondern auch den Phasenfrequenzgang richtig mitentzerrt.

Durch die Entzerrschaltung werden der extreme Tiefbaß und auch der Hochtonbereich bei kleinen Lautsprechern in bisher unerreichter Qualität wiedergegeben. Um

4 FRS Vollbereichs-Punktstrahlerchassis

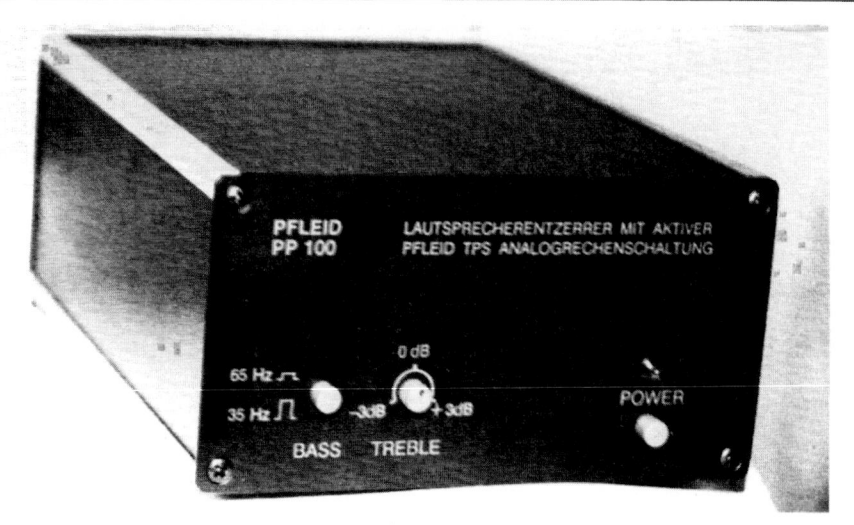

Bild 4.8: Lautsprecherentzerrer PP 100.

den Lautsprecher nicht durch zu große Auslenkungen mechanisch zu überlasten, darf die Lautstärke im Tiefbaßbereich einen bestimmten Maximalpegel nicht überschreiten. Das leisere Hören bedeutet keinerlei Schmälerung des Hörgenusses, da sich das Gehör der jeweils vorhandenen Lautstärke stets optimal anpaßt. Doch kann man stattdessen den möglichen Übertragungsbereich durch die Lautsprecherentzerrung mit einem Schalter bis auf 65 Hz linear beschränken.

4.9 Die Lautsprechergehäuse

Wie bereits im Kapitel 1.16 besprochen und in *Bild 1.25* dargestellt, kann durch das Volumen des Lautsprechergehäuses die Einspannung und die Dämpfung der Membran eines Lautsprecherchassis im Tieftonbereich beeinflußt werden. Schon geringfügige Volumenveränderungen beeinflussen die Bedämpfung der Membran und deren Einspannung und erfordern eine andere Entzerrungsabstimmung.

Andere Gehäuseeinflüsse, wie stehende Wellen oder Reflexionen an der Frontseite des Lautsprechergehäuses, werden nicht durch die TPS-Entzerrung erfaßt, sondern müssen durch separate Maßnahmen verhindert werden. Grundsätzlich kann man sagen, daß in kleinen Lautsprechergehäusen mit in drei Richtungen unterschiedlichen Gehäuseabmessungen die Gefahr von ausgeprägten Resonanzerscheinungen nicht sehr groß ist. Sogar ein würfelförmiges Lautprechergehäuse ist unproblematisch, da sich zwischen der feststehenden Rückwand und der vorne sich bewegenden Membran andere stehende Wellen ausbilden als zwischen zwei feststehenden sich gegenüberliegenden Boxenwänden. Für das 20er Chassis haben wir Gehäuseabmessungen für Regalbox, Würfel und Standbox gewählt, wie sie *Bild 4.9* zeigt.

4.9 Die Lautsprechergehäuse

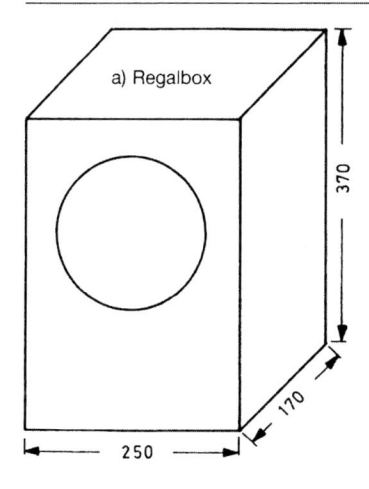

Bild 4.9: Verschiedene Boxengehäuse.

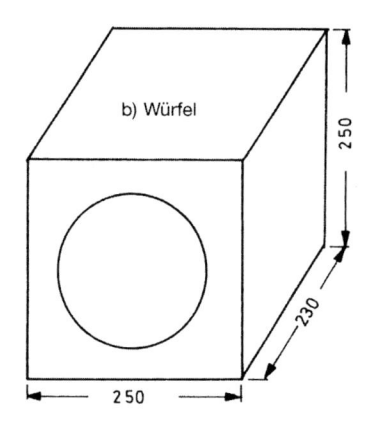

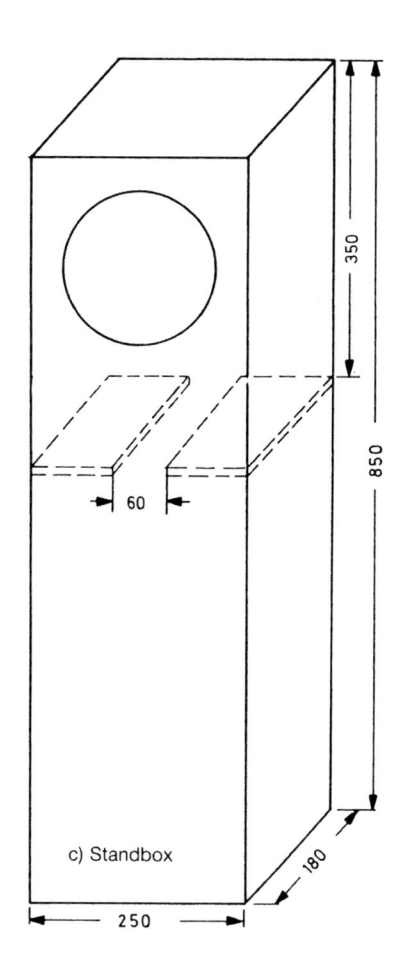

Die Regalbox und der Würfel haben mit je 7 Litern das gleiche Innenvolumen und deswegen auch die gleichen Koeffizienten für die Entzerrung. In der Standbox müssen stehende Wellen in senkrechter Richtung durch Einbauten vermieden werden. Um dabei aber mit der gleichen Entzerrung wie für die Regalbox auszukommen, wurde der obere Teil des Gehäuses mit ähnlichen Abmessungen und gleichem Volumen wie bei der Regalbox ausgeführt. Der untere Teil des Gehäuses wurde über eine kleine, bedämpfte Ausgleichsöffnung angekoppelt. Die Größe der Öffnung wurde so gewählt, daß auch für die Standbox die gleiche Entzerrung wie für die Regalbox verwendet werden kann. Man erhält durch das angekoppelte größere Volumen der Standbox noch eine etwas tiefer hinabreichende lineare Baßwiedergabe, als bei der kleineren Regal-

4 FRS Vollbereichs-Punktstrahlerchassis

box. Wichtig ist hierbei, daß in der Öffnung zu dem angekoppelten unteren Volumen konzentriert Dämmaterial angeordnet werden muß.

Grundsätzlich ließe sich der gleiche Schalldruckverlauf im Baß auch bei der kleinen Regalbox zustande bringen. Der Vorteil der hier beschriebenen Lösung liegt aber darin, daß man mit einer einzigen Entzerr-Einheit auskommt und trotzdem mehrere Lautsprecherpaare mit unterschiedlichen Gehäusegrößen betreiben kann.

Das Gehäuse einer Standbox kann auch aus Betonröhren bestehen, die genau den Durchmesser der FRS-Chassis haben. Hierbei ist es vorteilhaft auf ein gerades Rohrstück von ca. 50 cm Höhe einen 90-Grad-Krümmer zu setzen. Das Chassis sitzt dann ungefähr in Ohrenhöhe, und das Gehäuse ist äußerst stabil. Man muß aber auch hier eine bedämpfte Querschnittseinengung etwa in Höhe des Übergangs des geraden Rohrstücks zum Krümmer vornehmen, um stehende Wellen zwischen der Chassismembran und dem abschließenden Boden der Röhre zu vermeiden.

Werden beim Betrieb der FRS Vollbereichs-Punktstrahler im Auto keine geschlossen Gehäuse verwendet, muß darauf geachtet werden, daß der ungehinderte Laufweg des Schalls von der Membranvorderseite zu ihrer Rückseite möglichst lang ist. So wird ein akustischer Kurzschluß weitgehend verhindert. Andernfalls sind sehr große Membranauslenkungen erforderlich und dennoch ist die akustisch wirksame Baßwiedergabe nicht ausreichend.

Bei der Bedämpfung des Hohlraums der Lautsprechergehäuse sollte man nur das im Fachhandel erhältliche Lautsprecher-Dämpfungsmaterial verwenden. Dieses Material legt man möglichst lose in den Boxenhohlraum, um stehende Wellen zu bedämpfen. Das Dämmaterial an den Boxenwänden anzubringen wäre falsch, da sich dort die Dämpfungswirkung nicht entfalten kann. An den Boxenwänden sind Druckbäuche und Geschwindigkeitsknoten. Das Dämpfungsmaterial kann seine Dämpfungswirkung aber nur bei Geschwindigkeitsbäuchen, also nur im Boxeninneren entfalten *(Bild 4.10)*, nicht aber an den Druckbäuchen und Geschwindigkeitsknoten. Das langfaserige Dämpfungsmaterial wird in Bewegung versetzt und verarbeitet die Schallenergie zu Reibung und Wärme.

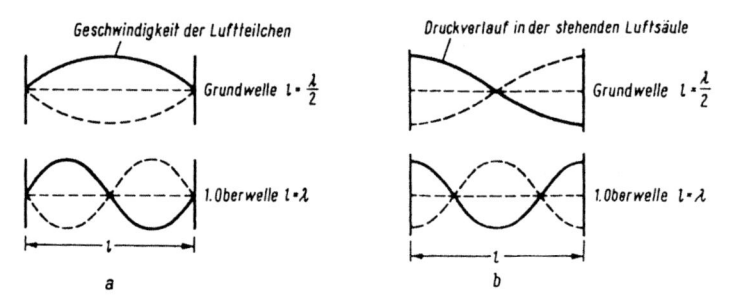

Bild 4.10: Geschwindigkeits- und Druckverteilung der Luft durch die Schallwellen in einer Box. a) Geschwindigkeitsverteilung der Luft für die Grundschwingung und 1. Oberwelle zwischen zwei gegenüberliegenden ebenen Wänden. b) Druckverteilung bei einer stehenden Luftsäule zwischen zwei Wänden.

4.10 Hör-Erfahrungen mit dem FRS Vollbereichs-Punktstrahler

Der FRS Vollbereichs-Punktstrahler kann mit Hilfe der Rechtecksignale so entzerrt werden, daß er von 20 bis 20 000 Hz einen linearen Amplituden- und Phasenfrequenzgang aufweist. Wir haben das natürlich auch so ausgetestet. Im Hörtest zeigte sich allerdings, daß dadurch die maximal mögliche Übertragungslautstärke sehr klein gehalten werden mußte, um im Tiefbaßbereich zu große Membranauslenkungen zu vermeiden.

Indem die Entzerrung nur bis 35 Hz linear vorgenommen wird, läßt sich die maximal mögliche Übertragungslautstärke erheblich steigern. Die Frequenzen unter 35 Hz werden durch das kleine Lautsprechergehäuse und durch die Entzerrung gedämpft. Um wahlweise eine noch größere Übertragungslautstärke zu ermöglichen, haben wir ein per Knopfdruck aktivierbares Filter eingebaut, das den linearen Übertragungsbereich auf 65 Hz begrenzt. Diese Einstellung kann auf Partys oder Festen gewählt werden, bei denen es nicht primär auf die Übertragungsqualität, sondern auf die Lautstärke der Musik ankommt.

In Hörvergleichen mit konventionellen Lautsprecherboxen, deren Chassis nicht entzerrt waren, fiel auf, daß die linear eingestellten FRS-20-Lautsprecherboxen im Baß und auch in den Höhen weniger laut empfunden wurden. Dies war um so verwunderlicher, als bei den vergleichenden Messungen die FRS Lautsprecherboxen im Baß viel tiefer hinabreichten und auch der Schalldruck in den Höhen noch weit über 20 000 Hz linear weiterverlief. Die konventionellen Lautsprecherboxen hingegen hatten oft gar keinen echten Tiefbaß und wiesen im Frequenzbereich darüber, bei der Resonanzfrequenz, deutlich überhöhte Schalldruckpegel auf. Außerdem zeigten sie ähnliche Überhöhungen des Schalldruckverlaufs am oberen Ende ihres Übertragungsbereichs.

Wir haben die Ursachen für diese Höreindrücke analysiert: Im Baßbereich haben wir versuchsweise mit Hilfe der TPS-Entzerrung eine ähnliche Überhöhung zwischen 100 und 200 Hz im Schalldruckverlauf eingestellt und den eigentlichen Baßpegel unter 100 Hz reduziert. Dies führte zu ähnlichen Höreindrücken wie bei den konventionellen Lautsprecherboxen. Durch diese Überhöhung des Pegels der Frequenzen über dem eigentlichen Baß kann bei Musik, die ja immer aus Frequenzgemischen besteht, ohne weiteres ein tiefer Baß vorgetäuscht werden. Der Vorteil dieses Hörbetrugs liegt darin, daß die wirklich großen Membranauslenkungen beim Tiefbaß verhindert werden und die wesentlich kleineren Membranauslenkungen des darüberliegenden Frequenzbereichs viel lauter wiedergegeben werden können. Somit läßt sich eine insgesamt wesentlich größere Abhörlautstärke erzielen. Wir haben uns trotzdem beim Einstellen der Entzerrung für die ehrliche und technisch einwandfreie Lösung entschieden, nämlich für den linearen Schalldruckverlauf im Baßbereich.

Auch im Hochtonbereich haben wir versuchsweise am FRS Vollbereichs-Punktstrahler mit der TPS-Entzerrung eine ähnliche Überhöhung des Pegels der Frequenzen bei ca. 17 000 Hz eingestellt, wie sie bei konventionellen Lautsprechern mit Kalottenhochtönern oft anzutreffen ist. Dies führte jedoch nicht zu ähnlichen Hörergebnissen. Während bei den konventionellen Kalottenhochtönern eine insgesamt größere Lautstärke für die Höhen zu verzeichnen war, wurde der Höreindruck bei den FRS

Lautsprechern mit dieser TPS-Entzerreinstellung lediglich scharf. Bei der Untersuchung, welcher Frequenzbereich verstärkt werden muß, um zu ähnlichen Höreindrücken wie bei den konventionellen Kalottenhochtönern zu gelangen, stellte sich heraus, daß dies der Frequenzbereich zwischen 6000 und 12 000 Hz war. In diesem Frequenzbereich waren aber beide Lautsprecherboxen genau gleich laut.

Die Lösung für dieses scheinbar paradoxe Verhalten: Die Kalottenhochtöner werden zwar mit 17 000 Hz betrieben, aber durch Partialschwingungen in der Membran und durch die Kalottenaufhängung strahlen sie Frequenzen ab, die tiefer liegen. Da das menschliche Gehör für die Frequenzen um 17 000 Hz viel weniger empfindlich ist als im Frequenzbereich um 7000 Hz, werden die Schmutzeffekte der Partialschwingungen lauter gehört als der eigentlich abzustrahlende Frequenzbereich. Ein solches Verhalten kann mit Frequenzanalysern oder auch mit Laserholographien sehr gut nachgewiesen werden. Die diversen Materialien, die beim Bau von Hochtonkalotten eingesetzt werden, um Partialschwingungen zu vermeiden, lassen die Problematik auch für den Laien erkennbar werden.

Dieser Versuch zeigte uns, daß wir mit der stark gewölbten, sehr leichten und extrem steifen Titankalotte in Verbindung mit der Bedämpfung durch den Gummiring ein Höchstmaß an verzerrungsfreier Hochtonwiedergabe erreichen können, die bis weit über die Hörgrenze hinausreicht. Diese Wiedergabequalität ist sogar deutlich besser als bei vielen Hochton-Lautsprechern, die speziell für die Wiedergabe dieses Frequenzbereiches optimiert wurden, aber unbedämpft sind.

Die hohe Wiedergabequalität der FRS Vollbereichs-Punktstrahler im Hochtonbereich ist allenfalls noch mit der von elektrostatischen Lautsprechern zu vergleichen. Bei diesen Wandlern erfolgt der Antrieb auf die ganze Membranfläche verteilt, und deswegen bleiben auch hier die Partialschwingungen in der Membranfläche sehr gering. Diese Lautsprecher können den Frequenzbereich bis weit über 20 000 Hz sehr gut übertragen, und sie weisen keine Phasenfehler auf. Auch diese Lautsprecher übertragen bekanntlich den Höhenbereich im Vergleich zu Kalotten- oder Bändchenhochtönern deutlich zurückhaltender, sind jedoch technisch wesentlich besser, nämlich mit geringerem Klirrfaktor.

Auch im Hochtonbereich haben wir uns bei der Einstellung der Entzerrung für die ehrliche, technisch richtige Lösung des linearen Schalldruckverlaufs entschieden. Da die Dosierung der Höhen andererseits Geschmackssache ist und auch noch durch die Bedämpfung des Hörraums beeinflußt wird, haben wir dem Hörer die Möglichkeit gelassen, den Hochtonanteil mit Hilfe eines entsprechenden Reglers nachhaltig zu beeinflussen.

Außerdem erlaubt der im Kapitel 5 vorgestellte Raumakustik-Lautsprecher eine zusätzliche Anpassung der Höhen im wahrgenommenen Gesamtpegel aus Direkt- und Indirektschallanteilen, um so die akustisch hochwertige und räumlich richtige Lösung auf jedem Platz im Hörraum zu finden. Beide Einstellmöglichkeiten sollten in der Praxis auch möglichst ausgenützt werden.

Um zu verdeutlichen, wie weit der Nutzungsbereich gehen kann, folgendes Beispiel: Der Autor mußte in einem ganz extrem bedämpften HiFi-Studio den Hochtonbereich am FRS Lautsprecher und am Raumakustik-Lautsprecher voll aufdrehen, um zu einem frequenzmäßig ausgeglichenen und räumlich richtigen Höreindruck zu gelangen.

4.11 Klangbeschreibung des FRS Vollbereichs-Punktstrahlers

Daß der FRS Vollbereichs-Punktstrahler mit seinem großen Übertragungsbereich gut klingt, war zu erwarten. Doch auch im Vergleich mit hochwertigen Studio-Lautsprechern, die als Dreiweg-Aktiv-Lautsprecher mit einer aktiven Frequenzweiche aufgebaut waren, klangen die FRS Vollbereichs-Punktstrahler merklich präziser, obwohl im Amplitudenfrequenzgang kein wesentlicher Unterschied festzustellen war. Der Grund für die erheblich verbesserte Transparenz der Musikwiedergabe ist, daß Grund- und Obertöne phasenrichtig zusammenpassend wiedergegeben werden, ähnlich der Rechteckwiedergabe, da sich die Rechteckform ja ebenfalls aus den unterschiedlichen Frequenzbereichen phasenrichtig zusammensetzt.

Wenn sich bei einem Mehrwege-Lautsprecher durch die Phasenfehler der Frequenzweiche und die Phasenfehler der Einzelchassis die verschiedenen Frequenzanteile der Grund- und Obertöne gegeneinander verschieben, so wird dies gehörmäßig als unpräziser und weniger transparent wahrgenommen. Dieser gehörmäßige Unterschied entspricht den meßtechnisch nachweisbaren Verzerrungen der Rechtecksignale durch solch einen Lautsprecher. Auch der räumliche Eindruck zwischen den FRS Vollbereichs-Punktstrahlern und den Mehrwege-Studio-Lautsprechern unterschied sich deutlich. Bei den Studio-Lautsprechern spielte sich das Klanggeschehen in einem übergroßen Bereich um die Lautsprecher herum ab, dieser Bereich war jedoch nie genau definiert. Auch die Ortung der Schallquellen war nicht punktartig, sondern bezog sich stets auf einen gewissen Bereich, manchmal ergaben sich sogar Ortungen nach oben. Beim FRS Vollbereichs-Punktstrahler spielte sich das Klanggeschehen in einem viel genauer definierten Bereich, enger um die Lautsprecher herum ab. Auch die Ortung der Schallquellen war präziser zwischen den Lautsprechern auszumachen und ging nicht nach oben. Das überräumliche Übertragungsverhalten der Mehrwege-Lautsprecher mit unpräzisen und sogar falschen Ortungen nach oben wird durch Phasenfehler verursacht.

Die Phasenfehler der Hoch-, Mittel- und Tieftonchassis sowie der Frequenzweiche verfälschen die Einschwingvorgänge und beeinträchtigen damit die Ortungsmöglichkeiten. Dies wirkt sich so aus, daß bei Lautsprecherwiedergabe eine künstliche Räumlichkeit wahrgenommen wird, die allein durch die Übertragungsfehler des Lautsprechers entsteht. Zwar sind die die vielfach so gerühmten räumlichen Eindrücke bei manchen Lautsprechern mitunter ausgesprochen imposant, werden jedoch oft nur von einer fehlerhaften Schallwandlertechnik verursacht.

Vergleichbare Zusammenhänge, wenn auch nicht in der Größenordnung wie bei Mehrwege-Lautsprechern, lassen sich auch bei Kopfhörern in Verbindung mit dem Kopfhörerverstärker PP 10 feststellen, sobald die TPS-Entzerrung ein- oder ausgeschaltet wird. Ohne daß sich die Ortungsrichtungen verändern, werden die Standpunkte der Schallquellen und ihre räumliche Verteilung mit der TPS-Entzerrung klarer reproduziert. Sobald man die TPS-Entzerrung wieder ausschaltet, verschwimmen die Konturen der Schallquellen, die räumliche Verteilung wird wieder leicht verschleiert.

Die Klangvorteile der FRS Vollbereichs-Punktstrahler sind so deutlich, daß sie auch jeder ungeübte Hörer bereits nach einer kurzen Eingewöhnungszeit eindeutig von dem

Klang eines konventionellen Mehrwege-Lautsprechers mit einer Frequenzweiche unterscheiden kann.

4.12 Auch ein aktiver Subbaß kann zugeschaltet werden

In der Entzerrpraxis der FRS Vollbereichs-Punktstrahler hat sich eine lineare Entzerrung bis ca. 35 Hz als optimal herausgestellt. Der Schalldruck bei 20 Hz fällt zwar dadurch etwas ab, doch sind die 20 Hz immer noch gut hörbar. Der Autor ist deswegen der Meinung, daß man sehr gut ohne einen aktiven Subbaß auskommen kann. Soll jedoch auch die unterste Oktave von 20 bis 40 Hz mit einem völlig linearen Schalldruckverlauf wiedergegeben werden, ohne die maximal mögliche Übertragungslautstärke verringern zu müssen, so läßt sich leicht ein aktiver Subbaß in Verbindung mit den FRS Vollbereichs-Punktstrahlern betreiben.

Zu beachten ist dabei nur, daß man als obere Grenzfrequenz des aktiven Subbasses etwa 40 Hz wählt und die Dämpfung im Schalldruckverlauf nach höheren Frequenzen hin mindestens 12 dB pro Oktave beträgt. Außerdem muß man ein Lautsprecherchassis einsetzen, das keine Partialschwingungen in der Membran zuläßt. Auch das Subbaßgehäuse muß stabil gebaut sein und darf nicht mitschwingen. Damit wird sichergestellt, daß der Subbaß keine Frequenzen über 100 Hz abstrahlt. Bei Frequenzen über 100 Hz beginnt nämlich das Gehör die Lautsprecher als Schallquellen zu orten, und zwar indem es die Laufzeitunterschiede zwischen beiden Ohren auswertet. Da das Gehör jedoch von 20 bis 100 Hz noch keine Laufzeitunterschiede auswerten kann, ist es auch nicht imstande, den Subbaß zu orten. Auch die vom Baßfilter verursachten Phasenfehler bleiben deswegen unbemerkt.

4.13 Die Patente zum FRS Vollbereichs-Punktstrahler

Konventionelle Breitband-Lautsprecher haben zwei Hauptfehler: Sie bündeln den Schall bei hohen Frequenzen, und sie verzerren hörbar. Deshalb werden sie bis heute nur bei weniger hohen Qalitätsanforderungen eingesetzt. Durch den Gummiring des FRS Vollbereichs-Punktstrahlers wird für den Breitband-Lautsprecher eine doppelte Funktionsverbesserung erzielt:

1. akustische Schallbündelungen werden vermieden
2. der hohe Anteil an Partialschwingungen wird reduziert.

Die Aufteilung der Membranfläche des Breitband-Lautsprechers in verschiedene Bereiche für unterschiedliche Frequenzen, um hierdurch Schallbündelungen zu vermeiden, ist schon seit längerer Zeit bekannt. Allerdings eignete sich keine der in diesem Zusammenhang vorgestellten Lösungen dazu, auch den hohen Anteil an Verzerrungen durch Partialschwingungen in den Lautsprecherbauteilen zu verhindern.

Der besagte Gummiring ermöglicht – neben der Aufteilung der Lautsprechermembran – erstmals das Bedämpfen der unerwünschten Partialschwingungen im äußeren Membranteil, im Schwingspulenträger sowie in der Kalotte. Außerdem kann er verhindern, daß Partialschwingungen von einem der genannten Lautsprecherbauteile auf die anderen weitergeleitet werden [16, 17].

Diese Lösung ist neu, damit sind die beiden Hauptfehler der konventionellen Breitband-Lautsprecher beseitigt. Sobald mit der TPS-Entzerrschaltung auch noch die Fehler des elektrodynamischen Wandlerprinzips beseitigt werden, erhält man einen konkurrenzlos guten, kleinen und preiswerten Lautsprecher.

Seit der ersten Präsentation dieser Erfindung als Prototypen auf der „High End 87" hat bereits ein allgemeiner und deutlicher Trend hin zu kleinen Lautsprechern eingesetzt, und es wächst auch das Verständnis dafür, daß kleine Lautsprecher durchaus genau so gut oder sogar noch besser sein können als große Lautsprecher. Die Firma Pfleid Wohnraumakustik hat auch in diesem Fall die Vermarktung der Patentrechte übernommen.

4.14 Die konvexe Bauform

Bei allen konkav nach hinten verlaufenden Membranformen ist es grundsätzlich möglich, diese Bauform auch umzudrehen, so daß die Membranen konvex nach vorne gestülpt sind und somit nach vorne über den Rand der Membranaufhängung hinausragen. Aus der Praxis sind solche Bauformen vor allem bei den kalottenförmigen Hochtönern bekannt. In der Literatur werden diese konvexen Bauformen auch für Baß-, Mittelton- und Breitband-Lautsprecher beschrieben (z. B. in der US-PS 4,029,910 aus dem Jahr 1976).

Um die Wirkungsweise des Gummirings zwischen dem Schwingspulenträger und dem äußeren Membranteil zu testen, haben wir auch Chassis mit konvexer Membranform gebaut. Hierzu mußte nur die Schwingspule etwas verlängert werden. Ansonsten ließen sich die gleichen Lautsprecherteile verwenden, wie bei der konkaven Bauform – sie wurden lediglich anders angeordnet *(Bild 4.11)*.

Die TPS-Entzerrung zur Kompensation der Übertragungsfehler des konvexen Chassis im Amplituden- und Phasenfrequenzgang anhand von Rechtecksignalen ließ sich jedoch nicht durchführen wie bei dem Chassis in konkaver Bauform. Auch nach der Einstellung zur Verwirklichung eines linearen Schalldruckverlaufs blieb die Form des Rechtecksignals immer verfälscht, ähnlich wie bei Mehrwege-Lautsprechern. Die Phasenfehler ließen sich nicht eliminieren.

Interessant war auch das Ergebnis des Hörtests. Bei ungefähr gleich eingestelltem Amplitudenfrequenzgang brachte das Chassis mit der konvexen Bauform einen Klangeindruck, der sich durchaus mit jenem vergleichen ließ, den das Chassis mit der konkaven Bauform aufwies.

Ganz erhebliche Unterschiede ergaben sich jedoch beim Orten von Schallquellen. Während sich die Instrumente bei den Chassis mit der konkaven Membranform ganz exakt zwischen den beiden Stereo-Lautsprechern orten ließen, gelang dies nicht bei den

4 FRS Vollbereichs-Punktstrahlerchassis

Nawi-Membrane
Druckgußkorb aus Al Mg-Legierung
Kurzschlußring (Kupfer)
hochkoerzitiver Magnet
14 mm hohe Schwingpulse aus Aluminiumdraht
neuartige Gummiverbindung zur Membrane
Titankalotte
Schwingspulenträger aus Titan mit Lüftungsschlitzen
Sicke

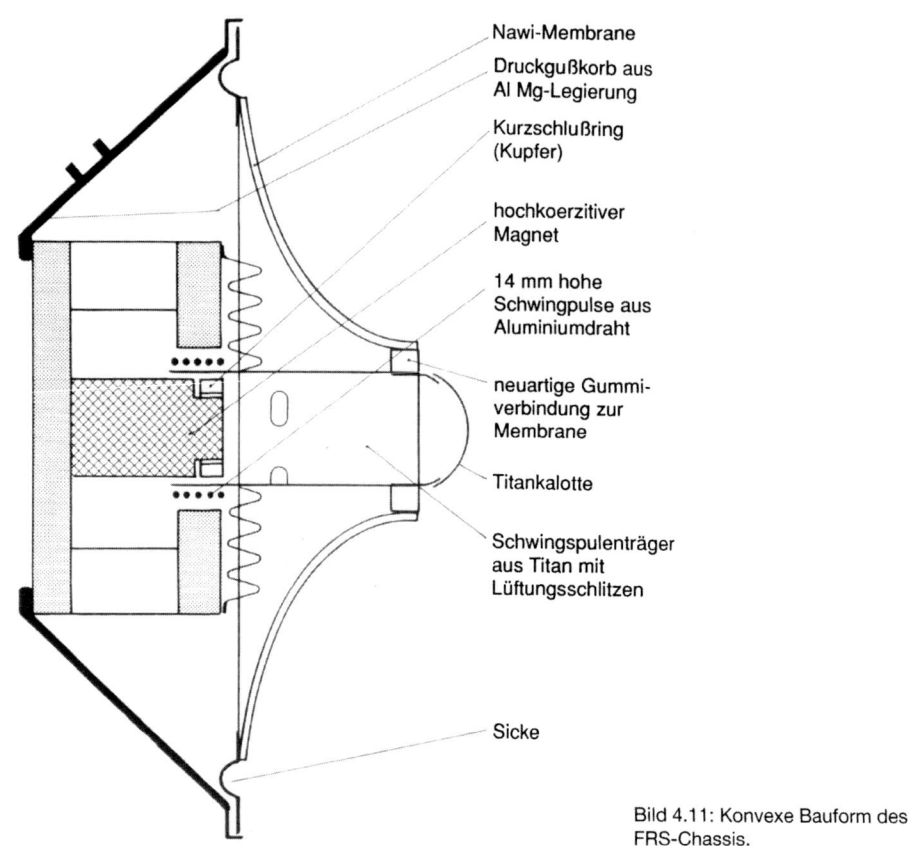

Bild 4.11: Konvexe Bauform des FRS-Chassis.

Chassis mit der konvexen Bauform. Die Musikquellen wanderten je nach Frequenzspektrum zu unterschiedlichen Stellen im Hörraum, und ihr Standplatz ließ sich nicht mehr genau bestimmen. Die Lautsprecher selbst schienen dabei fast nicht mehr an der Musikdarbietung beteiligt zu sein. Das Klanggeschehen verschob sich so, daß es aus einem Bereich hinter und neben den Boxen zu kommen schien. Sogar ein einzelner konvexer Lautsprecher, mit Monosignalen betrieben, klang schon ähnlich räumlich wie sonst nur zwei Stereo-Lautsprecher.

Die Erklärung hierfür ist einfach: Beim Chassis mit der konkaven Bauform erfolgt die Krafteinleitung durch den Schwingspulenantrieb in der Lautsprechermitte, die steife Titankalotte sitzt unmittelbar auf der Schwingspule. Dadurch werden die Schallwellen, die vom Zentrum ausgehen, etwas eher von der Membranoberfläche abgestrahlt, als die vom Lautsprecherrand, trotzdem sind sie in dem Luftraum vor dem Chassis nicht gegeneinander zeitversetzt. Der kleine Zeitunterschied, der bei der Schallabstrahlung des Zentrums gegenüber dem Lautsprecherrand ensteht, kommt daher, daß sich kein Membranmaterial hundertprozentig starr verhält, sondern stets eine gewisse Nachgiebigkeit aufweist. Hier spielen die Steifigkeit des Membranmaterials, des Gummirings und die Dämpfung durch die Lautsprechersicke eine maßgebliche Rolle. Die Kunst beim Chassisbau bestand und besteht nun aber darin, die genannten Einflußgrößen in Verbindung mit der Höhendifferenz zwischen dem Zentrum und dem Membranrand so zu gestalten, daß die Schallwellen aus dem Membranzentrum nicht gegenüber den Schallwellen vom Membranrand zeitversetzt werden, sondern weitgehend gleichlaufen. Dies wurde auch beim FRS Vollbereichs-Punktstrahler in konkaver Bauweise verwirklicht.

Bei der konvexen Bauform erfolgt die Krafteinleitung durch den Schwingspulenantrieb ebenso in der Lautsprechermitte, und auch dort sitzt die steife Titankalotte direkt auf der Schwingspule. Die Schallwellen, die vom Zentrum ausgehen, werden in gleicher Weise etwas früher von der Membranoberfläche abgestrahlt als die vom Lautsprecherrand. Da bei der konvexen Bauform aber der Membranrand gegenüber dem Zentrum zurückversetzt ist, laufen die vom Membranrand nach vorne abgestrahlten Schallwellen denen vom Zentrum zeitversetzt hinterher. Diese Laufzeitfehler sind aber mit Phasenfehlern gleichzusetzen. Während die Phasenfehler des elektrodynamischen Wandlerprinzips dazu führen, daß die Hochtonanteile gegenüber den Tieftonanteilen zeitlich versetzt werden, ergeben sich durch die konvexe Membranform Zeitverzögerungen bzw. Phasenfehler innerhalb des gleichen Frequenzbereichs. Dies geschieht vor allem im Baß- und im Mitteltonbereich, da diese Frequenzen vom Lautsprecherzentrum und vom Lautsprecherrand abgestrahlt werden. Durch die richtige Abstimmung der Sicke lassen sich zwar Einbrüche im Schalldruckverlauf vermeiden, nicht jedoch die Phasen- bzw. Laufzeitfehler.

Auch wenn die Schallabstrahlfläche an der Frontseite als ebene Scheibe geformt würde statt in konvexer Form, ließen sich die beschriebenen Fehler nicht vermeiden. Ein Vergleich konvexer Lautsprecherchassis, mit und ohne dem Gummiring zwischen dem Schwingspulenträger und dem äußeren Membranteil zeigte, daß der Gummiring auch beim konvexen Chassis zur Verbesserung des Rundstrahlverhaltens und zur Verminderung der Partialschwingungen beitragen konnte.

Trotz der Phasenfehler und der dadurch hervorgerufenen überräumlichen Klangeindrücke hält der Autor den Einsatz der konvexen Chassis in bestimmten Fällen für möglich. Dies ist immer dann der Fall, wenn es durch den speziellen Verwendungszweck, mit sonst fehlerfreien Chassis, zu Verlusten bei der räumlichen Abbildung kommt, z. B. beim Einbau der Chassis in eine ebene Wand, in eine Autotür oder beim Hören in reflexionsarmen Räumen wie im Auto.

Wird ein solches Chassis in eine Wand oder eine Autotür eingebaut, erhält man durch die konvexe Ausstülpung über die Einbauwand-Ebene hinaus dennoch ein hervorragendes Rundstrahlverhalten. Folglich ist im Auto die Wahl der Einbaustelle nicht mehr so kritisch wie bisher. Dadurch, daß der Magnet innerhalb des Lautsprecherkorbs angeordnet wird, ergibt sich eine minimale Einbautiefe. Von Vorteil ist auch, daß die Räumlichkeitseindrücke ohne speziellen elektronischen Aufwand und unabhängig von den akustischen Bedingungen des Abhörraums erzeugt werden. Somit ist das konvexe FRS-Chassis für die Verwendung im Auto durchaus geeignet.

5 Raumakustik-Lautsprecher

5.1 Die akustische Wirkung der Raumakustik-Lautsprecher

Nach wie vor setzt man Equalizer zur Anpassung der Lautsprecher an eine bestimmte Hörraumakustik ein. Dabei wird der Direktschall, der von den Lautsprechern abgestrahlt wird, solange verändert, bis sich für die Gesamtwahrnehmung aller Schallanteile im Hörraum wieder ein frequenzmäßig ausgeglichener Klangeindruck ergibt. Dieses Verfahren ließ sich überhaupt nur deshalb einsetzen, weil aufgrund der Arbeitsweise des menschlichen Gehörs alle Schallanteile im Hörraum zu einer gemeinsamen Klangempfindung verbunden werden. Wenn jedoch die räumlichen Schallanteile im Hörraum schon vom Hörraum selbst verfälscht werden, kann die Lösung wohl kaum darin bestehen, auch noch den Direktschall der Lautsprecher zu verfälschen. Stattdessen müssen die vom Hörraum verfälschten räumlichen Schallanteile richtig wiedergegeben werden.

Hieraus ergibt sich die Notwendigkeit, neben den technisch perfekten FRS Lautsprechern, die als Direktstrahler dienen, zusätzliche Raumakustik-Lautsprecher einzusetzen. Die Direktstrahler sollen als Haupt-Lautsprecher nur die „technisch perfekte" Direktschallwiedergabe gewährleisten. Mit den separaten zusätzlichen Raumakustik-Lautsprechern soll speziell die „akustische" Anpassung an den Hörraum erfolgen. Sie schaffen die Möglichkeit, in jedem beliebigen Hörraum auch die räumlichen Schallfelder richtig wiederzugeben. Außerdem läßt sich dadurch in nahezu jedem beliebigen Hörraum eine den jeweiligen akustischen Dämpfungsverhältnissen bestmöglich angepaßte Wiedergabe erreichen *(Bild 5.1).*

Bild 5.1: Der Pfleid RS 2-Raumakustik-Lautsprecher. Die drei Lautsprecherchassis strahlen nach links, rechts und nach oben. Der Knopf an der Front dient zur Regelung der Lautstärke.

Die zusätzlichen Raumakustik-Lautsprecher lassen sich daher unabhängig von den Haupt-Lautsprechern einstellen. Sie strahlen den Schall nicht nach vorne in die gleiche Richtung wie die Haupt-Lautsprecher, sondern dazu senkrecht an die Seitenwände sowie an die Decke des Hörraums. Durch ihren speziellen Übertragungsbereich von 5000 bis 20 000 Hz und die gerichtete Schallabstrahlung verbessern sie maßgeblich die akustische Wirkung der ersten schallstarken Reflexionen und bewirken auch einen frequenzmäßig ausgeglicheneren Nachhall im Hörraum. Überdies werden dadurch akustische Überlagerungen mit dem Direktschall der Haupt-Lautsprecher im Bereich vor den Haupt-Lautsprechern vermieden. Die akustische Wirkung der Raumakustik-Lautsprecher wird im Kapitel 13.2 ausführlich behandelt.

5.2 Der Anschluß der Raumakustik-Lautsprecher

Auch der elektrische Anschluß der Zusatz-Lautsprecher parallel zu den Haupt-Lautsprechern ist höchst einfach. Den Zusatz-Lautsprechern wird nur ein elektrisches Filter in der Art einer Frequenzweiche vorgeschaltet, das die Frequenzen unter 5000 Hz aus dem Gesamtsignal herausfiltert *(Bild 5.2)*. Es ist nur zu beachten, daß die Zusatz-Lautsprecher eine hohe Impedanz aufweisen, damit nicht die Gesamtimpedanz von Haupt- und Zusatz-Lautsprecher im Frequenzbereich von über 5000 Hz unter den für Verstärker vorgeschriebenen Wert sinkt.

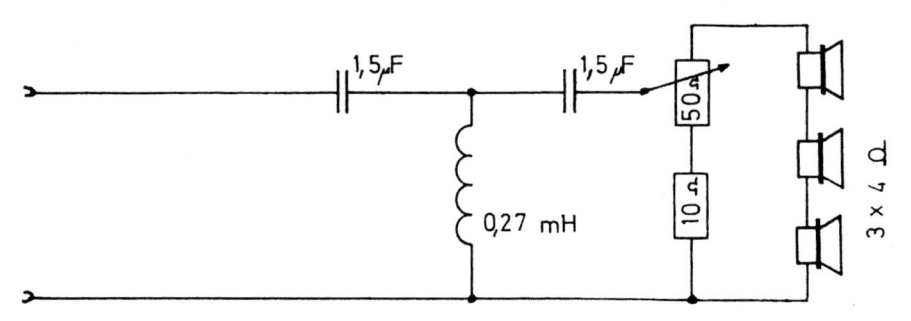

Bild 5.2: Frequenzweiche für den RS 2-Raumakustik-Lautsprecher.

Der Anschluß der Raumakustik-Lautsprecher kann auf zwei Arten erfolgen. Zum einen können sie direkt an den Pfleid FRS Vollbereichs-Punktstrahlern angeschlossen werden. An der Rückseite der Pfleid FRS Vollbereichs-Punktstrahler ist oben ein Anschluß für die Pfleid RS 2 Raumakustik-Lautsprecher angebracht. Zum anderen können die Raumakustik-Lautsprecher RS 2 auch über einen zweiten Lautsprecherausgang direkt an einem eigenen Verstärker betrieben werden. Sie können dann parallel zu jedem HiFi-Lautsprecher betrieben werden.

Der Schalldruck- und der Impedanzverlauf der Zusatz-Lautsprecher sind im *Bild 5.3* dargestellt. Von 20 bis 3000 Hz beträgt die Impedanz 22 Ohm. Das Impedanzminimum liegt bei 7000 Hz und beträgt 10 Ohm. Zwischen 10 000 und 20 000 Hz verläuft der Impedanzverlauf wieder linear, und der Wert beträgt 12 Ohm. Damit wird ein problemloser Betrieb parallel zu allen vier- und achtohmigen Lautsprechern möglich. Sogar wenn die RS 2 Raumakustik-Lautsprecher parallel zu Elektrostaten betrieben werden, die meist sehr geringe Impedanzen haben, sinkt die Gesamtimpedanz nur noch geringfügig.

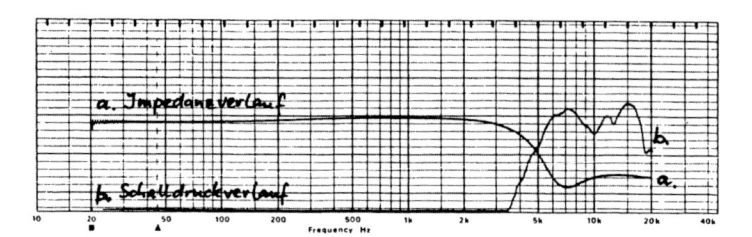

Bild 5.3: Impedanz- und Schalldruckverlauf des Raumakustik-Lautsprechers RS 2.

Wir haben den Impedanzverlauf deshalb dargestellt, um jedem Anwender die Möglichkeit zu geben, selbst die neue Gesamtimpedanz abschätzen zu können, falls er die Pfleid RS 2 Raumakustik-Lautsprecher zu seinen eigenen Lautsprechern parallel betreibt. (Die Patentanmeldung des Autors zum Raumakustik-Lautsprecher ist vom Patentamt noch nicht veröffentlicht.)

6 Faktoren, die den Klang bestimmen

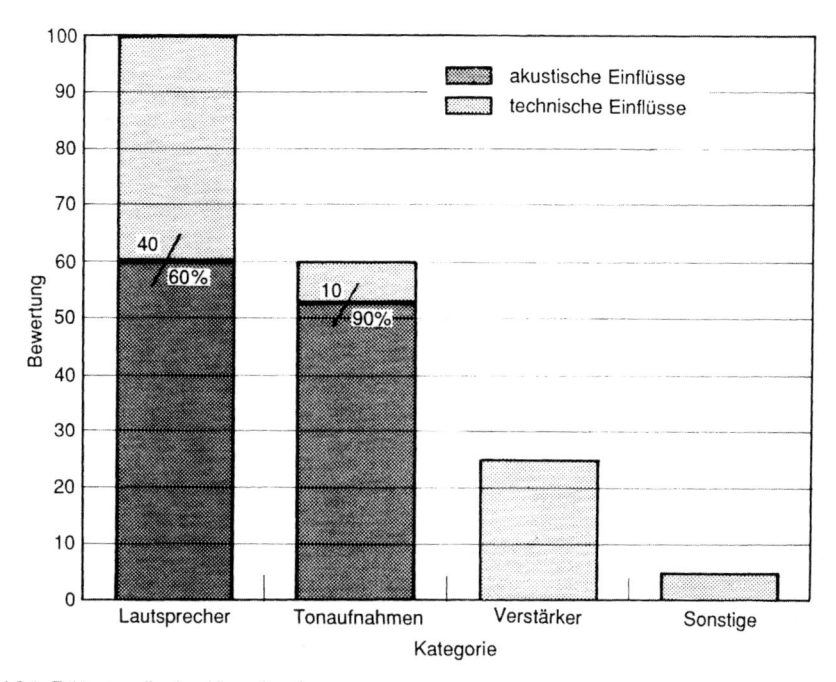

Bild 6.1: Faktoren, die den Klang bestimmen.

6.1 Die heutigen Einflußgrößen

Wie schon in der Einleitung ausgeführt, beeinflußt der Lautsprecher den guten Klang der HiFi-Anlage am stärksten. Jedoch muß man unterscheiden zwischen dem Einfluß, den die technische Qualität des Lautsprechers und seine akustische Handhabung im Hörraum auf den Klang haben. Nur zu ungefähr 40% bestimmt die technische Qualität der Lautsprecher den wahrgenommen Klang. Zu 60% ist dafür die akustische Handhabung des Lautsprechers im Wohnraum verantwortlich. Das heißt, ein technisch guter Lautsprecher kann, wenn er akustisch falsch gehandhabt wird, durchaus schlechter klingen als ein technisch nicht so guter Lautsprecher, der aber akustisch richtig gehandhabt wird.

Der zweitstärkste Einfluß liegt in der Qualität der Tonaufzeichnung durch den Tonmeister und ist zu 90% akustischer Natur. Hier gilt es, zwischen Tonaufzeichnungen für Lautsprecher- oder für Kopfhörerwiedergabe zu unterscheiden. Während bei

Jazz und Popmusik überwiegend gut gemachte Aufnahmen für die Lautsprecherwiedergabe angeboten werden, ist dies bei klassischer Musik nicht der Fall. Bei klassischer Musik sind für Lautsprecherwiedergabe schlecht geeignete Aufnahmen die Regel, für Lautsprecherwiedergabe taugliche Aufnahmen selten. Die Ursachen: akustische Fehler, die wiederum durch ein ideologiebehaftetes Denken der Tonmeister hervorgerufen werden. Dieser Zusammenhang wird im Kapitel Aufnahmetechnik besprochen.

An dritter Stelle liegen die Vor- und Endverstärker. Ihr Einfluß auf das Klangergebnis ist aber schon wesentlich geringer als der von Lautsprechern oder der von Tonaufnahmen. Dies bedeutet aber keineswegs, daß die Qualität von Vor- und Endverstärker vernachlässigbar wäre. Doch ist das technische Niveau der Verstärkungseinheiten durch den Einsatz der modernen Elektronik bereits so weit gediehen, daß sich die Unterschiede zwischen technisch guten und weniger guten Geräten schon in einem Bereich bewegen, wo geschmackliche Präferenzen den Ausschlag geben können.

An vierter Stelle stehen die Komponenten, die eigentlich gar keinen Einfluß auf den Klang haben sollten, nämlich die Tonträger – ob CD oder DAT, ja sogar das Lautsprecherkabel. Die Klangunterschiede der CDs resultieren letzlich aus der mehr oder weniger guten Fehlerkompensation der CD-Spieler. Das heißt, wenn durch eine ungenaue Pressung die Ausfallrate der zu lesenden Bits zu hoch wird, kann das Korrekturverhalten verschiedener Farikate unterschiedlich ausfallen und somit das Klangergebnis beeinflussen.

Die Digitalelektronik selbst, insbesondere die der AD- und DA-Wandler, befindet sich weltweit auf einem absolut hochstehenden und über jeden Zweifel erhabenen Standard. Wenn bei fehlerfreien CD-Pressungen überhaupt Klangunterschiede hörbar werden, liegen sie wirklich in einem Bereich, der getrost vernachlässigt werden kann. Die Größenordnung dieser „Fehler" bewegt sich in einem Bereich, der letztlich vor allem von subjektiven Vorlieben beeinflußt wird. So kann es durchaus vorkommen, daß der Klang des „fehlerhaften" Geräts sogar als besser oder „musikalischer" empfunden wird. Das Gleiche gilt erst recht für die Klangunterschiede bei Lautsprecherkabeln.

6.2 Einflüsse von Gestern

Angesichts ihrer sinkenden Bedeutung gehen wir hier nicht mehr auf die durchaus merklichen Qualitätsunterschiede ein, die für die Schallplatte gelten sowie für die verschiedenen Tonabnehmer- und Tonarmausführungen und deren Kombination sowie die Qualität der Laufwerke. Ebenso werden die Dynamikkompressoren und Expander in der Einflußliste bewußt nicht aufgeführt. Man hat sie früher wegen der unzulänglichen Tonträger sehr oft eingesetzt. Sie dienten dazu, leise Musikpassagen über den Rauschpegel der Tonbänder anzuheben sowie laute Programmstellen abzusenken.

Wenn derartige Geräte heute im Zeitalter der digitalen Aufzeichnungstechnik immer noch benützt werden, liegt dies an geschmacklich begründeten Eingriffen der Tonmeister ins Klangmaterial. Für solche Eingriffe, sowie für das Ergebnis derartiger

Klangbearbeitungen mit Hilfe der Filterschaltungen von Equalizern und die daraus entstehenden Phasenfehler sind allein die Tonmeister verantwortlich. Sie können nicht mehr den technischen Tonübertragungsgeräten angelastet werden.

6.3 Einflüsse von Morgen

Alle Arten der Signalverarbeitung mit Hilfe analoger oder digitaler Filter in Equalizern, Expandern, Frequenzweichen, Datenreduktions-Rechnerschaltungen usw., die sich auf die Beeinflussung des Schalldruckverlaufs beschränken und dabei Phasenfehler bewirken, müssen aus heutiger Sicht unterbleiben.

In diesem Zusammenhang müssen wir einem neuartigen Verfahren zur Datenreduktion von digitalen Audiosignalen besondere Beachtung schenken. Es soll die Datenrate normaler CDs um 80...90% reduzieren können, und zwar ohne dadurch die schalldruckmäßig dargestellte Hüllkurve sowie den Klangeindruck zu beeinträchtigen. Falls jedoch hierbei das Augenmerk nur auf die schalldruckmäßig richtige Signalverarbeitung gelegt werden sollte, aber andererseits durch digitale Filter Phasenfehler erzeugt werden, kann das Verfahren so nicht zum gewünschten Erfolg führen. Um dies einwandfrei beurteilen zu können, dürfen die hierzu notwendigen Hörversuche nicht mit Mehrwege-Lautsprechern durchgeführt werden. Denn deren Lautsprecherchassis und Frequenzweichen lassen bereits Phasenfehler in einer Größenordnung erwarten, die zutreffende Aussagen über die Phasenfehler der digitalen Filter gar nicht mehr zulassen. Sowohl die Elektronik als auch die Tonträger sind in den letzten Jahren nahezu hundertprozentig perfektioniert worden. Dieser Stand muß gehalten werden, zukünftige Fehlentwicklungen gilt es zu verhindern.

Die technische Qualität der Lautsprecher wird auf jeden Fall weiterhin besser. Der Autor hofft mit seinen Erfindungen hier einen wesentlichen Beitrag zu dieser Entwicklung geleistet zu haben. Folglich ist zu erwarten, daß auch die klanglichen Unterschiede bei qualitativ hochwertigen Lautsprechern immer geringer werden.

Auch der akustisch richtige Umgang mit Lautsprechern in Wohnräumen wird sich immer weiter durchsetzen. Entsprechend dürfte sich auch der Einfluß diesbezüglicher Fehler auf die Klangqualität verringern.

Insofern ist mittlerweile die Frage nicht mehr ganz von der Hand zu weisen, ob nicht die Tonmeister zum schwächsten Glied in der HiFi-Tonübertragungskette werden könnten, sofern sie es zuweilen nicht heute (bei Aufnahmen klassischer Musik) schon sind.

7 Der technische Fortschritt verändert die HiFi-Szene

Bislang waren es oft kleine und kleinste Firmen, die mitunter wesentliche Beiträge zur technischen Weiterentwicklung der HiFi-Technik leisten konnten. So etwa der Kalottenhochtöner mit seiner nach vorne gewölbten Membran, aber auch elektrostatische Lautsprecher oder direkt- und indirektstrahlende Lautsprecherboxen und viele neuartige Transistorschaltungen – sie kamen von technisch hochstehenden, aber kleinen Firmen.

Das allgemeine technische Niveau im HiFi-Bereich hat während der letzten Jahre beträchtlich zugenommen, vor allem seit der Einführung der Digitaltechnik. Doch die Kosten zur Durchführung einer technischen Neuentwicklung sind dermaßen gestiegen, daß sie für kleine Firmen kaum noch bezahlbar sind. Selbst große Konzerne sind deswegen schon dazu übergegangen, baugleiche Geräte von der Konkurrenz zu übernehmen und nur noch ein neues Gehäuse drumherum zu bauen. Wenn jedoch der technische Inhalt gleich bleibt, können höchstens noch Design-Unterschiede oder der Gerätepreis die Kaufentscheidung beeinflussen.

Vor allem Klein- und Kleinstfirmen können daher weder von der technischen noch von der Kostenseite her eigenständige Entwicklungsvorhaben durchführen. Sie weichen bereits auf Nebenschauplätze aus. So werden neben Design-Fragen (die zweifellos wichtig bleiben) immer häufiger technische Randthemen aufgegriffen und in den Mittelpunkt gerückt.

Mittlerweile wird unter dem High-End-Anspruch zuweilen schon handfeste Scharlatanerie betrieben – so etwa beim Thema Lautsprecherkabel. Hier werden Faktoren ins Feld geführt, die vielleicht in der Elementarteilchenforschung von Belang sein mögen, deren zuverlässige Bestimmung, Wertung und Gewichtung im Audio-Bereich jedoch schon eine gewisse alchemistische Begabung erfordert, aber kaum akustische Kompetenzen verlangt.

Auch ist es vorgekommen, daß handelsübliche CD-Player zerlegt, die Leiterbahnen der Platine dicker mit Lötzinn beschichtet und die Verdrahtung mit dicken Kabeln ersetzt wurde. Danach wurde dieses Gerät als „High-End-Sensation" angeboten. Und tatsächlich gelingt es immer noch, Journalisten zu finden, die über solche „Klangwunder" berichten. Klar, daß der Hersteller dann jeden Preis verlangen kann. Er kann z. B. auch ohne weiteres ein normales Potentiometer an einem chromglänzenden Vorverstärker durch ein einrastendes Potentiometer austauschen. Aufpreis schlappe 1000 Mark – wie schon geschehen. Für diesen Betrag bekommt man heute zwei oder drei neue, technisch hochwertige CD-Spieler.

8 Kritische Bemerkungen zu Tests

8.1 Lautsprecherkabel

Auf der „High End 89" im Frankfurter Hotel Kempinski verwendeten etliche der Aussteller Lautsprecherkabel, die so dick wie ein Gartenschlauch waren. Auf dieser Ausstellung wurde auch erstmals die in diesem Buch beschriebenbe Technik des Autors vollständig vorgestellt.

Vor der Ausstellung hatte uns einer der dort vertretenen Kabelhersteller ein Muster seines Superkabels vorbeigebracht – wir sollten es dort verwenden. Preis für den laufenden Meter: 88 Mark. Trotz großem Bemühen mehrerer Ingenieure gelang es uns nicht, irgendeinen Klangunterschied gegenüber einem einfachen 4 qmm Kupferkabel auszumachen. Das Kupferkabel kostete pro Meter vier Mark. Wir haben das „Superkabel" auf der Messe nicht verwendet.

Das Kabel wurde natürlich auch von einer HiFi-Zeitschrift getestet. Im Testbericht heißt es unter anderem: „Springlebendig und mit sagenhaft offener Räumlichkeit wußte es zu überzeugen. Zwar erreichte es nicht ganz die urgewaltige Baßwiedergabe der doppelten..Strippe, aber auf jeden Fall einen fetten Platz in der Rang-und-Namen-Liste für Lautsprecherkabel".

8.2 Suggestion und Selbstsuggestion

Wie leicht der Mensch zum Opfer seiner eigenen Erwartungshaltungen werden kann, zeigen Untersuchungen der Gießener Professoren Vladimir Gheorghiu und Petra Netter. Die Wissenschaftler schlossen unter anderem mehrere hundert Testpersonen an elektronische Geräte an und sagten ihnen, sie würden bestimmte Töne hören oder sinnliche Reize empfangen, sobald das Gerät eingeschaltet werde. Obwohl das Gerät keinerlei Impulse weitergab, waren die meisten Testpersonen fest davon überzeugt, Töne gehört oder die angekündigten Reize gefühlt zu haben [24].

Wenn es bei Beurteilungen, die allein aufgrund von Sinnesempfindungen gefällt werden, bereits zu Fehlurteilen kommt, ob Töne überhaupt vorhanden sind oder nicht, kann es sicherlich auch bei den ebenso rein subjektiven Klangbewertungen von Lautsprechern oder Lautsprecherkabeln leicht zu Fehlurteilen kommen. Auch die oft blumenreiche Schilderung der ausschließlich persönlich empfundenen Klangeindrücke schützt nicht davor, daß sich der Tester geirrt hat.

Bei rein subjektiven Beurteilungen, die nur aufgrund von Sinnesempfindungen erfolgten, lassen sich große qualitative Unterschiede leichter zuverlässig nachweisen und beurteilen als kleine. Je subtiler die Unterschiede werden, die es festzustellen gilt, umso größer wird die Gefahr der Selbsttäuschung, bzw. des Fehlurteils. Dies ist auch der Grund, weshalb bei einer rein gehörmäßigen Klangbeurteilung zweier meßtechnisch gleicher Testgeräte stets jenes Gerät ein günstigeres Testergebnis erreicht, das von vornherein den wertigeren Eindruck hinterläßt. Dieser psychologische Zusammenhang ist sicherlich auch der Grund für den Erfolg der „überdicken" Lautsprecherkabel.

8.3 Lautsprechertests

Klangunterschiede zwischen Lautsprechern bewegen sich in einer sehr wohl nachvollziehbaren Größenordnung. Da bei Lautsprechern aber technische, akustische und geschmackliche Kriterien in einem höchst komplexen Zusammenhang gewertet werden, gibt es hier den größten Spielraum. Die Testergebnisse von Lautsprechern klaffen folglich auch am weitesten auseinander.

Zudem werden bei Lautsprechertests oft immer noch absolute Testurteile über die HiFi-Lautsprecher gefällt, obwohl doch jeder Fachmann in der Zwischenzeit wissen müßte, daß der Klang von Lautsprechern gar nicht allein vom Lautsprecher abhängt. Der Klangeindruck von Lautsprechern hängt wesentlich auch vom Hörraum ab, und der Klangeindruck desselben Lautsprechers kann sich sogar von gut bis schlecht verändern, sofern er an verschiedenen Positionen im gleichen Hörraum aufgestellt wird.

So schreibt eine deutsche HiFi-Test-Zeitschrift in einem „Superboxentest" wörtlich: „Direkt nach dem Aufstellen enttäuschte das Klangbild maßlos. Aber jeder Zentimeter, um den die Boxen verschoben wurden, brachte den Klang voran" ... Sicherlich dürfte sich das Ergebnis noch mehr verbessern, wenn man noch ein paar Wochen länger herumschiebt, den Raum noch mehr akustisch modifiziert und auch noch mit anderen Kabeln arbeitet.

Nach zwei Wochen Rücken war sich die Redaktion einig: Klangnote „sehr gut" und „Referenzstatus". „... und verdeutlicht einmal mehr, wie wichtig Hörraum, variable Akustik (zu Hause im Ernstfall sogar neue Wandverkleidungen) und richtige Aufstellung sind".

Mit keinem Wort wurde allerdings erklärt, welche akustischen Faktoren sich beim Umherschieben der Lautsprecherboxen im Hörraum ausgewirkt haben. Wenn in solchen Hörtests die klangentscheidende akustische Wirkung der ersten schallstarken Reflexionen zwar unüberhörbar ist, aber nicht erklärt wird, verschweigt man das Grundgesetz der Verarbeitung von Schallwellen beim Vorgang des menschlichen Hörens. Nicht der „Direktschall" von den Lautsprechern oder der sich im Raum bildende „Nachhall" sind klangbestimmend, sondern die vom Hörraum erzeugten, sogenannten „ersten schallstarken Reflexionen".

In dem hier zitierten Lautsprechertest hatte der Hersteller des Lautsprechers das große Glück, daß der Tester ausgiebig Zeit hatte, die Lautsprecher im Abhörraum umherzuschieben. Im Normalfall, unter Zeitdruck, hätte das Testergebnis auch lauten können „Enttäuschend, Mittelklasse IV, Mittelklasse III um einen Punkt verfehlt".

Es gibt auch eine HiFi-Redaktion, in deren Testraum dieser Lautsprecher möglicher-

8.3 Lautsprechertests

weise überhaupt keine Chance gehabt hätte. Dort wurde nämlich mit viel Aufwand ein Teil der Hörraumwand auf einer Drehscheibe angeordnet. Auf dieser Drehscheibe werden die Lautsprecher plaziert. Akustische Klangoptimierungen durch Verändern der Lautsprecheraufstellung im Raum sind nicht möglich. Wenn der Lautsprecher an der vorgegeben Stelle gut klingt, hat er Glück gehabt, wenn nicht, dann hatte er halt Pech. Mit einer Mindestausstattung an akustischem Grundwissen ließen sich derartig institutionalisierte Denkfehler vermeiden.

Insofern ist es leider immer noch die Ausnahme, wenn man – wie in „Stereo", Heft 5/ 1983 auf Seite 74 – lesen kann: „Akustik ist alles" [25]. Es ist leider ebenso die Ausnahme, daß die Aussagen von Tests mit wissenschaftlich einwandfreien Methoden statistich überprüft werden, um subjektive Einflüsse weitgehend auszuschalten [26]. Wenn sich z. B. bei dem Hörtest zur Überprüfung der Klangunterschiede zwischen CD-Playern durch eine solche statistische Auswertung herausstellt, daß ein Teil der Tester gar keine nennenswerten Unterschiede hört, einem weiteren Teil der Tester die eine Version besser gefällt und einem anderen Teil der Tester die andere, dann liegen diese Unterschiede eben im geschmacklichen Bereich und sind nicht klangentscheidend!

Wir meinen daher, daß bei Lautsprechertests eine Vorbemerkung notwendig ist, derzufolge das Testergebnis lediglich auf den jeweiligen Testraum bezogen werden kann und somit keine absolute Aussage über die Klangeigenschaften zuläßt. Folglich kann man sie auch nicht ohne weiteres auf einen anderen Raum übertragen. Daraus ginge eindeutig hervor, daß die so getesteten Lautsprecher auch vollkommen anders klingen können, sobald sie anders akustisch gehandhabt werden. Dies wäre nicht nur wichtig, weil sich die Trsträume von HiFi-Redaktionen voneinander erheblich unterscheiden. Auch bei HiFi-Händlern oder in Wohnräumen können die akustischen Verhältnisse deutlich voneinander abweichen und zu vollkommen anderen Klangergebnissen führen als beim Test.

Auch die in vielen Lautsprechertests benützten Bewertungen halten wir für ungeeignet. Dabei wird oft durch eine Punkteverteilung eine Bewertungsgenauigkeit vorgetäuscht, als würden Meßgeräte benützt. In Wirklichkeit handelt es sich aber um subjektive Sinnesempfindungen von Klangeindrücken, die sich von Dritten in dieser Form gar nicht nachvollziehen lassen.

Bei Lautsprechertests wird Musik gehört, die nicht nur durch den Lautsprecher selbst, durch seine geschmackliche Abstimmung, durch den Hörraum und durch die Aufstellung des Lautsprechers im Hörraum beeinträchtigt sein kann. Es gibt überdies auch noch zahlreiche Musikaufnahmen, die schon von der Aufnahme her baßlastig, höhenbetont oder klangverfärbt sind. Eine absolut neutrale Musikaufnahme gibt es nicht, und sie ist prinzipbedingt auch nicht möglich. Fehler des Raums oder der Lautsprecher oder des Musikmaterials können sich gegenseitig aufheben oder verstärken, und nicht zuletzt spielt auch der persönliche Geschmack der Tester eine ganz entscheidende Rolle. In Anbetracht dessen könnte eine Bewertung in 3 Klassen wie „Standard-, Mittel- und Spitzenklasse" durchaus genügen, und man sollte auch auf eine „Rangliste" innerhalb dieser Klassen verzichten.

9 Akustik

9.1 Ein akustisches Schlüsselerlebnis

Das folgende Beispiel veranschaulicht, wie fragwürdig Bewertungen bei Lautsprechertests sein können, wenn der Hörer sich nicht über die akustischen Einflüsse im klaren ist. Es soll aber auch zeigen, daß der Leser selbst auf den Klang seiner Lautsprecher Einfluß nehmen kann, wenn er um die akustischen Zusammenhänge Bescheid weiß.

Der Autor ist mit Musik aufgewachsen, sein Vater hat als Pianist Konzerte gegeben, Hausmusik fand praktisch immer statt. Durch das abgeschlossene Studium an der Technischen Universität in München war auch genügend Fachwissen vorhanden, um mit Lautsprechern fachlich fundierte Versuche durchführen zu können. Es war das Ziel, einen Lautsprecher so zu bauen, daß mit seiner Hilfe die Musik so klingt, wie er es von früher von der Aufführung mit wirklichen Musikern her kannte.

Nach einigen Bauversuchen gelang ein gut klingender Lautsprecher. Als dieser Lautsprecher jedoch zu einem Freund mitgenommen wurde um seine Vorzüge deutlich zu machen, klang er plötzlich schlecht. Die Lautsprecher des Freundes aber klangen ganz hervorragend. Der Autor bat den Freund, ihm seine Lautsprecher mitzugeben, um herausfinden zu können, warum sie so gut klangen. Wieder bei sich zu Hause stellte der Autor beide Lautsprecherpaare noch einmal nebeneinander und machte erneut einen vergleichenden Hörtest. Nun war es genau umgekehrt. Die Lautsprecher des Freundes klangen jetzt schlecht, und seine eigenen Lautsprecher klangen wieder hervorragend.

Dieses Erlebnis veranlaßte den Autor seinerzeit, solange keine technischen Optimierungen am Lautsprecher selbst mehr vorzunehmen, bis er die entscheidenden akustischen Zusammenhänge ermittelt hatte, die den Klangeindruck von Lautsprechern bestimmen, die allerdings mit dem Lautsprecher selbst zunächst gar nichts zu tun hatten. Es gelang ihm durch unzählige Hörtests in vielen unterschiedlichen Hörräumen, bei immer wieder veränderter Lautsprecheraufstellung und vielen Schallabstrahlvarianten der Lautsprecherboxen, die maßgeblichen akustischen Zusammenhänge herauszuarbeiten und einen neuartigen Lautsprecher zu konstruieren. In der Folge gelang es ihm auch die Grundlagen der Akustik bei der Kopfhörerwiedergabe und der HiFi-Aufnahmetechnik herauszuarbeiten. Das Buch „HiFi + Akustik" erschien 1983. Es fand große Anerkennung [27].

Ganz besonders schmerzt es den Autor, wenn heute in machen HiFi-Kreisen immer noch tiefstes akustisches Unverständnis herrscht und er immer noch Hörräume vorfindet, in denen die Lautsprecher an der (schmalen) Stirnwand stehen. Der Autor hält die folgenden Kapitel mit der Erläuterung der akustischen Zusammenhänge heute sogar noch für wichtiger als 1983 bei der Erstveröffentlichung. Der Grund ist, daß in der Zwischenzeit durch die digitale Übertragungstechnik sowie die vom Autor entwickelte Wandlertechnik grundsätzlich die perfekte Musikübertragung bereits gewährleistet wird und es nur noch am akustischen Unverständnis liegt, wenn die klanglich vollkommene Tonwiedergabe in der Praxis noch immer noch nicht erreicht ist.

9.2 Was heißt Akustik?

Der Begriff Akustik stammt aus dem Griechischen und heißt übersetzt „Die Lehre vom Schall". Die Akustik befaßt sich mit den mechanischen Schwingungen deren, Frequenzbereich vom Ohr aufgenommen wird (Zitat aus dem Duden Lexikon).
    Die Akustik hat gemäß ihrer Definition unmittelbar mit dem Hören zu tun. Sie bestimmt maßgeblich die Qualität der sprachlichen Verständigung der Menschen untereinander. Sie ist deshalb eines der ältesten Fachgebiete, mit dem sich die Menschheit befaßt hat.

9.3 Die geschichtliche Entwicklung

Im Laufe der Jahrhunderte entwickelte sich die Akustik in drei Etappen.
    Am Anfang war gute oder schlechte Akustik ein Phänomen, das zwar sehr wohl von allen Menschen wahrgenommen werden konnte, aber noch sehr lange Zeit unverstanden blieb. Fest stand nur, daß es mit den Gebäuden oder den Räumen zu tun hatte, in denen sich die Menschen aufhielten und kommunizierten. Erste Überlieferungen über akustische Phänomene sind von den griechischen Amphitheatern bekannt. Ein ganz leises Flüstern der Schauspieler in der Arena war von den Zuhörern auf den Rängen in über 50 Metern Entfernung noch ganz deutlich zu verstehen. Auch über viele heute nicht mehr existierende Konzertsäle des Mittelalters und der Neuzeit, die leider durch Kriege zerstört wurden, gibt es eine umfangreiche Literatur, die deren akustische Qualitäten beschreibt. Auch legen die exakten Nachbauten von Räumen mit nachweislich guter Akustik ein deutliches Zeugnis über den Stellenwert der Akustik im höher entwickelten Kulturbetrieb ab. Diese Nachbauten sind zugleich der Beweis dafür, daß zum damaligen Zeitpunkt die akustischen Zusammenhänge noch nicht verstanden worden waren und gute Akustik nicht beliebig herbeigeführt werden konnte.
    Die nächste Entwicklungsstufe vollzog sich, als die physikalischen Grundlagen der Schallwellenausbreitung in der Luft erarbeitet wurden. Gute oder schlechte Akustik wurde in dieser Zeit vorwiegend mit den geometrischen Raumabmessungen in Verbindung mit der Wellenlänge der Schallwellen erklärt.
    Heute, im Zeitalter der Elektroakustik, kann es als nachgewiesen gelten, daß die Akustik nur indirekt mit den Gebäuden oder Räumen zu tun hat, in denen die Menschen sich aufhalten. Die Wahrnehmung von guter oder schlechter Akustik hat ganz allgemein mit der Art und Weise zu tun, wie das menschliche Gehör die ankommenden Schallwellen im Gehirn verarbeiten kann. Sogar der Begriff Akustik scheint die Sachlage nicht mehr voll zu treffen, besser wäre der Begriff Psychoakustik.

9.4 Psychoakustik

Die Grundlagen über das Sachgebiet der Psychoakustik ergaben sich im Laufe der Jahrhunderte durch das Ansammeln ständig neuer Erkenntnisse und assoziatives Vergleichen von verschiedenen Hörräumen sowie der darin wahrgenommenen Höreindrücke. Bis vor kurzer Zeit wurden in der Akustik nur die Begriffe „Direktschall" und „Nachhall" verwendet. Als Direktschall wurde der Schall bezeichnet, der auf direktem Weg von der Schallquelle zum Ohr des Hörers gelangt. Als Nachhall bezeichnete man alle Schallwellen, die nach dem Direktschall, als sogenannte Reflexionen, das Ohr des Hörers erreichten. Als Nachhalldauer wurde die Zeit festgelegt, in der der Schallpegel der Reflexionen auf 1/1000 des Direktschallpegels absinkt.

In den letzten Jahren wurde die überragende akustische Bedeutung der nach dem Direktschall beim Hörer eintreffenden ersten schallstarken Reflexionen entdeckt. Diese „ersten schallstarken Reflexionen", die früher dem Nachhall zugerechnet worden waren, wurden zu einem selbständigen Begriff [27, 28, 29]. Ein vom menschlichen Gehör als gut empfundenes, klar und deutlich wahrnehmbares Hörereignis kann demnach in die folgenden Anteile eines räumlichen Schallfeldes zerlegt werden:
a) den Direktschall
b) die ersten schallstarken Reflexionen und
c) den Nachhall

Der Direktschall wird vom Gehör nur zur Ortung und zur Erkennung der Schallquellen ausgewertet. Die ersten schallstarken Reflexionen prägen durch ihr räumliches und zeitliches Eintreffen am Ohr des Hörers die wahrgenommene Akustik am stärksten. Der Nachhall bildet als Häufung der Reflexionen sehr diffuse Schallfelder, deren Schalldruckpegel jedoch rasch absinkt und die Nachhallzeit bestimmt. Er stellt das energiemäßige Ausklingen der im Hörraum angeregten Schwingungen dar.

Die ersten schallstarken Reflexionen werden vom Gehör in einer Art Integrationsprozeß dem direkten Schall zugeordnet und lautstärkemäßig aufaddiert. Sie bewirken, daß der Direktschall lauter und deutlicher wahrgenommen wird und vermitteln, wenn sie auch noch räumlich richtig beim Hörer eintreffen, gleichzeitig ein angenehmes, räumliches Hören. Die ersten schallstarken Reflexionen bestimmen in allen Hörräumen entscheidend die als Gesamteindruck wahrgenommenen Sinnesempfindungen wie Lautstärke, Räumlichkeit, Entfernung, Deutlichkeit und Natürlichkeit und damit die Hörqualität [27, 28, 29, 30, 31].

Der Übergang vom Direktschall zu den ersten schallstarken Reflexionen ergibt sich durch den Hörraum. Der Übergang von den ersten schallstarken Reflexionen zum Nachhall erfolgt fließend. Der Direktschall und die ersten schallstarken Reflexionen können vom Gehör so ausgewertet werden, daß die vom linken und rechten Ohr aufgenommenen Schallanteile im Gehirn als logisch zusammengehörig erkannt werden. Sie bestimmen den natürlich empfundenen Höreindruck. Was den Nachhall angeht, so treffen die Schallanteile der Reflexionenen bereits in so schneller Reihenfolge an den Ohren ein, daß es dem Gehör nicht mehr möglich ist, Anteile von Einzelreflexionen am linken und rechten Ohr einander zuzuordnen – somit ist hier keine Richtungsempfindung mehr möglich.

Wichtigste Entdeckung in der Akustik ist bis heute das Verständnis der Wirkungsweise der ersten schallstarken Reflexionen beim Hörvorgang. Allein durch das Verändern der Einfallsrichtung und des zeitlichen Eintreffens der „ersten schallstarken Reflexionen läßt sich die wahrgenommene Akustikempfindung beliebig beeinflussen. Übertragen auf die Praxis heißt das: In jedem beliebigen Hörraum kann mit akustischen oder durch elektronische Mittel die wahrgenommene akustische Qualität optimiert werden. Wie aber müssen die ersten schallstarken Reflexionen beim Hörer eintreffen, um die optimale akustische Wirkung zu erzielen? Beste akustische Qualität erzeugen die ersten schallstarken Reflexionen dann, wenn

- ihre Zeitverzögerung gegenüber dem Direktschall mindestens 3...5 ms und maximal 20...50 ms beträgt
- ihre Schallintensität gegenüber dem Direktschall noch sehr groß ist,
- ihre Einfallsrichtung möglichst deutlich von der Einfallsrichtung des Direktschalls abweicht und
- ihre Reflexionswinkel an den Wänden vorzugsweise 90 Grad betragen.

Eine minimale Zeitverzögerung ist notwendig, damit das Gehör die Einschwingvorgänge im Direktschall präzise wahrnehmen kann. Eine maximale Zeitverzögerung darf nicht überschritten werden, damit man kein Echo hört. Die Schallintensität der ersten schallstarken Reflexionen muß groß sein, damit man insgesamt gesehen ein deutliches und räumliches Klangbild erreicht. Die Einfallsrichtung der ersten schallstarken Reflexionen muß möglichst deutlich von der Einfallsrichtung des Direktschalls abweichen, damit nicht schon die Direktschallinformation mit der ersten schallstarken Reflexion im Hörraum überlagert und verfälscht wird.

Die Wirkungsweise der ersten schallstarken Reflexionen gilt für das Hören ganz allgemein. Sie sind der Schlüssel, mit dessen Hilfe sich heute alle berühmten Akustikphänomene leicht erklären lassen, die früher oft nicht verstanden worden sind.

Die alten Griechen bauten z. B. ihre für die gute Akustik berühmten Amphitheater mit weitaus steiler ansteigenden Sitzreihen, als für die gute Sicht erforderlich gewesen wäre. Sie erreichten damit, daß nach dem Direktschall die ersten schallstarken Reflexionen über seitliche und gegenüberliegende Reflexionsflächen im richtigen Zeitbereich für das menschliche Gehör und auch aus einer deutlich anderen Richtung als der Direktschall kamen *(Bild 9.1)*.

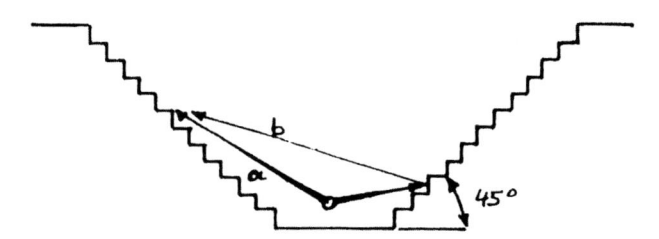

Bild 9.1: Schematischer Längsschnitt durch ein Amphitheater mit unter 45 Grad ansteigenden Sitzreihen.
a) Direktschall von vorne aus der Arena. b) Erste schallstarke Reflexionen von der Gegenseite.

9.5 Konzertsaalakustik

Während in den berühmten, kleineren Konzertsälen des 19. Jahrhunderts mit länglicher schmaler Bauform die ersten schallstarken Reflexionen meist über die Seitenwände hervorgerufen wurden *(Bild 9.2)*, müssen sie heute in den modernen, großen Konzertsälen *(Bild 9.3)*, wo die Seitenwände wegen des Platzbedarfs für die größeren Zuhörerzahlen zu weit auseinandergerückt sind, über spezielle Schallreflektoren an der Decke erzeugt werden.

Der Direktschall, die ersten schallstarken Reflexionen und der Nachhall werden nicht als einzelne Anteile eines räumlichen Schallfeldes gehört. Sie werden immer nur in ihrer Gesamtheit wahrgenommen und bestimmen den Gesamthöreindruck. Bei der Unterscheidung eines guten Höreindrucks von einem schlechten hatten die Menschen

Bild 9.2: Großer Musikvereinssaal in Wien.

Bild 9.3: Neue Philharmonie in Berlin. Im Hintergrund links ist eines der drei Turmpodeste für Raumakustik zu erkennen, in Bildmitte die von der Decke hängenden Reflektoren über dem Orchester.

aber noch nie Schwierigkeiten. Deshalb war es über die Jahrhunderte hinweg bis heute leicht möglich, einen Optimierungsprozeß beim Bau von Konzertsälen durchzuführen, ohne dabei irgendwelche akustische Grundkenntnisse zu haben. Man probierte einfach. Akustisch gute Räume wurden oft nachgebaut, wohingegen schlechte Säle als warnendes Beispiel dienten.

Im 20. Jahrhundert wurden neue Baustoffe wie Stahl und Stahlbeton verstärkt eingesetzt. Sie ermöglichten viel größere Konzertsäle. Neue Konzertsaalformen entstanden, was auch die Problematik der Konzertsaalakustik erneut bewußt machte. Doch experimentierte man auch hier ebenso weiter wie in den vorhergehenden Jahrhunderten und erreichte die gute akustische Lösung zunächst lediglich durch Probieren. Durch diese Versuche sowie aufgrund des Vergleichs mit den älteren und bekannt guten Konzertsälen konnten die wesentlichen Grundzüge der Wirkungsweise der ersten schallstarken Reflexionen entdeckt werden. Auf diese Art und Weise entstand das Fachgebiet der Konzertsaalakustik. Ein weiteres Ergebnis dieser vergleichenden Untersuchungen ist z. B., daß sich der Unterschied zwischen den alten und neuen Konzertsälen nicht unbedingt als „besser" oder „schlechter", sondern im wesentlichen als „anders" ausdrücken läßt [28, 29].

9 Akustik

Jeder Raum hat, was eigentlich selbstverständlich ist, einen anderen Einfluß auf die Reflexionen, die in ihm entstehen. Da aber jeder Konzertsaal (wie auch jeder Raum überhaupt) anders ist, ermöglicht das neue Verständnis des zeitlich und räumlich richtigen Eintreffens der ersten schallstarken Reflexionen endlich, alle Räume und sogar die unterschiedlichen Plätze in diesen Räumen annähernd gleich gut zu beschallen. Aufgrund dieser Erkenntnisse wurden auch schon erfolgreiche Versuche in Mehrzweckbauten gemacht, um den speziellen Zweck der Musikwiedergabe, oder bei Kongressen den der guten Sprachverständlichkeit, gezielt zu optimieren, indem man die ersten schallstarken Reflexionen über zeitverzögerte Lautsprechereinheiten nachbildete [29].

Obwohl die Erkenntnisse über die ersten schallstarken Reflexionen bereits in den verschiedenen Konzertsälen und Kongreßhallen angewendet wurden, dauerte es noch erhebliche Zeit, bis man endlich begriff, daß die in Konzertsälen entdeckten Zusammenhänge grundsätzlicher Natur waren und Aufschluß über die Art und Weise des menschlichen Hörens liefern konnten.

Wie lange es dauert, bis sich wissenschaftliche Erkenntnisse in die Praxis umsetzen lassen, zeigt sich am Beispiel der Philharmonie am Gasteig in München. Dieser Konzertsaal liefert ein Lehrbeispiel dafür, wie Akustiker scheitern mußten, weil sie den Einfluß der ersten schallstarken Reflexionen vernachlässigt haben. In den Voruntersuchungen hatte man nur darauf geachtet, daß der Raum alle Frequenzen möglichst linear wiedergibt und auch im Nachhall ein möglichst ausgeglichenes Frequenzspektrum liefert [32]. Der Raum ist sehr breit, die seitlichen Wände liegen weit auseinander. Zusätzlich ist der Raum in der Mitte aber auch sehr hoch *(Bild 9.4, 9.5, 9.6)*.

An den Seitenwänden und an der Decke hatte man Reflektoren angebracht, damit

Bild 9.4: Modell der neuen Münchner Philharmonie im Maßstab 1 : 16. Das Publikum wird durch Eierkartons dargestellt. An der Decke sind zwei unterschiedliche Reflektorarten zu erkennen.

Bild 9.5: Neue Münchner Philharmonie: Die Schnittdarstellung läßt die Anordnung der Reflektoren erkennen.

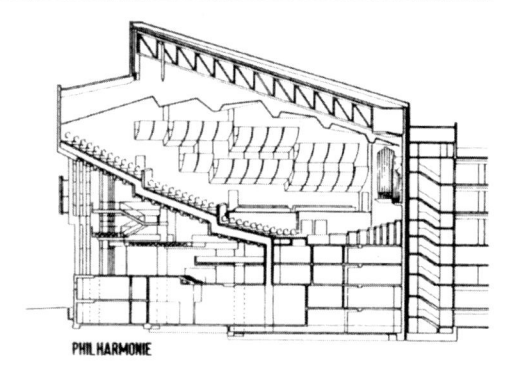

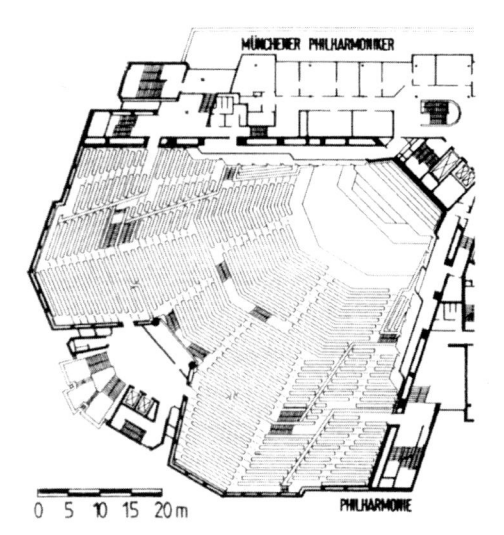

Bild 9.6: Ein Blick auf den Grundriß verdeutlicht die schwierigen akustischen Verhältnisse, hervorgerufen durch die Breite des Raums.

alle Plätze von den so wichtigen Reflexionen erreicht werden können. Jedoch nur an den Sitzplätzen in der Nähe der Seitenwände war es möglich, daß die ersten schallstarken Reflexionen im akustisch richtigen Zeitbereich eintrafen. In der Nähe der Seitenwände liefern diese selbst diese ersten schallstarken Reflexionen im richtigen Zeitbereich nach dem Direktschall. Überdies ist dort am Rand des Saals die Decke niedriger. Somit liefert dort auch die Decke die ersten schallstarken Reflexionen im richtigen Zeitbereich. In der Raummitte erwies sich hingegen die Decke als zu hoch, und auch die Seitenwände waren zu weit weg. Die ersten schallstarken Reflexionen konnten dort nicht im entscheidenden, akustisch richtigen Zeitbereich eintreffen, sondern erst nach 54 Millisekunden [32].

Auf den Plätzen mit dem besten Blick, in der Raummitte, sowie auf der Bühne, war die Akustik am schlechtesten. Auch die Musiker, die ja auf Schallinformationen ihrer Mitspieler angewiesen waren, klagten, sie können einander nicht ausreichend gut hören. Entsprechend der Kommentar Leonard Bernsteins zur Philharmonie: „burn it" („brennt sie ab!")

Bild 9.7: Bringen diese akustischen Reflektoren eine Verbesserung für die Akustik in der Philharmonie? Die vorsichtige Expertenmeinung ist: Ja. – Wenn die Stadt sich für eine Nachrüstung an der Decke im Gasteig entscheidet, sollen die „Segel" allerdings nicht wie bei dem Großversuch und auf unserem Bild aus Holz, sondern möglicherweise aus Plexiglas sein. Photo: Karlheinz Egginger.

Der Autor hat es sich erlaubt, bereits vor mehreren Jahren in einem Leserbrief an die Süddeutsche Zeitung darauf hinzuweisen, daß mit Reflektoren in der Raummitte 6 bis 8 Meter über dem Orchester, aber auch im Bereich der Bühne die Akustik wesentlich verbessert werden kann. Mittlerweile ist man diesem Vorschlag in der Tendenz gefolgt *(Bild 9.7)*. Zwar begrüßen sowohl Musiker und auch Konzertbesucher diese Maßnahme sehr [33], doch hängen diese Reflektoren immer noch zu hoch. Die akustische Verbesserung hätte erheblich größer sein können – aber immerhin.

10 Akustik im HiFi-Bereich

Von den unverstandenen akustischen Phänomen in der Antike bis zum heutigen Wissenstand in der Psychoakustik gab es einen ununterbrochenen Lernprozeß. Dieser Lernprozeß dauerte so lange, weil erst einmal das akustische Grundwissen erarbeitet werden mußte. Außerdem lief der Prozeß nach dem Muster von „Versuch und Irrtum" ab und war folglich zwangsläufig mit vielen Fehlern behaftet.

Zur geschichtlichen Entwicklung der Akustik gab es keine Alternative. Die akustischen Grundlagen über die Art und Weise wie das menschliche Gehör Schallwellen verarbeitet, sind heute jedem zugänglich. Dennoch scheint sich heute bei der Umsetzung und Anwendung der akustischen Grundlagen im Bereich der elektroakustischen Übertragungskette ein ähnlicher, unendlich langsamer und mit ebenso vielen Irrwegen behafteter Lernprozeß anzubahnen.

Viele HiFi-Fachleute, Tonmeister oder Lautsprecherentwickler müssen sich immer noch vorhalten lassen, daß sie die vorliegenden Ergebnisse der Psychoakustik, welche uns zeigen, wie Menschen Schall aufnehmen und verarbeiten, nach wie vor in ihrem Fachgebiet nicht berücksichtigen. Sie arbeiten so weiter, wie sie es vor 10 oder mehr Jahren gelernt haben. Und dabei ist die früher so entscheidende technische Seite im Bereich der elektroakustischen Übertragungstechnik gar nicht mehr das eigentliche Problem. Vielmehr kommt es mittlerweile nur noch darauf an, den akustischen Aspekt zu berücksichtigen. Das Gesamtschallereignis besteht nämlich
- aus direktem Schall (vom Lautsprecher)
- aus ersten schallstarken Reflexionen (von den Hörraumwänden)
- aus Nachhall (der im Hörraum gebildet wird).

Diese drei Komponenten gilt es, beim Hörer – auch in seinem Wohnzimmer – so eintreffen zu lassen, daß sein Gehör sie zu optimalen Klangeindrücken verarbeiten kann. Da aber durch die Schallverarbeitung unseres Gehörs festgelegt ist, wie wir zu akustisch hochwertigen Empfindungen kommen, müssen diese Erkenntnisse auch bei der High-Fidelity berücksichtigt werden.

Immer wieder kann man den Einwand hören, die dargelegten akustischen Zusammenhänge gälten doch nur für Konzertsäle. Das war die Lehrmeinung vor 20 oder mehr Jahren. Heute ist dies nachweislich falsch. Es war lediglich der Konzertsaal, in dem die akustische Bedeutung der ersten schallstarken Reflexionen für den Hörvorgang zuerst entdeckt wurde. Die dort herausgefundenen Zusammenhänge bei der Schallwahrnehmung sind aber ganz grundsätzlicher Natur. Sie lieferten entscheidende Erkenntnisse darüber, wie beim menschlichen Hören die Sinneseindrücke entstehen.

Der Mensch hört immer mit dem gleichen Kopf und dem gleichen Gehör – ob im Konzertsaal oder im Wohnraum. Dies gilt auch dann, wenn er hierbei neue Hörmedien verwendet, wie Lautsprecher oder Kopfhörer. Auch sie müssen (wie im guten Konzertsaal) die räumlichen Schallanteile
- aus Direktschall,
- aus den ersten schallstarken Reflexionen und
- aus dem Nachhall

so liefern, wie sie von seinem Gehör am besten verarbeitet werden können.

10 Akustik im HiFi-Bereich

Immer wieder taucht in diesem Zusammenhang die Frage auf, ob es denn überhaupt zulässig sei, im Wiedergaberaum Reflexionen zu erzeugen, die doch in der Originalaufnahme gar nicht enthalten sind. Diese Reflexionen stören nicht im Geringsten. Im Gegenteil – sie tragen dazu bei, daß die Originalaufnahme deutlicher wahrgenommen werden kann und dabei ein natürlich empfundener Klangeindruck entsteht.

Beim Messen der Schalldruckverläufe von Lautsprechern stören diese Reflexionen allerdings. Nur deswegen haben die Meßtechniker den schalltoten Meßraum, der keine Reflexionen zuläßt, und der bei Messungen absolut neutral ist, als den fürs Musikhören idealen Raum propagiert. Dieses institutionalisierte Übel der stark bedämpften Hörräume hat bis in die Mitte der 80er Jahre eine akustisch hochwertige Musikwiedergabe in Wohnräumen oder HiFi-Studios behindert. Nach wie vor, wenn auch immer seltener, stößt man auf HiFi-Studios mit stark schallschluckenden Materialien an den Wänden.

Leider glauben auch heute noch viele Meßtechniker, sie könnten mit der bloßen Linearisierung des Schalldruckverlaufs die Probleme der Raumakustik meistern. Ein linearer Schalldruckverlauf ist zwar wichtig, aber er bewirkt noch keine akustisch hochwertige Klangwiedergabe. Es ist von größter Bedeutung, daß akustische Elemente zum Tragen kommen. Dazu gehören als wichtigste Ziele:

1. von der Reflexion her hörraumangepaßte, räumlich richtige und akustisch hochwertige Wiedergabe über Lautsprecher,
2. keine wandernden oder springenden Ortungen während des Umhergehens bei Lautsprecherwiedergabe, genauso wie beim Umhergehen im Konzertsaal,
3. dem Hörmedium Kopfhörer angepaßtes, kopfbezogenes Musikmaterial für psychoakustisch richtige Kopfhörerwiedergabe,
4. volle Kompatibilität des Musikmaterials für optimale raumangepaßte Lautsprecherwiedergabe sowie kopfbezogene Kopfhörerwiedergabe ohne Einschränkungen irgendwelcher Art,
5. eine entsprechende Aufnahmetechnik, die sich ihrer Stellung als erstes Glied der gesamten elektroakustischen Übertragungskette bewußt ist, dies durch die Mikrofonaufstellung und Abmischtechnik berücksichtigt und nicht die angestrebten akustischen Ziele bereits im Keim erstickt.

Auch für den Begriff „High-Fidelity" müssen neue Ziele formuliert werden, die über die rein technischen Daten der DIN 45 500 hinausgehen.

Ein wesentlicher Gesichtspunkt der folgenden Kapitel ist es, dem Leser ein akustisches Verständnis zu vermitteln, das es ihm ermöglicht, sich bei akustischen Problemen selbst zu helfen. Ebenso wurde besonders darauf geachtet, daß der logische Zusammenhang der vielen Einzelaspekte nicht verloren geht. Die verschiedenen Gebiete der HiFi-Technik, nämlich die Aufnahmetechnik, die Konzertsaalakustik, die Wohnraumakustik und die Kopfhörerakustik werden so besprochen, daß die komplexen Zusammenhänge deutlich werden. Notwendige Änderungen der heutigen Tonaufnahme- und Wiedergabepraxis werden erklärt. Akustische Mißstände werden erläutert.

10.1 Die offensichtlichsten akustischen Fehler

An mehreren Beispielen soll aufgezeigt werden, daß die so wichtigen akustischen Grundregeln durch die heutige Tonaufnahme- und Wiedergabepraxis oft noch nicht hinreichend berücksichtigt werden. Außerdem wird erklärt, wie durch diese falsche Praxis wesentliche Informationen der räumlichen Schallfelder, die bei der Wiedergabe eine hochwertige Akustikempfindung ermöglichen sollen, verloren gehen oder verfälscht werden.

Beispiel 1
Aufnahmetechnik mit zwei sogenannten Hauptmikrofonen: Die beiden Hauptmikrofone werden sehr nah beieinander vor dem Orchester an einen akustisch hochwertigen Platz gestellt. Aufgezeichnet werden der von vorne kommende Direktschall, die von oben und von der Seite her kommenden ersten schallstarken Reflexionen sowie der aus allen Richtungen kommende räumliche Nachhall *(Bild 10.1)*.

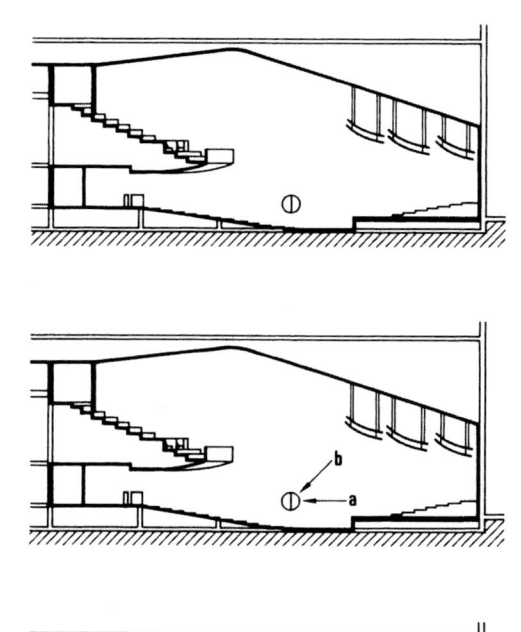

Bild 10.1: Schematischer Längsschnitt durch einen Konzertsaal mit Reflektoren über der Bühne, die gleichzeitig schalldiffusierend wirken. Die seitlichen Wände sind ebenfalls strukturiert und bewirken auch eine Schalldiffusierung (① = Stereomikrofone). a) Direktschall von vorne. b) Erste schallstarke Reflexionen von vorne oben und seitlich. c) Nachhall von überall her.

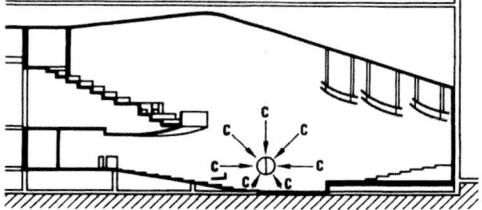

10 Akustik im HiFi-Bereich

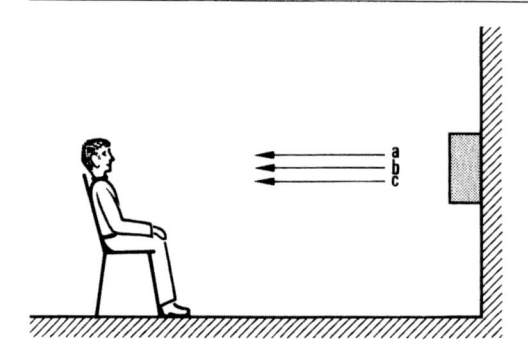

Bild 10.2: a) Direktschall von vorne. b) Erste schallstarke Reflexionen von vorne. c) Nachhall von vorne.

Bei der Lautsprecherwiedergabe mit üblichen Studiomonitoren und einem Hörer genau im optimalen Hörpunkt des Stereodreiecks kommen der aufgezeichnete Direktschall von vorne, die aufgezeichneten ersten schallstarken Reflexionen von vorne sowie der aufgezeichnete Nachhall von vorne *(Bild 10.2)*. Alle räumlichen Schallanteile werden gleichgerichtet und nur noch schalldruckmäßig wiedergegeben. Die räumlichen Schallfelder, die am Aufnahmeort durch ihre räumliche Verteilung die Klangqualität bestimmt haben, werden total verfälscht. Die originale Konzertsaalakustik kann so überhaupt nicht wiedergegeben werden. Behauptungen hinsichtlich einer richtigen Räumlichkeitswiedergabe sind offensichtlich falsch.

Beispiel 2
Daß bis heute nicht zwischen Lautsprechern und Kopfhörern – zwei akustisch vollständig verschiedenen Hörmedien – unterschieden wird, muß man schon fast als Anachronismus bezeichnen. Über Lautsprecher und Kopfhörer wird das gleiche Klangmaterial angeboten. Dieses Klangmaterial kann jedoch bis heute immer nur entweder für Kopfhörer (kopfbezogene Aufnahme) oder für Lautsprecher (Multimikrofonaufnahme) optimal geeignet sein, nie aber gleichzeitig für beide Hörmedien. Die in der heutigen Praxis üblichen Zwischen- oder Kombinationslösungen sind ein schlechter Kompromiß. Hierbei werden diverse Mikrofone oder Mikrofontechniken, z. B. zwei Hauptmikrofone (wie beim Kunstkopf) und Einzelmikrofone beliebig zusammengemischt. Diese Techniken sind überhaupt nur möglich gewesen, weil in solchen Aufzeichnungen weder für Lautsprecher- noch für Kopfhörerwiedergabe ein echter Räumlichkeitsbezug vorhanden war, der hörbar verloren gehen konnte.

Beispiel 3
Dieses Beispiel zeigt, welche Folgen der Kompromiß in der Aufnahmetechnik hat, wenn versucht wird, eine für Lautsprecher- und Kopfhörerwiedergabe gleichermaßen geeignete Tonaufnahme herzustellen. Wenn eine solche Aufnahme mit zwei Mikrofonen in x-y-Stellung [34] oder einfach nebeneinander bzw. mit der OSS-Scheibe [35] oder mit einem Kunstkopf gemacht wird, haben beide Mikrofone immer einen unterschiedlichen Aufnahmebereich nach beiden Seiten, um die gesamte Räumlichkeit zu erfassen *(Bild 10.3)*.

Die Mikrofone werden, wie im Beispiel 1 beschrieben, an einem akustisch hochwertigen Platz im Aufnahmeraum aufgestellt. Wird z. B. ein Orchester aufgenommen, so

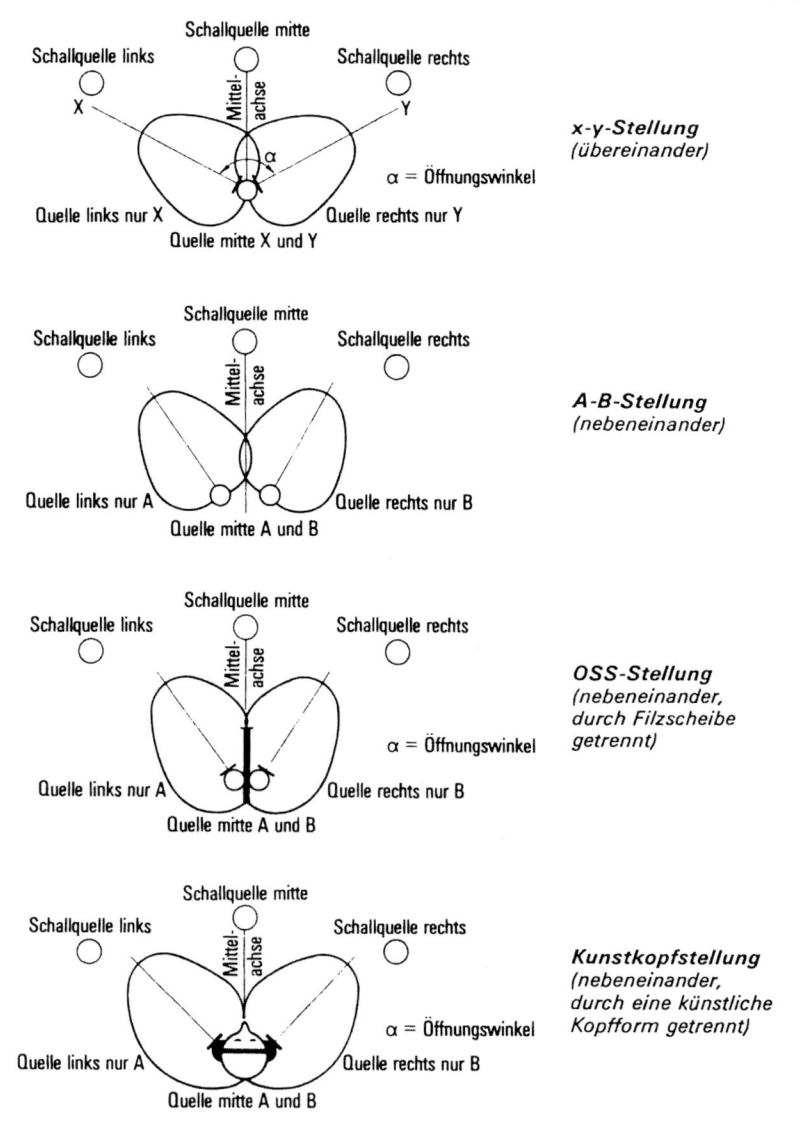

10.1 Die offensichtlichsten akustischen Fehler

Bild 10.3 (figure showing four microphone configurations)

- *x-y-Stellung* (übereinander), with α = Öffnungswinkel
- *A-B-Stellung* (nebeneinander)
- *OSS-Stellung* (nebeneinander, durch Filzscheibe getrennt), α = Öffnungswinkel
- *Kunstkopfstellung* (nebeneinander, durch eine künstliche Kopfform getrennt), α = Öffnungswinkel

Labels in each diagram: Schallquelle links, Schallquelle mitte, Schallquelle rechts, Mittelachse, Quelle links nur X/A, Quelle mitte X und Y / A und B, Quelle rechts nur Y/B.

werden die in der Mitte plazierten Instrumente von beiden Mikrofonen ohne wesentliche Laufzeit- und Pegelunterschiede aufgezeichnet. Aber auch bei seitlich plazierten Instrumenten ist der Laufzeit- und Pegelunterschied an beiden Mikrofonen nur sehr gering. Für die Lautsprecherwiedergabe können diese geringen Laufzeit- und Pegelunterschiede nur nachvollzogen werden, wenn sich der Hörer genau im optimalen

Hörpunkt des Stereodreiecks zwischen beiden Lautsprechern befindet. Bewegt sich der Hörer mehr nach einer Seite hin, werden durch diese Bewegung ungleich größere Laufzeit- und Pegelunterschiede im Verhältnis zu den im Tonmaterial gespeicherten Werten hervorgerufen. Die Folge ist, daß die räumliche Verteilung des Orchesters sich auf einen Punkt reduziert, nämlich den des lauteren Lautsprechers. Durch diese Aufnahmetechnik werden also bei Lautsprecherwiedergabe nicht nur die räumlichen Schallfelder gleichgerichtet, sondern es wird auch noch die Wahrnehmung der räumlichen Verteilung des Orchesters verfälscht. Solche Aufnahmen sind nur für Kopfhörerwiedergabe geeignet, bei der sich der Hörer nicht aus der exakten Mittenposition zwischen den beiden Stereokanälen entfernen kann.

Beispiel 4
Ein anderer, ebenfalls früher weit verbreiteter Fehler war es, daß in einem Raum die Akustik eines anderen Raums zu verwirklichen versucht wurde. Hierzu verwendete man stets Zusatz-Lautsprecher und versuchte, den Wiedergaberaum möglichst schalltot zu gestalten. Wenn aber mehrere Lautsprecher auf einen bestimmten Hörplatz im Raum hin eingepegelt werden, bringt dies mit sich, daß zugleich für alle anderen Plätze im Raum kein Optimum mehr möglich ist. Auch hier ist anzumerken, daß eine gute und akustisch hochwertige Lösung nur unter der akustisch richtigen Einbeziehung des Wiedergaberaums erfolgen kann.

10.2 Der Lösungsweg

Diese offensichtlichen Fehler und die unbefriedigenden Lösungen waren der Anstoß für den Autor, eigene akustische Versuche mit Lautsprechern zu unternehmen. Diese akustischen Untersuchungen des Autors auf den Gebieten der Wohnraumakustik und der Kopfhörerakustik fanden in den Jahren von 1975 bis 1989 statt. Teilweise liefen sie parallel zu den Untersuchungen der Konzertsaalakustiker und parallel zu den Versuchen der Wahrnehmungspsychologen; teilweise konnte auf Ergebnisse anderer Arbeiten zurückgegriffen werden.

Akustische und psychoakustische Untersuchungen können nicht allein auf theoretischer Ebene durchgeführt werden, man muß auch praktisch experimentieren. Die optimierten Ergebnisse der Versuche führten daher auch zu Geräte-Entwicklungen, die vom Autor vermarktet wurden. Wenn Versuchsergebnisse besprochen werden, erfolgt die Besprechung zwangsläufig anhand dieser Produkte, da vorerst kein anderer Hersteller derartige Geräte anzubieten vermag. Außerdem ist es für den Verbraucher wichtig, daß neue Lösungen nicht ausschließlich theoretisch abgehandelt werden, sondern bereits zum Anhören vorliegen, also auch praktisch überprüft werden können.

Mittlerweile sind die akustischen Ergebnisse ohnehin auf allen Gebieten, auch im Bereich der reinen Wahrnehmungspsychologie, bestätigt worden. Es ist somit kein Zufall, daß sich bei dem psychoakustischen Optimierungsprozeß für Kopfhörerwiedergabe dieselben Strukturen für die ersten schallstarken Reflexionen ergaben, wie sie auch in den durch die Jahrhunderte hindurch optimierten guten Konzertsälen vorzufinden sind und wie wir sie bei Lautsprecherwiedergabe mit den Pfleid-Lautsprechern unter wohnraumakustischen Bedingungen erzeugen.

Das hier vorgestellte akustische Konzept beruht auf der Einsicht, daß sich Schallfelder in ihrer ursprünglichen räumlichen Verteilung nicht ohne weiteres auf einen anderen Hörraum oder ein anderes Hörmedium übertragen lassen. Ein solches räumliches, akustisch hochwertiges Schallfeld muß vielmehr bei der Wiedergabe mit Hilfe geeigneter Lautsprecher immer wieder neu an Ort und Stelle echtzeitmäßig aufgebaut werden. Für Kopfhörerwiedergabe, bei der kein akustischer Hörraum mitwirken kann, muß das Schallfeld elektronisch gemäß psychoakustischen Gesichtspunkten echtzeitmäßig synthetisiert werden. Richtungsbezogen definiertes und räumlich unvorgeprägtes Musikmaterial ist die Voraussetzung dafür.

11 Akustische Grundlagen

11.1 Schallaufnahme durch das menschliche Gehör

In einem natürlichen Schallfeld, in einem Konzertsaal aber auch bei der Lautsprecherwiedergabe in einem Wohnraum, gelangen viele Schallwellen aus allen Richtungen gleichzeitig ans Ohr. Unser Gehör kann trotz fortlaufend neu eintreffender Schallwellen daraus den direkten Schall einer Schallquelle erkennen, eine danach aus anderer Richtung eintreffende schallstarke Reflexion als dem Direktschall zugehörig zuordnen und sogar noch den darauffolgenden, räumlich verteilt eintreffenden Nachhall logisch mit dem Direktschall und den ersten schallstarken Reflexionen zu einer zusammengehörenden Schallempfindung verbinden. Das zeitliche Unterscheidungsvermögen unseres Gehirns erkennt sogar, ob die ersten schallstarken Reflexionen zwischen 0 und 5 ms (bei Musik ungünstig), zwischen 5 und 50 ms (bei Musik vorteilhaft) oder mehr als 60 ms nach dem Direktschall (als Echo) eintreffen.

Wir merken aber auch, aus welcher Richtung die Schallwellen kommen. Wenn z. B. die ersten schallstarken Reflexionen gleichfalls aus der Richtung des Direktschalls oder – bereits abgeschwächt – aus entgegengesetzter Richtung, nämlich von hinten, eintreffen, dann ist der Raumeinfallswinkel gleich Null; man sagt, das Klangbild sei eng. Kommen jedoch die ersten schallstarken Reflexionen von der Seite oder schräg von vorne oben, so empfindet man deutlich einen größeren Raumeinfallswinkel. Dies wird häufig als luftiges oder weiträumiges Klangbild bezeichnet.

Reflexionen, die später als 50 ms nach dem Eintreffen des direkten Schalls in immer schnellerer Folge am Ohr eintreffen, bilden den räumlich ungerichteten Nachhall, der scheinbar von überall her verteilt eintrifft. Er verschafft einen zusätzlichen Raumeindruck, vermittelt aber auch gleichzeitig Informationen über Art, Größe und Beschaffenheit des Ortes, an dem das Schallereignis stattfindet.

Während der Direktschall zur Ortung dient, sind es die Reflexionen von den Wänden im natürlichen Schallfeld, die gegenüber dem Direktschall zeitlich verzögert und aus unterschiedlichen Richtungen eintreffend unser Gehör in die Lage versetzen, ein Schallereignis klar und deutlich wahrzunehmen, exakt zu erkennen und mit einem natürlichen Raumempfinden zu verbinden.

11.2 Richtungshören

Wenn der Schall seitlich einfällt, erreicht die „erste Wellenfront" [36] das eine Ohr früher als das andere. Durch Auswertung dieses Zeitunterschiedes (von 0 bis zu 0.63 ms, was der Wegstrecke von ca. 21 cm zwischen den beiden Ohren entspricht) bestimmt unser Gehör sofort die Schalleinfallsrichtung.

11.2 Richtungshören

Diese Laufzeitauswertung funktioniert überwiegend nur im Tieftonbereich bis zu 1600 Hz, also bei Wellenlängen bis zu 21 cm. Darüber hinaus, bei kürzeren Wellenlängen, wäre die Auswertbarkeit vieldeutig. Für kürzere Wellenlängen oder im oberen Frequenzbereich wird deshalb laufzeitmäßig die niederfrequentere Hüllkurve zwischen dem linken und rechten Ohr ausgewertet *(Bild 11.1)*, zugleich wird aber auch die Ortungsrichtung durch einfachen Pegelvergleich (Intensitätsvergleich) zwischen dem linken und rechten Ohr ermittelt [31].

Bild 11.1: δ = Laufzeitunterschied der Hüllkurven. Bei Frequenzen über 1600 Hz wird nicht mehr der Laufzeitunterschied der Wellen selbst, sondern nur noch der Laufzeitunterschied der Hüllkurven für die Ortung ausgewertet. Die Mikrostruktur der Wellen im Hochtonbereich bleibt unbeachtet. Sogar bei zwei Tönen, die sich in der Frequenz unterscheiden, aber mit der gleichen Hüllkurve moduliert sind, gelingt die Bildung eines einzelnen Hörereignisses, solange die Frequenzdifferenz unterhalb gewisser Schwellwerte bleibt (Ebata und Sone 1968, Perrott und Briggs 1970).

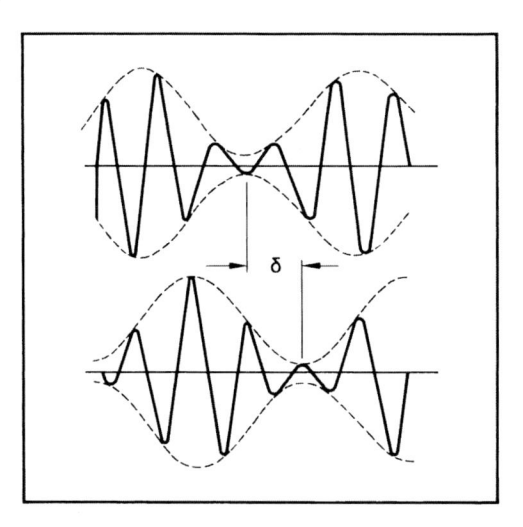

Diese verschiedenen Ortungsvorgänge laufen parallel nebeneinander ab und werden je nach Frequenzbereich oder Auswertbarkeit entsprechend der erkennungsspezifischen Merkmale des Schallereignisses verarbeitet. Die Laufzeit- und Pegelunterschiede können jeweils einzeln oder gemeinsam und hierbei gleich- oder gegensinnig auftreten. Gleichsinnige Beeinflussung erhöht die seitliche Ortungsauslenkung, gegensinnige Beeinflussung kann sie aufheben.

Die am besten ausgeprägten Erkennungsmerkmale führen am schnellsten zu konkreten Ergebnissen. Die Wahrnehmung unkorrekter Werte kann teilweise unterdrückt werden. Wenn dies nicht mehr möglich ist, oder falls alle Auswertbarkeitsmerkmale unlogisch sind, führt dies zu Fehlortungen [31]. Die Auswertung zur fehlerfreien Ortung an Hand originaler Laufzeitunterschiede ist nur live, also nur bei Originalschalleindrücken möglich *(Bild 11.2 a)*. Selbst wenn bei dem Verfahren der Laufzeitstereophonie Originalschalleindrücke mit zwei Mikrofonen in einem Kunstkopf exakt aufgezeichnet und völlig unverfälscht über seitlich am Kopf sitzende Kopfhörer wiedergegeben werden, führt dies nicht mehr zu richtigen Ortungen.

Bei der Auswertung kohärenter Signale, d. h. Signale mit gleicher Kurvenform aber unterschiedlicher Amplitude oder gegenseitigem verzerrungsfreiem Laufzeitunterschied [31], ist es möglich, trotz zeitlich versetztem linkem und rechtem Ohranteil nur ein Hörereignis wahrzunehmen. Dies wird bei Lautsprecherwiedergabe genutzt (Intensitätsstereophonie). Hier können die Schallanteile zu beiden Ohren sogar seitlich von links und von rechts kommen, aber durch die Summenlokalisation bei kohärenten

11 Akustische Grundlagen

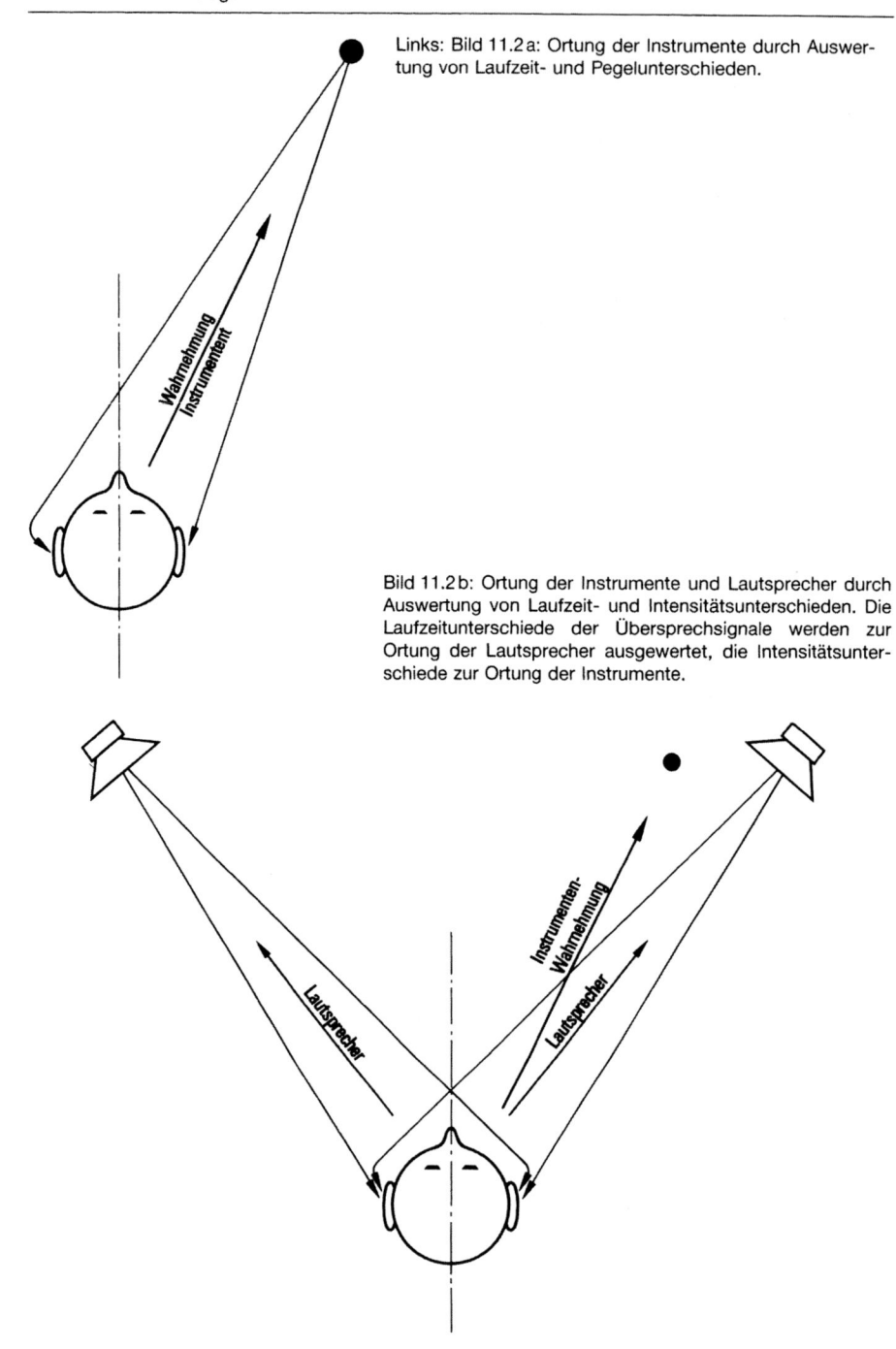

Links: Bild 11.2a: Ortung der Instrumente durch Auswertung von Laufzeit- und Pegelunterschieden.

Bild 11.2b: Ortung der Instrumente und Lautsprecher durch Auswertung von Laufzeit- und Intensitätsunterschieden. Die Laufzeitunterschiede der Übersprechsignale werden zur Ortung der Lautsprecher ausgewertet, die Intensitätsunterschiede zur Ortung der Instrumente.

Musiksignalen wird nur ein Hörereignisort zwischen den Lautsprechern wahrgenommen *(Bild 11.2 b)*.

Die Auswertung an beiden Ohren erfolgt, wie schon beschrieben, durch Laufzeit- und Intensitätsauswertung zwischen beiden Ohren. Es sind jetzt aber nicht mehr die Laufzeit- und Intensitätsunterschiede aus dem Aufnahmeraum zwischen den Mikrofonen der beiden Kanäle, die zu Ortungen zwischen den Lautsprechern führen, sondern die viel entscheidenderen, erst im Wiedergaberaum durch die Hörposition zu den beiden Lautsprechern festgelegten Laufzeit- und Intensitätsunterschiede an beiden Ohren. Wenn nicht gerade ein Lautsprecher selbst den Standort eines Instrumentes bestimmt, falls also Instrumente zwischen den Lautsprechern abgebildet werden, treffen bei stereophoner Lautsprecherwiedergabe – im Gegensatz zu Originalschallereignissen – nicht zwei Schallstrahlen die Ohren, sondern durch die Übersprechsignale vier. Da jedoch die Laufzeitunterschiede der Übersprechsignale bei feststehenden HiFi-Boxen und still sitzendem Hörer gleich bleiben, können allein durch unterschiedliche Intensitäten unterschiedliche Ortungen der Instrumente zwischen den Lautsprechern festgelegt werden (Balanceregler). Die Laufzeitunterschiede der Übersprechsignale werden im Hörraum zur Ortung der HiFi-Boxen ausgewertet. Klangmaterial, das sich in unterschiedlichen Frequenzbereichen intensitätsmäßig unterschiedlich auf die beiden Stereokanäle verteilt, führt deshalb zu wandernden Ortungen (gilt für alle Mikrofonaufnahmen mit zwei sog. Hauptmikrofonen) und erschwert nicht nur die Ortung der Instrumente, sondern stört sie sogar. Bei Annäherung an einen Lautsprecher wird dieser aber nicht nur lauter, sondern sein Schallstrahl trifft auch früher ein als der des anderen Lautsprechers. Beide Veränderungen wirken sich gleichsinnig auf die Wahrnehmung der Ortungsverschiebung nach einer Richtung aus.

Ganz besonders störend zeigt sich dies bei allen Aufnahmen mit zwei sog. Hauptmikrofonen, wo sich das gesamte Schallgeschehen intensitätsmäßig fast gleich auf beide Kanäle verteilt, oder bei allen mittig aufgezeichneten Instrumenten, da diese wahrnehmungsmäßig sehr schnell vollkommen nach einer Seite wandern können.

Bei rein intensitätsstereophoner Aufnahmetechnik z. B. mit drei Mikrofonen (Kapitel 12.1) wird links und rechts außen ein fester akustischer Rahmen gesetzt. Die Ortung von Instrumenten, die nur durch den linken oder rechten Lautsprecher wiedergegeben werden, bleibt ortfest, auch wenn der Hörer im Raum einem der beiden Lautsprecher näherkommt. Auch bei dieser Aufnahmetechnik treten Ortungsverschiebungen der in der Mitte lokalisierten Instrumente auf, wenn sich der Hörer einem der beiden Lautsprecher nähert. Da der akustische Rahmen durch den linken und rechten Rand aber bestehen bleibt, reduziert sich die Ortung des gesamten Schallereignisses nie auf nur einen Lautsprecher. Wenn links und rechts Instrumente spielen, wird auch eine Verschiebung der Mitte nach einer Seite nicht mehr als störend empfunden.

11.3 Erkennen von Einschwingvorgängen

Ebenfalls innerhalb kürzester Zeit (0,63...bis 15 ms) nimmt unser Gehör jene für alle Schallereignisse charakteristischen Einschwingvorgänge auf, die zum schnellen Erkennen von Geräuschen dienen. Wenn von einer Geige oder einer Flöte ein lang anhaltender Ton auf Tonband aufgenommen wird und die ersten 20 ms, also die Einschwingvorgänge zu Beginn des jeweiligen Tons, weggeschnitten werden, können selbst erfahrene Musiker die beiden Instrumente nur noch schwer voneinander unterscheiden [30].

Wie sehr unser Gehör auf die Wahrnehmung dieser Einschwingvorgänge geschult ist, zeigt sich auch daran, daß wir am Telefon unter den schlechtesten akustischen Bedingungen und mit erheblichen Verzerrungen im Schalldruckverlauf sofort die Stimme eines Bekannten erkennen können. Im HiFi-Bereich kommt es am häufigsten zur Verwischung der Einschwingvorgänge bei Musikaufnahme und -wiedergabe. Zwar erkennt man die Instrumente noch, aber nicht mehr sehr deutlich. Bei der Lautsprecherwiedergabe in kleinen Wohnräumen kommt dies hauptsächlich von falscher Boxenaufstellung in Wandnähe oder an Regalkanten, was viel zu schnell eintreffende Reflexionen mit sich bringt, die die Einschwingvorgänge verwischen. Oft entsteht aber auch bei der Musikaufzeichnung mit mehreren Mikrofonen bei falscher Stellung zur Musikquelle (oder wenn Reflexionen in kleinen halligen Räumen mit aufgezeichnet werden sowie bei künstlicher Verhallung) eine solche Verwischung der Einschwingvorgänge. Die Musik wird undeutlicher, die Erkennbarkeit der Instrumente wird beeinträchtigt.

11.4 Konstante Klangverfärbungen

Wenn schallstarke Reflexionen sehr schnell nach dem Direktschall und aus der gleichen Richtung eintreffen, kann es bei der Überlagerung der beiden kohärenten Signale zu kammfilterartigen Veränderungen im Schalldruckverlauf kommen, die als Klangverfärbungen wahrgenommen werden. Für die Wahrnehmung solcher konstanter Verfärbungen ist unser Gehör nur bedingt empfindlich; erst bei großen Fehlern werden sie hörbar. Durch Meßinstrumente aber lassen sich gerade diese kammfilterartigen Veränderungen im Schalldruckverlauf sehr leicht aufzeigen.

Diese Veränderungen im Schalldruckverlauf wurden früher mit dem Problem der Wohnraumakustik gleichgesetzt. Nachdem ein Meßtechniker mit einem Equalizer den Schalldruckverlauf wieder begradigt hatte, war nach früherer Meinung das wohnraumakustische Problem gelöst. Deshalb beschränkte sich der bisherige Aufwand, wohnraumakustische Probleme zu meistern, hauptsächlich auf das Feststellen und Ausschalten dieser Fehler.

In der Musikwiedergabe ergeben sich solche Verfälschungen durch rundstrahlende HiFi-Boxen, die in Wandnähe aufgestellt werden. Sie ergeben sich auch mit Direktstrahlern, wenn sie in länglichen Räumen zu nah an der Wand aufgestellt werden und sich dadurch der direkte Schall auf dem Weg zum Hörer mit dem reflektierten Schall überlagert. Sie ergeben sich ebenso in der Mündung von Mittel- und Hochtonhörnern. Auch Aufzeichnungen mit falscher elektronischer Verhallung lassen die gleichen Probleme auftauchen.

Deshalb werden für Raumstrahler, die in Wandnähe aufgestellt werden, immer Equalizer mitgeliefert oder zumindest deren Gebrauch empfohlen. Sie dienen dazu, diese Klangverfärbungen im Schalldruckverlauf wieder herauszufiltern und den geraden Amplitudenfrequenzgang meßtechnisch wiederherzustellen. Auch Tonmeister filtern störende Klangverfärbungen bei der tontechnischen Bearbeitung mit Hilfe von Equalizern wieder aus dem Tonmaterial heraus. Wenn jedoch tontechnische Signalbeeinflussungen mit Equalizern durchgeführt werden, ergeben sich unweigerlich Phasenfehler, die zur Verwischung der Einschwingvorgänge führen. Daher ist der Einsatz von Equalizern fragwürdig, denn sie begradigen zwar den Schalldruckverlauf, hinterlassen jedoch auf jeden Fall Verfälschungen im Musiksignal.

11.5 Erkennen von bewegten Schallquellen

Bei auf uns zu oder von uns weg bewegten Schallquellen kommt es zu einer abnehmenden oder einer steigenden Anzahl von eintreffenden Schwingungen pro Zeiteinheit, die sich sofort als Klangverfälschung äußern (Dopplereffekt). Im Gegensatz zu den konstanten Klangverfärbungen ist unser Gehör für solche Verfärbungen, die aus Tonhöhenschwankungen resultieren, sehr empfindlich.

Aber nicht nur, wenn der Lautsprecher selbst bewegt wird, auch durch sehr große Membranbewegungen kann es zu Verfälschungen durch den Dopplereffekt kommen. Doch dies passiert in der Praxis nur bei Breitband-Lautsprechern, die unverhältnismäßig große Auslenkungen im Tieftonbereich ausführen, während sie gleichzeitig den Hochtonbereich wiedergeben.

Um Störungen durch den Dopplereffekt bei den FRS Vollbereichs-Punktstrahlern zu vermeiden, fertigen wir verschiedene Chassisgrößen, obwohl alle unterschiedlichen Größen technisch gleich gut sind. Dadurch kann stets jene Chassisgröße gewählt werden, die im jeweiligen Anwendungsfall genug Schalldruck im Tieftonbereich liefert, ohne daß dadurch die Membranauslenkungen zu groß werden und der Dopplereffekt wirksam wird. Zum Beschallen von Wohnräumen kann z. B. das 20er oder 25er Chassis eingesetzt werden, für Autoinnenräume das 13er oder 16er Chassis. Da die Schwingspulenwickelhöhe bei allen unterschiedlichen FRS Vollbereichs-Punktstrahlern auf 14 mm begrenzt wurde, wird auch hierdurch gewährleistet, daß der Dopplereffekt nicht akustisch wirksam wird.

11.6 Entfernungshören

Zum einen wird beim Entfernungshören das Verhältnis von wahrgenommenem Direktschall zum Indirektschall ausgewertet, zum anderen kann aber bereits die Klangfarbenveränderung des Direktschalls, die durch dessen Laufweg in der Luft bewirkt wird, allein für sich oder im Verhältnis zu den ersten schallstarken Reflexionen ausgewertet werden.

Hier zeigt sich sowohl bei bekannten als auch unbekannten Stimmen bzw. Geräuschen ein großer Unterschied. Bekannte Geräusche oder Stimmen können bereits an Hand der Klangfarbenänderung ausgewertet werden, die durch den direkten Übertragungsweg entstehen. Die Auswertung geschieht, indem sie echtzeitmäßig intelligent mit den im Gedächtnis gespeicherten Werten verglichen werden.

Bei unbekannten Geräuschen kann fast immer nur die Lautstärke pauschal ausgewertet werden. Auf diese Weise läßt sich auch ein weiter entferntes, lautes, aber unbekanntes Geräusch als nahe oder ein nahes, leises, jedoch unbekanntes Geräusch als weiter entfernt orten. Bei bekannten Geräuschen hingegen können diese Fehler nicht auftreten.

11.7 Raumempfinden

11.7.1 Die ersten schallstarken Reflexionen

Zur ersten räumlichen Information werden jene Reflexionen ausgewertet, die schallstark zwischen 5 und 50 ms nach dem Direktschall einfallen. Sie bewirken, weil sie spät genug kommen, keine Verwischung der Einschwingvorgänge mehr. Andererseits treffen sie aber noch so rechtzeitig ein, daß sie nicht eigenständig gehört, sondern empfindungsmäßig mit dem Direktschall verbunden werden. Ebenso wie der Direktschall werden sie beidohrig als zusammengehörend empfunden und deshalb mit einer Richtungsempfindung verbunden. Sie erhöhen durch eine Art Integrationsprozeß des menschlichen Gehörs die subjektiv empfundene Lautstärke des Direktschalls und vergrößern, wenn sie von der Seite oder von vorne oben her einfallen, zugleich den Raumeinfallswinkel [28, 29]; der Klang wird deutlicher, lauter, aber auch weiträumig. Diese Reflexionen machen es zudem möglich, daß man auch an den Plätzen, die vom Direktschall schlechter erreicht werden, dennoch gut hört (Bild 10.1). Sie entscheiden unter allen Raumbedingungen und auch bei Kopfhörern über die wahrgenommene akustische Qualität und den als natürlich empfundenen Klangeindruck.

11.7.2 Der Nachhall

Einzelne laute Reflexionen, die später als 50...60 ms nach dem Direktschall beim Hörer eintreffen, werden als eigenständige Schallereignisse, als Echos wahrgenommen. Wenn sich aber die Reflexionen bis 60 ms nach dem Direktschall bereits durch mehrfache Brechungen an den Wänden im Raum verteilen, sich also nicht mehr als einzelne laute Reflexion, sondern als Reflexionshäufung darbieten und auch in der Intensität nachgelassen haben, können sie keine Echowahrnehmungen mehr hervorrufen. Diese Häufung von Reflexionen, die später als nach 50...60 ms wahrgenommen werden, bezeichnet man als räumlich verteilt eintreffenden Nachhall. Er ruft keinen konkreten Richtungs- oder Raumeindruck mehr hervor.

Trotzdem können die Unterschiede eines auf natürliche Weise in einem Hörraum aufgebauten räumlichen Nachhalls im Gegensatz zu einem mit technischen Hilfsmitteln erzeugten Nachhall wahrgenommen werden. Die mit technischen Mitteln vollzogene künstliche nachträgliche Verhallung von Musikstücken wirkt oft unnatürlich.

11.8 Nachhalldauer

Die Nachhallzeit eines Raumes bei einer bestimmten Frequenz oder in einem bestimmten Frequenzbereich ist die mittlere Zeitspanne, in welcher der Schallpegel nach Abschalten einer Schallquelle um 60 dB absinkt. Sinkt der Schalldruck im Bereich des ausklingenden Nachhalls nicht gleichmäßig ab, sondern weist Knickstellen auf, ist dies der Hinweis auf ein nicht genügend diffuses Schallfeld in diesem Frequenzbereich.

Die Nachhallzeit ist ein früher oft überschätztes Kennzeichen musikalischen Klanggeschehens, das auf die Deutlichkeit und Raumabbildung nach heutigem Erkenntnisstand nur wenig Einfluß hat. Nach Cremer [28] haben z. B. im Falle einer bestimmten Brahmschen Symphonie zwar 80% der Zuhörer eine Nachhalldauer von 2,6 s als zu lang empfunden, aber immerhin 20% noch als zu kurz. Wiederum 20% aller Hörer haben eine Nachhalldauer von 1,5 s bei dieser Symphonie als zu lang beurteilt. Diese Aussagen bilden keinen logischen Widerspruch, sondern spiegeln Geschmacksunterschiede wider.

Hörvorgänge sind von kulturell bedingten Hör-Erfahrungen und damit verbundenen Lernprozessen gekennzeichnet. Die Lernprozesse werden von traditionellen Gewohnheiten der akustischen Aufführungspraxis geprägt, sie streuen und sind wandelbar. Deshalb würde uns zwar eine große Kirchenorgel ohne die gewohnte ausgeprägte Nachhalldauer befremdlich anmuten, jedoch hat sich herausgestellt, daß man die Dauer dieses Nachhalls innerhalb eines verhältnismäßig großen Spielraums verändern darf.

Auch in normalen Wohnräumen mit schallharten Wänden und Decken lassen sich die Mindestanforderungen bezüglich der Nachhalldauer ohne weiteres erreichen. Wenn also die Grundelemente für das Erkennen eines musikalischen Schallereignisses erst einmal vollständig gegeben sind, ist unser Gehör in bezug auf die übrigen Einflußgrößen, wie etwa die Dauer des Nachhalls, recht anpassungsfähig.

11.9 Die Aufgabe des Hörraums

Jeder gute Hörraum muß demnach die einzelnen, für die Hörempfindung maßgeblichen Teilbereiche der Schallfelder so eintreffen lassen, daß unser Gehör ein seiner Wirkungsweise angemessenes Optimum an Wahrnehmungsmöglichkeiten vorfindet. So sollen Direktschall, erste schallstarke Reflexionen und Nachhall in bestimmten Zeitintervallen nacheinander und auch jeweils anders räumlich verteilt beim Hörer eintreffen, um eine hochwertige akustische Qualität zu gewährleisten.

Mit Hilfe des unverfälschten Direktschalls lassen sich exakte Ortungen der Schallquellen nachvollziehen. Die Einschwingvorgänge werden nicht verwischt und dem Hörer werden mit Hilfe der sich im Raum bildenden natürlichen und räumlich verteilten Reflexionen wahrnehmungslogische Informationen über den Hörereignisort mitgeliefert. Diese akustischen Kriterien, die durch empirisch ermittelte Daten in guten Konzertsälen oder durch psychoakustische Versuchsreihen festgestellt wurden, lassen sich mit Hilfe von Werten für Deutlichkeit, Silbenverständlichkeit, Halligkeit, Klarheit, Nachhalldauer usw. ausdrücken [28, 29, 30, 31].

Die Untersuchung verschiedener guter Konzertsäle hat ergeben, daß diese zwar jeweils anders klingen, aber nicht unbedingt besser oder schlechter, sondern eben nur unterschiedlich. Diese Unterschiede liegen im gleichen Bereich, wie sie innerhalb eines guten Saales auf verschiedenen Plätzen anzutreffen sind. Auch auf direkt nebeneinander liegenden Plätzen in einem Konzertsaal klingt die Musik immer unterschiedlich, aber deswegen auch nicht unbedingt besser oder schlechter.

Da diese Gesetzmäßigkeiten für unser Gehör ganz allgemeingültig ermittelt wurden, gelten sie selbstverständlich auch für die Musikwiedergabe über HiFi-Anlagen in Wohnräumen sowie für Kopfhörerwiedergabe. Während somit bei einem Live-Konzert der Saal selbst das Hörmedium ist und das Schallfeld so eintreffen läßt, daß wir differenziert, räumlich und raumbezogen hören, schiebt sich bei elektroakustischer Wiedergabe zwischen den endgültigen Hörvorgang die Aufnahme- und Wiedergabetechnik. Da Aufnahme- und Wiedergabetechnik nur Mittel zum Zweck sein sollen und kein eigenständiges künstlerisches Medium für Tonmeister oder Lautsprecherbauer sind, stellt sich einerseits die Frage nach der Zielsetzung von High-Fidelity und andererseits die Frage nach der technischen und akustischen Verwirklichbarkeit der jeweiligen Ziele.

11.10 Die Aufgabe der elektroakustischen Übertragungskette

Die Grundfrage, die sich zu Beginn der HiFi-Ära stellte, lautete:
– soll es die Aufgabe der elektroakustischen Übertragungskette sein, dem Hörer den Eindruck eines in seinen Hörraum hineinproduzierten Klangkörpers aus Stimmen, Instrumenten, Orchester etc. zu vermitteln oder

– soll ihm neben dem Klangkörper auch noch die Originalakustik der musikalischen Aufführung geboten werden, damit er die Illusion erhält, am Ort des ursprünglichen Klanggeschehens, z. B. im Konzertsaal, zu sein?

Zum damaligen Zeitpunkt waren die akustischen Voraussetzungen gar nicht vorhanden, um abschätzen zu können, welcher Weg sich überhaupt verwirklichen ließ. Außerdem gab es noch keine Tonaufnahmestudios, die die zweite Fragestellung schon von Anfang an als absurd hätten entlarven können.

Beide Wege werden heute verwirklicht. Bei Jazz und Popmusik hat man sich für die erste Lösungsmöglichkeit entschieden. Diese Aufnahmen lassen sich heute als überwiegend gut bis sehr gut bezeichnen. Bei klassischer Musik hat man sich für die zweite Lösungsmöglichkeit entschieden. Diese Aufnahmen sind heute meist weniger gut – wirklich gelungene Aufnahmen sind selten.

Bereits die Eingangsbeispiele zeigen, daß es eigentlich gar nicht möglich ist, die Original-Akustik eines Aufnahmeraums zu erfassen und mit Hilfe von Lautsprechern wiederzugeben, ohne dabei schwerwiegende Qualitätsverluste in Kauf zu nehmen. Daß die Tonmeister dies trotzdem so lange versucht haben und sogar heute noch versuchen, dürfte wohl mit an ihrer Ideologie liegen, wonach dies möglich sein müßte. Ideologien verkennen die Wirklichkeit. Doch dauert es oft sehr lange, bis ideologisch geprägte Auffassungen überwunden sind. Sie verschwinden auch nicht von selbst, sondern müssen erst von neuen Erkenntnissen widerlegt werden. Daher muß man den Tonmeistern, die heute noch eine falsche Aufnahmetechnik praktizieren, die neue Lösung so nahebringen, daß sie auch bereit sind, sie einzusetzen.

Hinweis zum folgenden Kapitel 12 „Aufnahmetechnik"

In diesem Kapitel wird mit PfleidRecording ein neues Tonaufnahmeverfahren beschrieben, das in normalen Räumen mit schallreflektierenden Wänden durchgeführt werden kann, trotzdem aber die Raumakustik des Aufnahmeraums bei der Lautsprecherwiedergabe nicht hörbar wird. Dadurch kann man jeden späteren Hörraum akustisch richtig mit einbeziehen und dort die bestmögliche Wiedergabe erreichen. Ich habe dieses Verfahren aus der Theorie meiner akustischen Arbeiten abgeleitet, hatte aber keine Zeit es auszuprobieren und beschrieb deswegen 3 Lösungswege und ließ offen welcher Weg der beste war.

Seit 1996 im Ruhestand, kam es erst 2007 zur Erprobung des PfleidRecordings als ein Freund – Jérôme Marot-Lassauzaie mir sagte, dass er mir hierbei helfen würde.

Das Ergebnis unserer Erprobung ist auch für uns selbst beeindruckend. Es markiert zweifellos den Durchbruch der High Fidelity zum Ziel der hochwertigen Musikqualität mit HiFi-Anlagen.

Darüber hinaus ermöglicht es eine Verbesserung der akustischen Qualität überall wo Akustik eine Rolle spielt und bisher immer nur durch Baumaßnahmen verwirklicht wurde, wie z.B. in Konzertsälen. Dank PfleidRecording wird man schon bald die Ergebnisse der modernen akustischen Forschung anwenden können und eine neue, bisher nicht bekannte akustische Qualität erzielen.

Das PfleidRecording ist so gut geworden, dass ich alles was in diesem Zusammenhang genannt werden muss, in einem eigenen neuen Buch zusammengefasst habe „zeitrichtige, klangrichtige und akustisch hochwertige Musik in Konzertsälen, in Wohnräumen, in Tonstudios, sowie mit Lautsprechern oder Kopfhörern durch PfleidRecording und Pfleid-Marot-Mixing".

12 Aufnahmetechnik

Die elektronische Aufzeichnung von Schallereignissen ist das erste Glied in der elektroakustischen Tonübertragungskette. Als nächste Glieder dieser Kette folgen verschiedene technische Geräte, die mit der Akustik nichts zu tun haben, wie etwa Abspielgeräte und Verstärker. Am Ende der Kette, bei der Wiedergabe mit Lautsprechern oder Kopfhörern, spielt wieder die Akustik eine große Rolle. Aufgabe der Tonaufzeichnungstechnik kann es nur sein, die akustische Wiedergabe des aufgezeichneten Schallereignisses möglichst unverfälscht und in bestmöglicher akustischer Qualität zu gewährleisten.

Aufgezeichnet wird der Schall mit Mikrofonen. Bereits die Aufstellung der Mikrofone entscheidet aber darüber, ob die Aufnahme später für Lautsprecher- oder für Kopfhörerwiedergabe geeignet ist. Es fehlt eine ganzheitliche akustische Lösung, die sowohl mit Lautsprechern als auch mit Kopfhörern zu akustisch hochwertigen Ergebnissen führen kann. Eine solche Lösung ist aber nur unter der akustisch richtigen Einbeziehung der Aufnahmetechnik möglich. Die vielen Verfahren, Techniken und Abmischvarianten beeinflussen das elektrische Tonsignal meist so, daß es weder für Lautsprecher- noch für Kopfhörerwiedergabe optimal taugt. Wir halten dies für einen faulen Kompromiß.

Der hier vorgeschlagene Weg heißt:

1. kompromißlos die akustisch perfekte Tonaufnahmen für Lautsprecherwiedergabe zu machen,
2. die Lautsprecher im späteren Hörraum akustisch richtig zu handhaben
3. die für Lautsprecherwiedergabe perfekten Tonaufnahmen für den Bedarf der Kopfhörerwiedergabe elektronisch kopfbezogen und nach akustischen Gesichtspunkten aufzubereiten.

12.1 Drei Mikrofone für zwei Lautsprecher

Indem man mindestens drei Mikrofone zum Aufnehmen verwendet, läßt sich bei der Tonaufzeichnung die räumliche Verteilung der Schallquellen erheblich besser erfassen als mit zwei Mikrofonen. Die pegelmäßige Verteilung der Mikrofone erfolgt so, daß das linke Mikrofon voll auf den linken Kanal abgemischt wird, das rechte Mikrofon wird voll auf den rechten Kanal abgemischt. Das mittlere Mikrofon wird gleich laut auf den linken und rechten Kanal verteilt. Dazu genügt ein einfaches Mischpult. Die beiden eventuell schon vorhandenen Mikrofone sowie das Aufzeichnungsgerät können hierzu ohne weiteres verwendet werden. Das dritte Mikrofon sollte mit den beiden anderen baugleich sein.

Zur Mikrofonaufstellung: Die beiden Stereomikrofone, die ihr Signal auf den linken bzw. auf den rechten Kanal liefern, müssen immer so weit seitlich auseinandergestellt werden, daß sie die seitlich plazierten Schallquellen präzise erfassen können. Das Mittenmikrofon wird genau dazwischen gestellt. Die drei Mikrofone lassen sich auch bei räumlich ausgedehnten Schallquellen immer so nahe an den Schallquellen positionieren, daß eine präzise Information über die Musikinstrumente erhalten wird.

Wird eine auf diese Weise entstandene Aufzeichnung über die zwei Stereo-Lautsprecher wiedergegeben, bleiben die links und rechts aufgezeichneten Schallquellen ortsfest, auch wenn sich der Hörer im Raum herumbewegt. Er muß sich nicht mehr unbedingt am optimalen Hörpunkt des Stereodreiecks aufzuhalten. Auch bei dieser Aufnahmetechnik treten Ortungsverschiebungen der in der Mitte lokalisierten Instrumente auf, sobald sich der Hörer einem der beiden Lautsprecher nähert. Da jedoch der akustische Rahmen durch den linken und rechten Rand bestehen bleibt, reduziert sich die Ortung des gesamten Schallereignisses nie auf nur einen Lautsprecher. Solange links und rechts Instrumente spielen, wird auch eine Verschiebung der Mitte nach einer Seite nicht mehr als störend empfunden.

Wer ein Tonbandgerät, einen Cassettenrecorder oder gar einen DAT-Recorder hat, kann diese Zusammenhänge ganz leicht überprüfen. Er kann eine kurze Aufnahme mit der herkömmlichen Anordnung von zwei direkt nebeneinander angeordneten Hauptmikrofonen machen, die ein gutes Stück von den Schallquellen entfernt an einem guten Hörplatz im Aufnahmeraum plaziert wurden. Dann kann er eine Aufnahme machen, bei der drei Mikrofone in der vorhin beschriebenen Weise nebeneinander verteilt wurden und wesentlich näher bei den Schallquellen stehen. Der Vergleich macht den Unterschied sofort offenkundig. Hierdurch wird auch klar, warum die Tonaufnahmen bei der Jazz- und Popmusik heute so gut, bei klassischer Musik hingegen meist so schlecht sind. Denn bei Klassik-Aufnahmen stehen die Mikrofone meist nicht nah genug an den Istrumenten, da immer wieder versucht wird, auch die Akustik des Aufnahmeraums mit aufzunehmen.

12.2 Man kann beliebig viele Mikrofone verwenden

Soll ein großes Qrchester aufgenommen werden, können beliebig viele weitere Mikrofone zum Einsatz kommen. Man benötigt in diesem Fall nur ein Mischpult mit mehr Kanälen, um die pegelmäßige Abmischung der Mikrofone entsprechend ihrer Verteilung im Raum richtig vornehmen zu können.

Spätestens an dieser Stelle wird sich der Leser an das Verfahren der Multimikrofonie erinnern. Bei der Multimikrofonie werden aber nicht die Mikrofone gleichmäßig im Raum verteilt und der räumlichen Verteilung entsprechend ausgesteuert, sondern sie werden den verschiedenen Musikinstrumenten zugeordnet und nach dem Gutdünken der Tonmeister ausgesteuert. Oft werden die Instrumente sogar noch auf einer eigenen Tonspur aufgezeichnet und erst viel später zusammengemischt. Bei dieser Art der Musikaufzeichnung bestimmen nicht die Musiker, sondern die Tonmeister den Klang des fertigen Produkts.

12 Aufnahmetechnik

Abweichend von diesem Verfahren werden beim „Pfleidrecording" mindestens drei Mikrofone auf einer Linie oder einer Fläche verteilt und der räumlichen Verteilung entsprechend im voraus eingepegelt. Die Verteilung der Mikrofone erfolgt nicht so, daß sie einzelnen Instrumenten zugewiesen werden. Auch die Aussteuerung der einzelnen Mikrofone geschieht nicht nach dem individuellen Gefühl des Tonmeisters oder in Bezug auf ein Instrument, das gerade in der Nähe steht.

12.3 Pfleidrecording

Bei dieser Aufnahmetechnik [37, 38] kommt es wesentlich darauf an, die flächenmäßige Verteilung der Instrumente mit Hilfe vieler Einzelmikrofone möglichst exakt in ihrer ursprünglichen räumlichen Verteilung zu erfassen. Außerdem soll der Direktschall von den Instrumenten im Verhältnis zu den sich im Aufführungsraum bildenden ersten schallstarken Reflexionen pegelstark erscheinen. Bei der Lautsprecherwiedergabe im späteren Hörraum kann eine Verschmelzung des Klangbildes mit den wichtigen echten räumlichen Schallanteilen wieder gemäß akustischen Gesichtspunkten erfolgen. Es wird in jedem späteren Hörraum möglich, den Direktschall nicht nur unmittelbar dem Hörer zuzuführen, sondern zugleich auch so zu leiten, daß er schallstark, räumlich und zeitlich richtig wieder als erste schallstarke Reflexion in Erscheinung tritt.

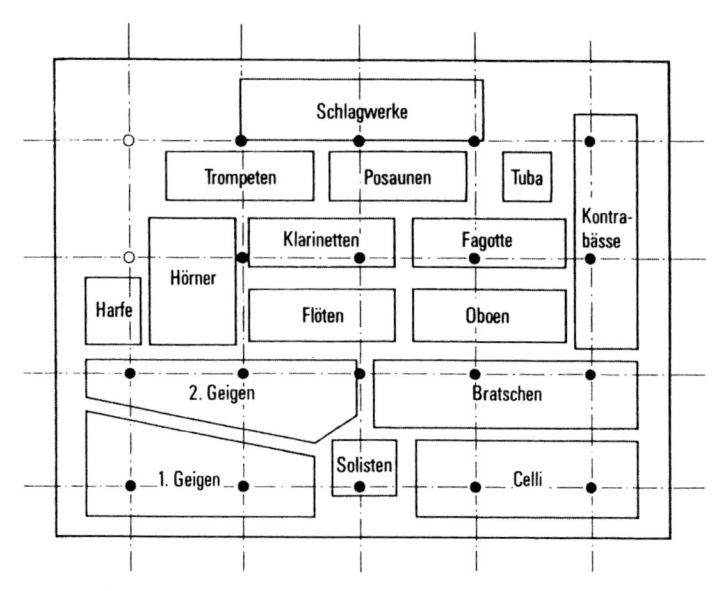

Bild 12.1: Klangbilderfassung bei einem Orchester durch Aufrasterung der gesamten Schallaufnahmefläche in kleine Teilflächen mit Einzelmikrofonen.

12.3 Pfleidrecording

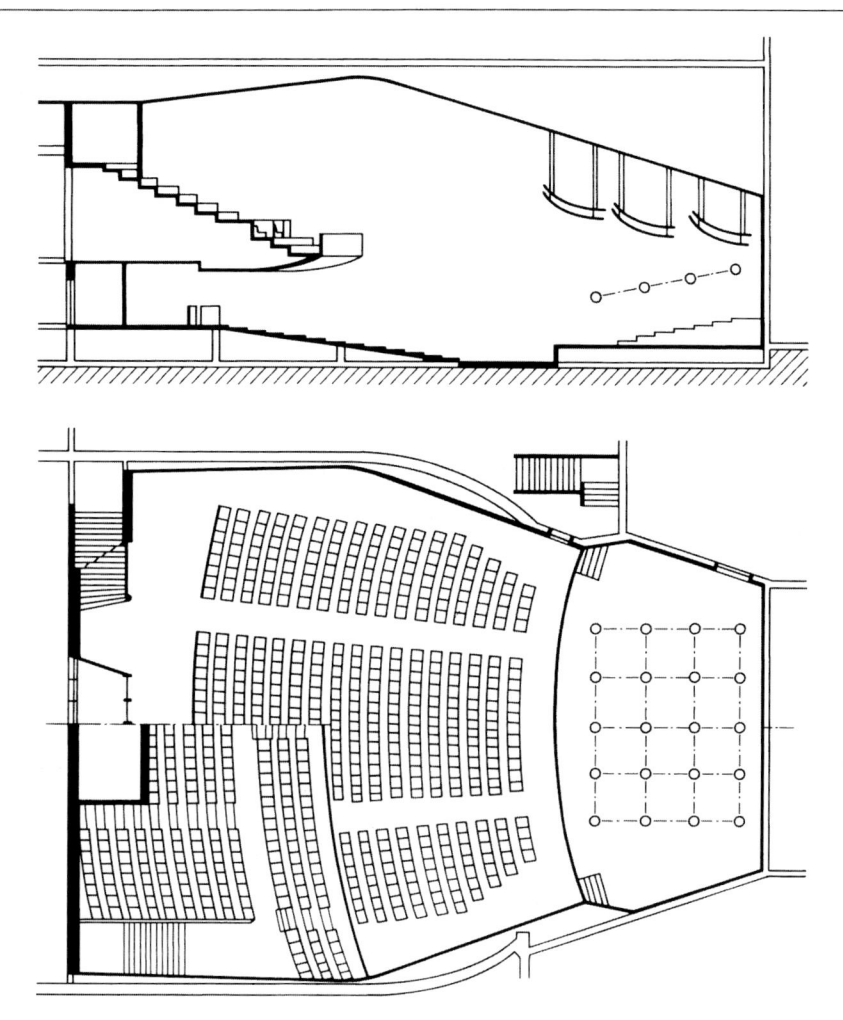

Bild 12.2: Die Anordnung des Mikrofonrasters auf einer Bühne in Grund- und Aufriß.

Die im Konzertsaal mitaufgezeichneten ersten schallstarken Reflexionen sind im Verhältnis zum aufgenommenen Pegel des Direktschalls aber bereits leise. Sie kommen, wie in Kapitel 10.1, Beispiel 1 beschrieben, im Hörraum wie der Direktschall von den Lautsprechern von vorne und wirken nur noch deutlichkeitsfördernd. Sie können und brauchen im Wiedergaberaum nicht mehr als wichtige, räumlich richtig eintreffende schallstarke Reflexion in Erscheinung treten, denn durch die Umlenkung des echten Direktschalls kann jeder beliebige neue Hörraum wieder akustisch hochwertig beschallt werden. Durch die akustische Einbeziehung des Hörraums kann sich auch ein echt räumlicher diffuser Nachhall ausbilden, der in wahrnehmungslogischem Zusammenhang mit dem Hörereignisort steht.

12 Aufnahmetechnik

Für große Schallaufnahmeflächen, wie z. B. bei einem Orchester, erfolgt die Teilerfassung durch Aufrastern in kleine Teilflächen *(Bild 12.1* und *12.2).* Dies geschieht mit Richtmikrofonen, die in konstantem Abstand über dem Orchester angebracht werden und nur einen jeweils für sich flächenmäßig begrenzten Aufnahmebereich haben.

Daß es bei dieser Aufrasterung der Gesamtfläche in Einzelerfassungsbereiche zu keinen hörbaren Störungen kommt, obwohl die Schallwellen bei der Ausbreitung auch auf die anderen Mikrofone treffen, wird durch ein Phänomen unseres Gehörs ermöglicht, das der Akustiker Haas entdeckt hat und das nach ihm als Haas-Effekt bezeichnet wurde. Hierbei können nach dem primär eintreffenden Direktschall, der zur Ortung ausgewertet wird, zeitlich verzögert eintreffende Reflexionen aufgenommen werden, die die Ortung nicht mehr beeinflussen, sondern nur die empfundene Direktschallautstärke erhöhen. Die zeitlich verzögert eintreffenden Reflexionen können in bestimmten Grenzen sogar lauter als der Direktschall sein, ohne daß es zu Ortungsverschiebungen oder Klangveränderungen kommt [30]. Von Bedeutung ist, daß bei akustischen Instrumenten der Mikrofonabstand von ca. 3 m nicht wesentlich unterschritten wird und die nebeneinander angeordneten Einzelmikrofone in ihrer Empfindlichkeit richtig ausgesteuert werden. Die Rastergröße kann 3, 4, 5 oder 6 m betragen. Als Mikrofonabstand untereinander sollten 3 m nicht unterschritten werden.

Als geringster Aufwand ist, wie unter 12.1 beschrieben, nur eine Mikrofonreihe möglich und zwar in einer Front so angeordnet, daß der vordere und hintere Bereich noch richtig erfaßt werden können, man aber mit weniger Mikrofonen auskommt *(Bild 12.3).*

Allerdings sind mindestens drei Mikrofone erforderlich, nämlich eines für links, eines für rechts und eines für die Mitte. Nur zwei sogenannte Hauptmikrofone aufzustellen, ist falsch. Denn, falls sie zu nahe beieinander stehen, werden die Seiten falsch abgebildet, und wenn sie zu weit voneinander entfernt sind, wird die Mitte falsch abgebildet. Durch drei Mikrofone läßt sich dies verhindern, links bleibt links, rechts bleibt rechts, und die Mitte wird dadurch auch definiert. Auf diese Weise läßt sich auch das sog. „Loch in der Mitte" zwischen den Lautsprechern sehr einfach und sicher vermeiden.

Bei vergleichsweise wenigen Instrumenten, z. B. einem Kammerorchester oder einem Jazzensemble, kann zur genaueren Abgrenzung der Instrumente voneinander die Funktion der Mikrofone durch Tonabnehmer auf den Einzelinstrumenten ergänzt werden. Eine grundsätzliche klangästhetische Unterscheidung zwischen Klassik-, Jazz- und Popaufnahmen in bezug auf die Mikrofonplazierung und Abmischung erübrigt sich.

Bei elektronisch beeinflußten oder quasi rein elektronischen Instrumenten steht das Aufnahmemikrofon immer unmittelbar vor dem dazugehörigen Instrumenten-Lautsprecher, für Gruppierungen rein akustischer Instrumente befinden sich die Mikrofone in unmittelbarer Nähe der jeweiligen Instrumentengruppen. In unmittelbarer Nähe heißt, daß sie mit ca. einem Meter Abstand z. B. über den Musikern plaziert werden sollen.

Alle akustischen Instrumente haben eine spezifische, sie selbst auch kennzeichnende Klangverstärkung, z. B. einen Resonanzboden beim Klavier, unterschiedliche Klangkörper bei Geige, Cello, Bratsche und Baß oder eine unterschiedlich lang schwingende Luftsäule, die in der Länge durch Hebelgriffe so verstellt werden kann, daß die Trompete, Posaune, aber auch die Blockflöte in unterschiedlichen Resonanzen bzw.

12.3 Pfleidrecording

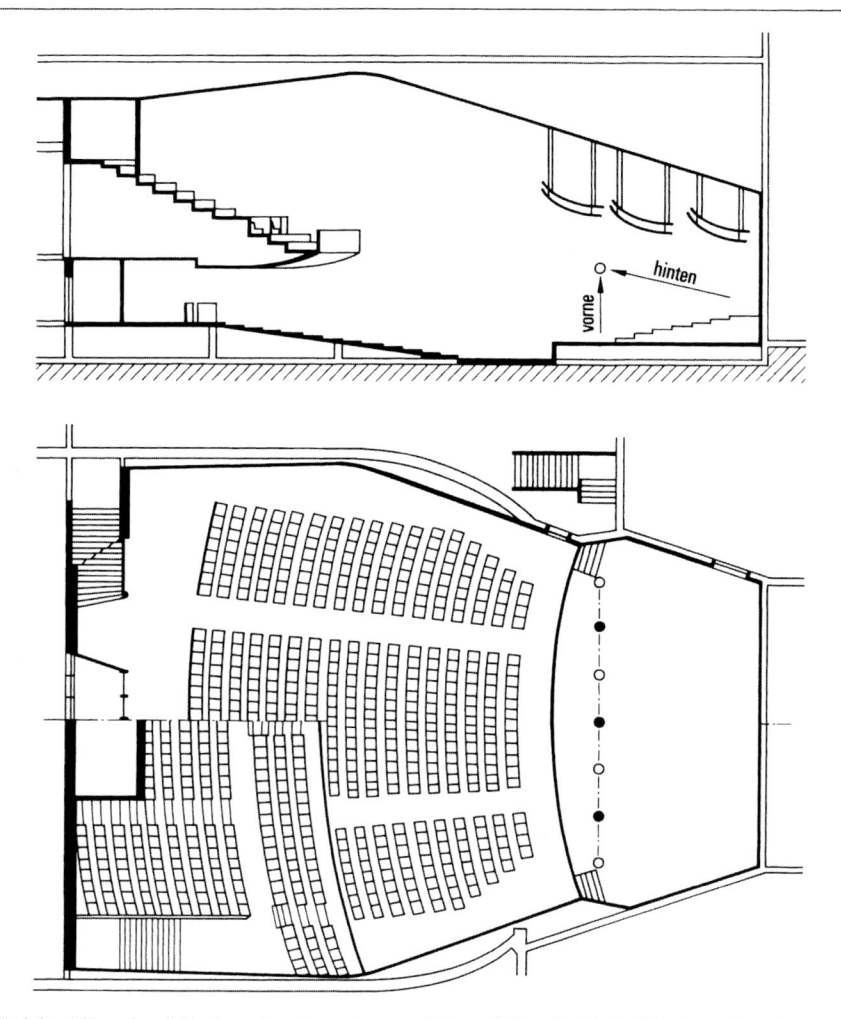

Bild 12.3: a) Nur eine Mikrofonreihe als geringerer Aufwand (● + ○). b) Als Mindestaufwand sind nur 3 Mikrofone erforderlich (●).

Tonlagen laut hörbar werden. Durch die jeweilige Aussteuerung des Gesamtpegels kann die unterschiedliche Resonanzverstärkung der Instrumente laut genug erfaßt werden, während das Betätigen der Tasten oder der Hebel an den Instrumenten bei Orchesteraufnahmen nicht hörbar werden muß, bei Soloaufnahmen oder kleinen Gruppierungen jedoch durchaus hörbar werden darf. Die Aussteuerung des in xy-Koordinaten eingeteilten Rasterfeldes aus gleichartigen und gleichgepolten Mikrofonen mit linearer Schalldruckkennlinie läßt sich in der Gesamtlautstärke, in der links/rechts- und in der vorne/hinten-Balance sehr leicht und genau kontrollieren bzw. einhalten.

12 Aufnahmetechnik

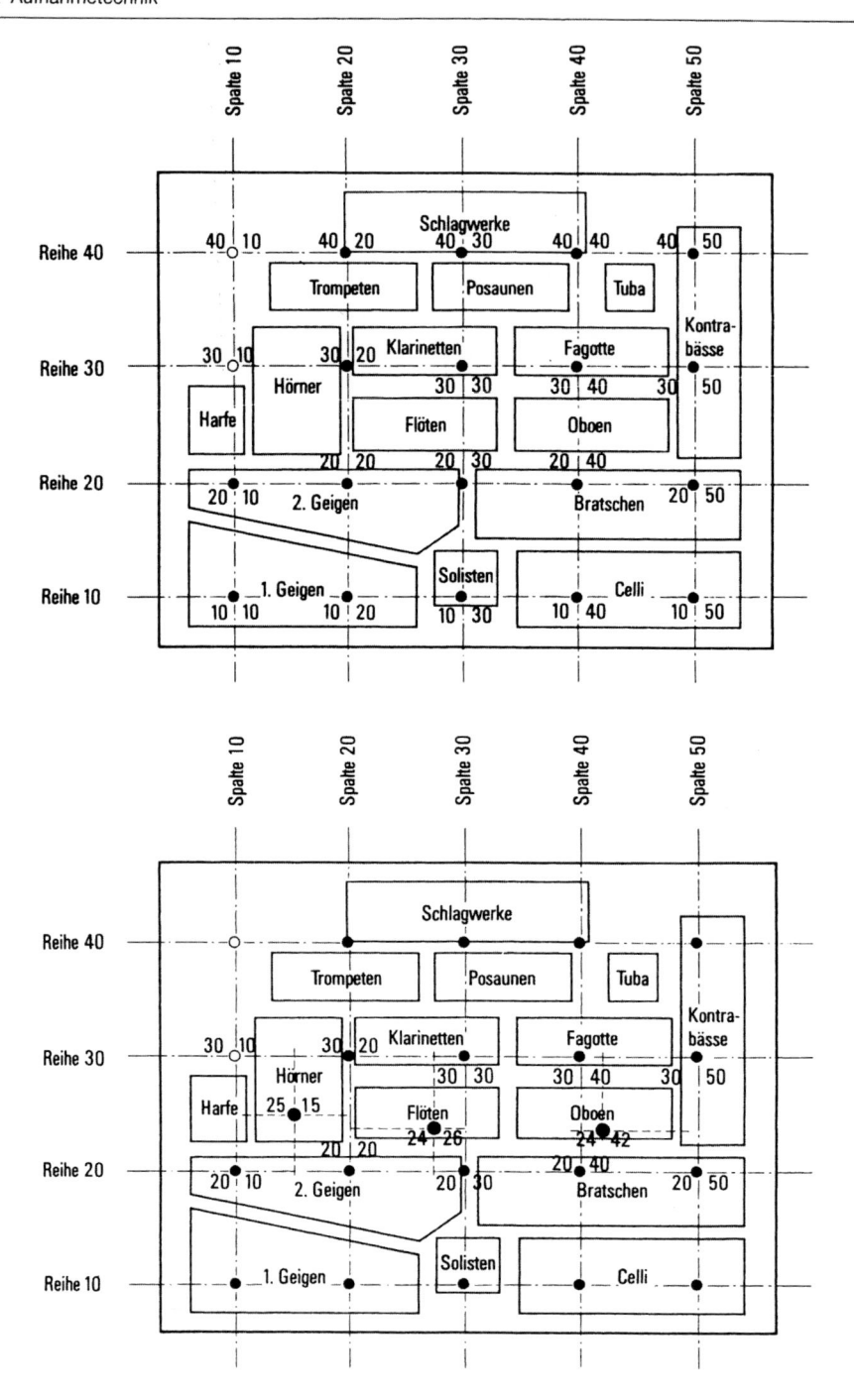

12.3 Pfleidrecording

Bild 12.5: Auf einen Punkt bezogene feldintensitätsmäßige Aussteuerung der Mikrofone. Die Rastermikrofone (Grundeinteilung) sind gleichmäßig verteilt und feldintensitätsmäßig ausgesteuert (richtungs- und entfernungsmäßig zum Bezugspunkt). Auch hier können bei bedarf zusätzliche Mikrofone zugefügt werden, die dann aber punktbezogen, entfernungsmäßig und richtungsmäßig eingepegelt werden müssen.

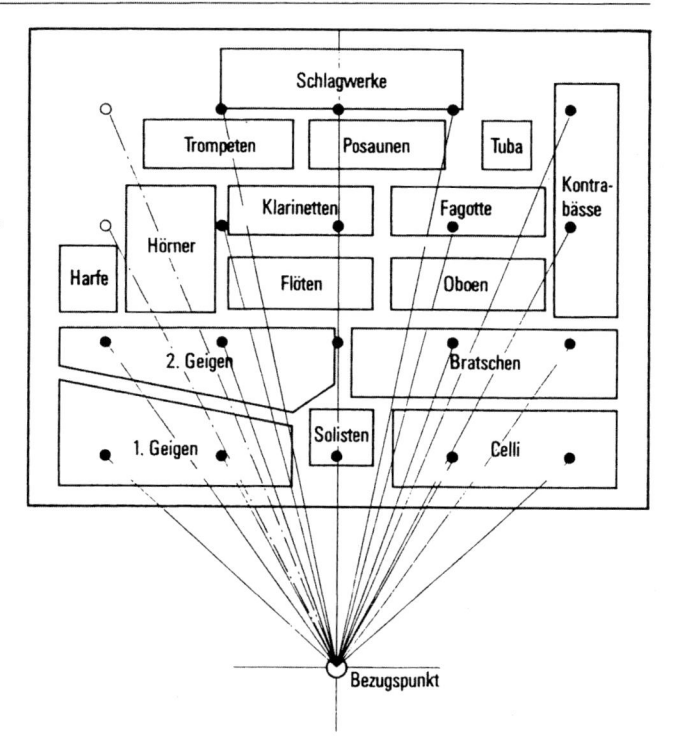

Für die Aussteuerung der Mikrofone sind zwei Möglichkeiten nach intensitätsstereophonen Gesichtspunkten denkbar:

Feldintensitätsmäßig als Matrixsystem (Bild 12.4 a, b):

Natürliche Feldbegrenzungen für die Mikrofone sind die seitlichen Ränder und der natürliche Lautstärkeabfall an den hinteren Mikrofonreihen in bezug auf die vorderen Mikrofonreihen. Das Mikrofon bei den Instrumenten vorne links soll den linken, das Mikrofon bei den Instrumenten vorne rechts den rechten Lautsprecher markieren. Die Mikrofone vorne in der Mitte sowie seitlich hinten im gesamten Aufnahmebereich sollen mit Hilfe von Balance- und Panoramareglern (PanPots) akustisch auf Tiefenstaffelung vorne-hinten (laut-leise) sowie Links- Rechtsverteilung (links-rechts) in bezug auf das Aufnahmefeld eingepegelt werden.

Links oben: Bild 12.4a: Die Rastermikrofone (Grundeinteilung) sind gleichmäßig verteilt und feldintensitätsmäßig ausgesteuert (4er Raster, Mikrofonabstand 4 m). Je nach Feldgröße bleiben einzelne Mikrofone ausgeschaltet, z. B. M 30/10 und M 40/10.
Links unten: Bild 12.4b: Es können in diesen Feldern bei Bedarf zusätzliche Mikrofone zugefügt werden, die aber dann feldintensitätsmäßig eingepegelt werden müssen, z. B. bei den Hörnern Mikrofon 25/15 oder den Flöten M 24/26 oder den Oboen M 24/42.

Punktintensitätsmäßig (Bild 12.5):

Natürlicher Aussteuerungsbezugspunkt für die Mikrofone ist ein hochwertiger Sitzplatz im Parkett, und zwar vorne in der Mitte innerhalb der ersten drei bis vier Reihen.
  Das Mikrofon bei dem Solisten vorne in der Mitte soll genau den Mittelpunkt zwischen den Lautsprechern markieren, die bereits weiter entfernten seitlichen Randmikrofone sollen den linken und rechten Lautsprecher kennzeichnen. Die Mikrofone in der Mitte vorne sowie seitlich hinten im gesamten Aufnahmebereich können durch Balanceregler und PanPots optisch und akustisch, richtungs- und abstandsmäßig bezogen auf einen hochwertigen Hörplatz eingepegelt werden.
  Die optische und akustische Überprüfbarkeit der Mikrofoneinpegelung ist in beiden Fällen leicht möglich. Wenn im Aufnahmefeld ein Sprecher von vorne in der Mitte nach vorne links, von hier nach hinten links, von hier schräg über die Mitte nach vorne rechts usw. geht, soll die räumliche Kontrolle dieser Bewegungen in beiden Fällen akustisch nachvollziehbar sein.
  Die hinteren Mikrofone kan man zusätzlich zu der leiseren Einpegelung auch zeitverzögert schalten. Auch die Zeitverzögerung darf nicht willkürlich vorgenommen werden. Sie muß den Laufzeiten des Schalls für die jeweiligen tatsächlichen Wegstrecken der Mikrofone untereinander entsprechen. Die vordere Mikrofonreihe darf dabei nicht zeitverzögert geschaltet werden.
  Diese Mikrofonvorauseinpegelung vermag auch den musikalischen Kriterien, nach denen klassische Orchester angeordnet sind, gerecht zu werden. Die jeweils besten Musiker bei den Geigen, Bratschen, Celli usw. sitzen vorne, und auch die unterschiedliche Lautstärke der Instrumente, die sich im Orchesteraufbau sowie in der Sitzordnung niederschlägt, läßt sich so festhalten.
  Die Einpegelung gewährleistet immer eine gleichbleibende, präzise intensitätsstereophone Ortung auch bei Instrumenten, die in unterschiedlichen oder wechselnden Frequenzbereichen spielen. Ebenso kann auf diese Weise die unterschiedliche Abstrahlcharakteristik verschiedener Instrumente erfaßt werden. So, wie sich an guten Hörplätzen im Aufnahmeraum durch den Raum selbst ein hochwertig empfundenes räumliches Klangbild aufbaut, kann dies bei Lautsprecherwiedergabe wieder durch den Hörraum geschehen, oder bei Kopfhörerwiedergabe durch die elektronische kopfbezogene Aufbereitung.
  Durch die exakte einmalige Einpegelung z. B. von der Decke hängender Mikrofone am Mischpult in die links-rechts sowie vorne-hinten Koordinaten mit optischer und akustischer Kontrolle wäre es in jedem Konzertsaal möglich, für alle Zukunft hochwertige Musikaufnahmen mit räumlich richtiger Wiedergabe sicherzustellen. Man müßte dann nur noch einzelne Rasterfelder je nach Ausdehnung des Orchesters dazu- oder wegschalten und den Gesamtaufnahmepegel den unterschiedlichen Musikstücken anpassen. Feinheiten der Lautstärkeabstufung nach den Vorstellungen des Dirigenten oder die von Natur aus unterschiedliche Lautstärke verschiedener Instrumente bzw. deren spezifische Abstrahlcharakteristiken lassen sich ebenso genau erfassen und reproduzieren wie die jeweils optimale klangliche Stellung von Solisten innerhalb eines orchestralen Gesamtrahmens. Laute und leise Stellen werden wie bei der Originalaufführung aufgrund der intelligenten Auswertung durch das Gehör richtig wahrgenommen.
  Durch das „Pfleidrecording" mit Vorauseinpegelung der Mikrofone auf den Raum,

die Richtung und Entfernung ist der Tonmeister nicht mehr genötigt, subjektive Klangoptimierungen zu betreiben.

Diese subjektiven Klangoptimierungen waren doch die Hauptfehlerquelle und gleichzeitig auch ein dauernder Streitpunkt zwischen Dirigent und Tonmeister. Durch die subjektiven Eingriffe muß das Tonmaterial ja verändert werden, und nur der Tonmeister bestimmt, wie es dann später klingt. Diese subjektiven Klangoptimierungen der Tonmeister haben den weltbekannten Dirigenten Sergiu Celibidache dazu veranlaßt, jahrzehntelang keine Tonaufzeichnungen seiner Aufführungen zuzulassen. Er war der Meinung, wenn jemand gestaltend in das Musikgeschehen eingreifen darf, dann nur er.

Wenn der Tonmeister nicht mehr an der günstigsten Mikrofonaufstellung herumtüfteln muß, um Instrumenten, Solisten oder Instrumentengruppen einen Platz im Stereopanorama zuzuweisen, der seinen persönlichen klangästhetischen Überlegungen entspricht, kann er seine Aufmerksamkeit voll darauf richten, eine originalgetreue Instrumentenaufzeichnung zu gewährleisten. Außerdem sind die Steitpunkte mit dem Dirigenten von vornherein aus dem Weg geräumt.

Wenn der Tonmeister in vielen Konzertsälen nun nicht mehr jedesmal die Mikrofone einregeln muß, kann er sich noch besser darauf konzentrieren, Aufstellungsfehler einzelner Instrumente in bezug auf die vorhandenen Mikrofone zu verhindern (damit z. B. ein Fagott nicht genau ins Mikrofon hineinbläst). Der Tonmeister muß hier anhand seiner Kenntnisse über die Abstrahlcharakteristik der Instrumente Platzverschiebungen der Musiker vornehmen. Auch die weniger augenfälligen, sondern lediglich hörbaren Fehler können durch sein spezielles Fachwissen verhindert werden. Außerdem muß die Gesamtaussteuerung der Mikrofone zu den Instrumenten so vorgenommen werden, daß das Orchester als Einheit abgebildet wird und nicht in Einzelinstrumente zerfällt. Hierzu sind Erfahrung, Feingefühl und musikalisches Wissen eines Tonmeisters unentbehrlich.

Für Lautsprecherwiedergabe in Wohnräumen mit schallreflektierenden Wänden und Decken ist das „Pfleidrecording", psychoakustisch gesehen, deshalb ein günstiges Verfahren, weil sich im Hörraum – wieder unter Beachtung der akustischen Gesetzmäßigkeiten – eine richtungsgetreue Abbildung und eine exakt definierte Räumlichkeit ergibt. Die ganz links und ganz rechts abgemischten Instrumente bleiben gehörmäßig ortsfest. Hierdurch wird im Abhörraum ebenso wie im Aufführungsraum ein Rahmen gesetzt, innerhalb dessen die Staffelung der übrigen Instrumente gleichfalls erhalten bleibt. Gute Akustik herrscht bei akustisch richtiger Einbeziehung des jeweiligen Hörraums nicht mehr nur an einem einzigen optimalen Abhörplatz, sondern weitet sich wieder auf den ganzen Abhörraum aus. Bei Kopfdrehungen und während des Umhergehens erfolgen zwar die den Bewegungen entsprechenden natürlichen Änderungen des Höreindrucks, aber es werden keine springenden Ortungen mehr wahrgenommen.

12.3.1 Kompatibilität für Kopfhörerwiedergabe

Bisheriger Nachteil aller Verfahren mit Einzelmikrofonen war und ist, daß es während der Kopfhörerwiedergabe zu sehr ausgeprägtem „Im-Kopf-Lokalisationen" (IKL) kommt. Werden nämlich Einzelinstrumente über Mikrofone aufgenommen und ganz links oder rechts oder überhaupt zu beliebigen Orten hin abgemischt, gelangen bei Lautsprecherwiedergabe die Schallwellen immer zum linken und zum rechten Ohr. Durch die Pegel- und Laufzeitauswertungen der Schallwellen am linken und rechten Ohr werden der Einfallswinkel sowie die Entfernung der räumlichen Schallquellen im Hörraum definiert. Deshalb orten wir im Falle der Lautsprecherwiedergabe ein natürliches, kohärentes Klangereignis immer außerhalb des Kopfes, und ein nur über den linken Lautsprecher wiedergegebenes Instrument verschiebt sich beim Umherwandern im Hörraum nicht.

Nicht so bei der Kopfhörerwiedergabe: Sobald hier ungewohnte, von der natürlichen Hör-Erfahrung abweichende Schalldruckkombinationen an die Gehörgänge gelangen, also etwa ein Instrument nur an einem Ohr zu hören ist, reagieren wir mit der entsprechend unnatürlichen Hörempfindung, nämlich der IKL. Auch wenn Signale mit einer zeitlichen Verzögerung eintreffen, die mehr als dem menschlichen Ohrenabstand entspricht, oder an beiden Ohren wie bei Monomikrofonaufnahmen das gleiche Frequenzspektrum und keinerlei Laufzeitverschiebungen auftreten, wird das Schallereignis nicht mehr außerhalb des Kopfes geortet. Die IKL signalisiert demnach stets unlogische, in der Natur nicht vorkommende Höreindrücke [28, 29, 30, 31, 39].

Alle bisherigen Versuche mit einer solchen „Multimikrophonie" sind letztlich wegen der bei Kopfhörerwiedergabe auftretenden Im-Kopf-Lokalisation bald wieder aufgegeben worden. Versuchen Sie selbst einmal, mit Kopfhörern zu hören, und regeln Sie mit dem Balanceregler alles nur auf einen Kanal, entweder ganz nach links oder ganz nach rechts. Dieses ungewohnte Hörerlebnis kann auf die Dauer sogar Kopfschmerzen hervorrufen. Es zeigt überdeutlich, warum Tonmeister zu Multimikrofonen immer zwei Hauptmikrofone dazumischen oder sonstige Mischbearbeitungen des Tonmaterials zwischen den Kanälen vornehmen. Dies geschieht nur, um diese bei der Kopfhörerwiedergabe so unangenehmen Effekte zu vermeiden. Daß sie durch diese Mischbearbeitung dabei gleichzeitig die optimale Qualität dieser Aufnahmen für Lautsprecherwiedergabe zerstören oder zumindest beeinträchtigen, wiegt offensichtlich nicht so schwer wie die Unbrauchbarkeit des Tonmaterials für Kopfhörerwiedergabe.

Dieses Problem, nämlich für Lautsprecherwiedergabe optimierte Einspielungen bereits bei der Aufnahme mit Hilfe von Kopfhörern ohne Fehlortungen zu überprüfen, ohne jedoch das Programmaterial zu verändern und auch später jederzeit für Kopfhörerwiedergabe geeignet aufbereiten zu können – also ohne Im-Kopf-Lokalisationen – ist nunmehr durch die Erfindung unseres Kopfhöreradapters für räumliche und richtige kopfbezogene Musikwiedergabe (des Echtzeitprozessors PP 9) gelöst.

Das „Pfleidrecording" erfordert zwar einen größeren, aber nur einmaligen aufnahmetechnischen Grundaufwand, hat hingegen den Vorteil großer Übersichtlichkeit beim lautstärkemäßigen Einpegeln der Mikrofone in das Rasterfeld. Von der Aufnahmeraumakustik geht immer nur so viel in die Aufzeichnung ein, daß kein künstlicher Nachhall dazugemischt werden muß, aber wiederum so wenig, daß akustisch weniger gute Konzertsäle oder Studios gleichfalls unproblematisch sind. Deshalb lassen sich bei genauem Aufnahmeprotokoll oder genormter Rasterung sogar einzelne Instrumente oder Solisten nicht nur nachträglich, sondern auch in anderen Räumen mit gleicher Rasternorm aufnehmen, korrigieren und hinzufügen.

Die wichtigste Voraussetzung für gute Musikaufnahmen sind große, hohe Räume mit schallreflektierenden Wänden, z. B. Konzert- oder Kinoräume. In diesen Räumen ist es für die Musiker selbst sehr angenehm zu spielen. Sie hören sich gegenseitig gut und differenziert, und die Aufnahme wird nicht durch zu frühe schallstarke Einzelreflektionen beeinträchtigt.

Hier sei auch der Hinweis angebracht, daß bei vielen bisherigen Multimikrofonaufnahmen die Einzelmikrofone einfach falsch, nämlich zu nahe an den Instrumenten aufgestellt wurden.

12.3.2 Mikrofone

Für Tonaufnahmen z. B. im Studiobereich sollten ausschließlich Kondensatormikrofone oder frequenz- und phasenkompensierte dynamische Mikrofone zum Einsatz kommen, da nur bei diesen die Ein- und Ausschwingvorgänge trägheitsfrei und damit verfärbungsfrei aufgezeichnet werden können. Dynamische Mikrofone, wenn sie nicht frequenz- und phasenkompensiert sind, verfälschen bereits das Klangbild von vornherein durch ungenaue Wiedergabe der Ein- und Ausschwingvorgänge *(Bild 12.6)*. Die gleichen Verzerrungen der Ein- und Ausschwingvorgänge findet man bei dynamischen Lautsprechern, falls sie nicht frequenz- und phasenkompensiert werden.

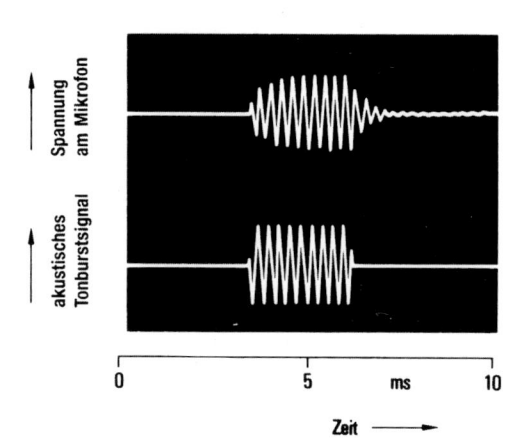

Bild 12.6: Ausgangsspannung eines dynamischen Mikrofons bei Beschallung mit einem Tonburst (unteres Signal).

12.4 Haupt- und Stützmikrofon-Aufnahmetechnik

Es war unüberhörbar, daß Aufnahmen mit zwei Hauptmikrofonen ein dumpfes, undeutliches Klangbild bei der Lautsprecherwiedergabe lieferten. Schon frühzeitig hat man deshalb sogenannte Stützmikrofone verwendet. Wenn jedoch verschiedene Mikrofone, die an unterschiedlichen Plätzen im Raum stehen, nach freiem Belieben willkürlich zusammengemischt werden, muß der während der Musikaufführung vorhandene Räumlichkeitsbezug bei der Aufzeichnung verlorengehen. Es entsteht so ein undefiniertes, künstliches Produkt.

12 Aufnahmetechnik

Deshalb führt die Aufstellung zweier Hauptmikrofone vor dem Orchester in Verbindung mit Stützmikrofonen, die willkürlich im Raum plaziert und nach Gutdünken des Tonmeisters eingepegelt wurden, beim Zusammenmischen zur Überlagerung mehrerer unterschiedlicher Hörplätze innerhalb des Aufnahmeraums und zum Verlust der räumlichen Definition. Daß an den beiden Hauptmikrofonen festgehalten wird, verlangt die Kopfhörerwiedergabe. Daß Stützmikrofone verwendet werden müssen, rührt daher, daß die Aufnahmen sonst bei der Lautsprecherwiedergabe dumpf und unpräzise klingen. Das wirkliche Ergebnis aber ist, daß solche Aufnahmen weder für Lautsprecherwiedergabe noch für Kopfhörerwiedergabe optimal geeignet sein können.

Hierzu ein etwas ausführlicheres Beispiel: Zwei Hauptmikrofone in x-y-Stellung oder in 30 cm Abstand voneinander, mit OSS-Scheibe oder mit Kunstkopf dazwischen, werden vor einem Orchester aufgestellt. Hier werden neben dem Direktschall alle Reflexionen einschließlich des Nachhalls zur Räumlichkeitswiedergabe mit aufgezeichnet. Dabei soll eine definierte Hörposition durch eine exakte Pegel- und Laufzeitlage an beiden Mikrofonen geschaffen werden, wie sie auch für einen dort befindlichen Hörer gegeben wäre. Damit wird die Eignung der Aufnahme für die Kopfhörerwiedergabe festgelegt.

Die Mikrofonrichtcharakteristiken der beiden Hauptmikrofone weisen hierbei nach links und rechts, um die Raumwirkung einzufangen (siehe auch *Bild 12.9* in Kapitel 12.8). Bei einem seitlich der Mitte spielenden Instrument, z. B. einer Klarinette, die ein Klangvolumen von sehr hohen bis zu tiefen Frequenzen hat, passiert nun folgendes: Die hohen, sich geradlinig ausbreitenden Frequenzen gehen intensitätsmäßig viel stärker in das zugewandte Mikrofon, gleichzeitig ist aber bei den tiefen, ungerichtet sich ausbreitenden Tönen fast kein Pegelunterschied an beiden Mikrofonen festzustellen, aber auch der Laufzeitunterschied ist nur sehr gering.

Da bei der Lautsprecherwiedergabe für die Ortung der Instrumente aber im wesentlichen die Intensitätsunterschiede ausgewertet werden, ortet der Hörer die hohen Frequenzen seitlich näher an der lauteren HiFi-Box, die tiefen Töne, die auf beiden Kanälen gleich laut aufgezeichnet sind, mehr in der Mitte zwischen den Boxen. Wandernde Ortungen sind deutlich wahrzunehmen, auch bei still sitzendem Hörer. Um dies zu verhindern, bekommt die Klarinette nun ein eigenes Stützmikrofon. Dieses Mikrofon wird im Gesamtpegel und in der links-rechts Verteilung nach dem Geschmack des Tonmeisters zu den beiden Hauptmikrofonen hinzugemischt.

Sobald das Orchester aber bei einem Klarinettensolo leise spielt, wird das Stützmikrofon alleine akustisch wirksam. Sofern als Stützmikrofon ein einzelnes Monomikrofon verwendet wird, hat das bei der Kopfhörerwiedergabe die bekannten „Im-Kopf-Lokalisationen" zur Folge. Deshalb schlagen manche Tonmeister vor, in diesem Fall als Stützmikrofone auch zwei Stereomikrofone einzusetzen. Zwei weitere Stereomikrofone als Stützmikrofone erzeugen aber neben den Laufzeitunterschieden der beiden Hauptmikrofone weitere Laufzeitunterschiede zwischen beiden Kanälen, die, wenn das Orchester und die Klarinette gleichzeitig spielen, die ursprünglichen Laufzeitunterschiede der beiden Hauptmikrofone verfälschen. Dies zu den Gedankengängen über eine Aufnahmetechnik, die gleichzeitig für Lautsprecher- und Kopfhörerwiedergabe geeignet sein soll, und auch noch die Aufnahmeraumakustik mitliefern möchte.

Durch die solchermaßen gewählte Stellung der beiden Hauptmikrofone im Ohrabstand zueinander und der Plazierung an einem guten Hörplatz im Saal (außerhalb des Hallradius) kommt es bei der Lautsprecherwiedergabe zur Aufblähung des bereits auf einen Punkt abgestimmten Klangbildes. Durch die relativ zum Direktschall laut mit aufgezeichneten Reflexionen aus dem Aufnahmeraum kommt es zusammen mit den Reflexionen des Wiedergaberaums zu undefinierbaren Vermischungen und verwaschenen, dumpfen Hörempfindungen. Von einer richtigen Räumlichkeitswiedergabe oder von der ursprünglichen räumlichen Verteilung der Instrumente oder gar einer hochwertigen Akustik bleibt nichts mehr erhalten.

In der bisherigen Praxis, nämlich ohne Beachtung der räumlich richtigen Wiedergabe, haben sich viele Mikrofonaufstellrezepte herausgebildet, die bis hin zu genauen Aussteuerungsprotokollen detailliert veröffentlicht werden und deren (zugegebenermaßen) manipulativer Charakter „künstlerisch" gerechtfertigt wird [35, S. 158]. Ja, selbst die Mikrofonauswahl in bezug auf einen speziellen nicht linearen Schalldruckverlauf wurde mitunter rein geschmacklich begründet und manchmal schon zu einer Art Geheimwissenschaft [34, 35]. Die gebräuchlichsten Plazierungsvarianten laufen im wesentlichen darauf hinaus, daß man zwei Hauptmikrofone in x-y-Stellung übereinander oder in 30 cm Abstand (wie etwa beim menschlichen Kopf), manchmal mit der OSS-Scheibe oder dem Kunstkopf dazwischen, bis hin zu 10 cm Abstand zueinander vor dem Orchester aufstellt, mit oder ohne (manchmal auch zeitverzögert geschaltete) Stützmikrofone für Sänger und Solisten.

Der Abstand der Hauptmikrofone zu den Instrumenten sowie Grad und Intensität der Zumischung der Stützmikrofone zum Ganzen und eine kanalmäßige Abmischungsbearbeitung kann gar nicht anders als nach subjektiven Gesichtspunkten und nach den Inspirationen des Tonmeisters festgelegt werden. Sogar während eines Stückes griffen Tonmeister „künstlerisch" ein und ließen bei Auftritten von Solisten das Orchester, wie von Geisterhand bewegt, nach hinten rutschen und nur leise als Begleitmusik weiterspielen; damit aber wurde das Ganze selbst ein willkürliches, somit auch immer wieder umstrittenes Produkt des Tonmeisters.

Wenn subjektive Schallzurechtmischungen vorgenommen werden, läßt sich auch nicht verhindern, daß der Sound der verwendeten Lautsprecher oder der Regieraum mit in das fertige Produkt einfließen. Für die Wahl der Lautsprecher aber oder die Gestaltung des Regieraums kann nur der persönliche Geschmack des Tonmeisters bestimmend sein.

Lautsprecher und Kopfhörer sind zwei akustisch vollständig verschiedene Hörmedien. Wiedergabe über Lautsprecher erfordert möglichst unvermischtes, räumlich unvorgeprägtes Programmaterial mit richtungsbezogener Kanaltrennung, das sich erst bei der Wiedergabe durch den jeweiligen Hörraum nach akustischen Gesichtspunkten echtzeitmäßig vermischt. Für Kopfhörer wiederum benötigt man psychoakustisch auf beide Ohren an einer menschlichen Kopfform aufeinander abgestimmtes und räumlich echtzeitmäßig fertig vermischtes Programmaterial.

Je weiter das Verfahren mit zwei Hauptmikrofonen für Kopfhörerwiedergabe optimiert wird, desto mehr verliert die Lautsprecherwiedergabe an Qualität. Selbst wenn man einen Kompromiß zugunsten der Lautsprecherwiedergabe anstrebt (Haupt- und Stützmikrofontechnik), büßt nur die Kopfhörerwiedergabe an räumlicher, raumbezogener Qualität ein, doch eine räumlich richtige Lautsprecherwiedergabe läßt sich trotzdem nicht erreichen. Den bisher zur Verfügung stehenden Aufnahmen war es nicht nur unmöglich, der Aufgabenstellung beider Abhörmedien gleichzeitig gerecht zu werden, sondern die Problematik wurde teilweise nicht einmal erkannt. Wenn bei der Aufnahmeherstellung und ihrer Bearbeitung zu Überprüfungszwecken Kopfhörer benutzt werden mußten (Hinterbandkontrolle, etc.), erfolgte nach und nach zur Vermeidung der störenden IKLs zwangsläufig (und in der Regel unbewußt) eine „kopfhörergerechte" Aufbereitung des Programmaterials – das aber wiederum zum Nachteil einer lautsprechergerechten Wiedergabe.

Die herkömmliche, beliebige Zusammenmisch-Aufnahmetechnik bleibt, auch wenn sie zuweilen beachtliche Ergebnisse erzielt hat, ein schlechter Kompromiß. Weder erreicht sie die räumliche Definition der über Kopfhörer angehörten kopfbezogenen Stereophonieaufnahmen, noch bringt sie es bei der Wiedergabe über Lautsprecher zu der richtungsgetreuen Abbildung und der exakt definierten Räumlichkeit, die sich durch das „Pfleidrecording" herbeiführen läßt.

12.5 Kunstkopf-Aufnahmetechnik

Der Name liefert bereits die Beschreibung des Aufnahmeverfahrens. Mit Hilfe der Nachbildung eines menschlichen Kopfes und Mikrofonen, die an der Stelle der Ohren angebracht wurden *(Bild 12.7)*, werden die akustischen Verhältnisse so aufgezeichnet, wie sie sich einem Hörer im Saal bei einem Konzert darbieten würden. Durch diese Aufnahmen werden sowohl der Direktschall, die ersten schallstarken Reflexionen als auch der Nachhall im Aufnahmeraum aufgezeichnet. Die Zuordnung beider Tonübertragungskanäle wird durch den geringen Abstand der beiden Mikrofone in ähnlicher Weise festgelegt wie bei zwei nebeneinander angeordneten Hauptmikrofonen. Auch die Aufstellung des Kunstkopfes erfolgt so, daß die nach dem Direktschall mitaufgezeichneten Reflexionen des Aufnahmeraums laut sind im Verhältnis zum Pegel des Direktschalls. Der Unterschied gegenüber zwei normalen Hauptmikrofonen besteht im wesentlichen darin, daß im Tonmaterial zusätzlich noch die Reflexionsverhältnisse

Bild 12.7: Ansicht des Kunstkopfes; rechts: zusammengesetzter Zustand, links: vordere Hälfte abgenommen.

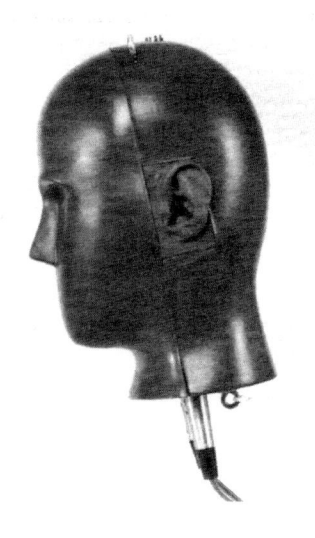

12.5 Kunstkopf-Aufnahmetechnik

aufgezeichnet werden, die sich beim Eintreffen der Schallwellen an der menschlichen Kopfform ergeben.

Psychoakustisch scheint dieses Verfahren für Kopfhörerwiedergabe optimal zu sein, jedoch eignen sich kopfbezogene Stereophonieaufnahmen, wie schon gesagt, nicht für Lautsprecherwiedergabe. Die ursprünglich definierte Hörposition (nämlich eine exakte Pegel- und Laufzeitlage an beiden Ohren) geht zwangsläufig verloren. Im Hörraum überlagern sich zusätzlich zu den Reflexionen des Aufnahme- und Wiedergaberaums auch noch die mitaufgezeichneten Reflexionseinflüsse der menschlichen Kopfform. Des weiteren gelangen Signale des linken Kanals, die bei Kopfhörerwiedergabe nur für das linke Ohr gedacht waren, bei Lautsprecherwiedergabe auch an das rechte Ohr und umgekehrt. Wir haben bereits darauf hingewiesen (Kapitel 12.4), daß hierdurch undefinierbare Vermischungen und verwaschene Hörempfindungen entstehen. Die Laufzeit- und Pegelunterschiede zwischen dem linken und rechten Ohr bei Kunstkopf-Aufnahmen sind so gering, daß es im Wiedergaberaum zu springenden Ortungen kommt. Man ortet das gesamte Schallgeschehen immer nur bei jenem Lautsprecher, an dem man näher dran ist, und nicht in Form einer räumlich definierten Verteilung.

Das Kunstkopf-Aufnahmeverfahren stellt das am weitesten spezialisierte Aufnahmeverfahren für die Kopfhörerwiedergabe dar. Aus den grundsätzlichen akustischen Zusammenhängen hat sich aber zweifelsfrei herausgestellt, daß sich die Aufnahmen über Lautsprecher umso schlechter anhören, je mehr das Aufnahmeverfahren für die Kopfhörerwiedergabe optimiert wird. Umgekehrt gilt dasselbe. Die Zwischenlösungen im Aufnahmeverfahren für Kopfhörer- und Lautsprecherwiedergabe sind alle schlechte Kompromisse.

Hinzu kommt die Frage nach der Kompatibilität. Lassen sich Kunstkopf-Aufnahmen für die hochwertige Lautsprecherwiedergabe aufbereiten, oder verspricht es mehr Erfolg, Aufnahmen für Lautsprecherwiedergabe gemäß dem Pfleidrecording für die hochwertige Kopfhörerwiedergabe aufzubereiten. Die Antwort ist eindeutig. Die komplexen Reflexionsverhältnisse des Aufnahmeraums und der menschlichen Kopfform wurden im beidohrigen Zusammenhang aufgezeichnet. Man kann sie nicht einfach selektiv wieder so herausfiltern, daß eine Qualität erreicht wird wie bei einer speziell für Lautsprecherwiedergabe gemachten Aufnahme. Deshalb ist auch ein Aufbereitungsversuch keineswegs lautsprechergerecht, der in den beiden Stereokanälen den Schalldruckverlauf wie ein Equalizer beeinflußt und damit nur jene Klangverfärbungen eliminiert, die sich aus dem Ohrenabstand und der Ohrmuschel ergeben.

Umgekehrt ist es aber leicht möglich, bei einer für Lautsprecherwiedergabe perfekten Tonaufnahme gemäß dem Pfleidrecording die ersten schallstarken Reflexionen und den Nachhall so zuzumischen, daß bei der Kopfhörerwiedergabe ein akustisch hochwertiger Klangeindruck entsteht. Dabei können sogar die kopfbezogenen Reflexionsverhältnisse richtig nachgebildet werden. Wir beschreiben dieses Verfahren im Kapitel 14.2 über den Echtzeitprozessor PP 9.

Doch selbst mit Kopfhörern führt das Kunstkopfverfahren oft nicht zum gewünschten Ergebnis. Einer der Gründe: Jeder Mensch ist auf die Form seiner Ohrmuscheln eingehört, und diese Formen sind so unterschiedlich wie Fingerabdrücke. Andere Gründe: der bei der Kopfhörerwiedergabe fehlende Schalldruck am Körper, vor allem im Tieftonbereich, oder die irritierende Auswirkung von Kopfbewegungen während des Musikhörens. Sie führen, wenn sich der ganze Saal mitbewegt, gleichfalls zu einer Störung der intelligenten Verarbeitung und zu Fehlortungen.

Auch wenn man bei geschlossenen Augen und still gehaltenem Kopf, und weil man z. B. bei der Aufnahme mit dabei gewesen ist und noch weiß, wo alle Musiker saßen, die Aufnahme vom Gedächtnis her intelligent richtig verarbeiten kann und alles an seinem richtigen Platz hört, genügt trotzdem oft nur das Öffnen der Augen, um aufgrund des nicht sichtbaren Orchesters eine Störung der intelligenten Verarbeitung und Fehllokalisierungen zu erleben. Aus dem multisensiblen und in sich logischen Bereich der akustischen, visuellen, körperlichen Sinnesempfindungen mit ständiger Rückkopplung der Gesamtsituation kann man nicht einfach nur den akustischen Bereich abkoppeln und trotzdem zu richtigen Ergebnissen kommen. Deshalb bleibt die räumlich richtige Wiedergabe mit diesem Verfahren, auch bei Kopfhörerwiedergabe und einer Einübungszeit, immer noch Glückssache; die häufig besprochene Schwierigkeit der Vorne/Hinten-Ortung ist wohl das prägnanteste Beispiel hierfür.

Auch sekundäre Fragen nach dem Übertragungsfrequenzgang des Kopfhörers, ob er nun „freifeld"-entzerrt, mit einer Senke im Schalldruckverlauf bei 8 kHz, oder „diffusfeld"-entzerrt, ohne diese Senke, mit linearem Schalldruckverlauf ausgeführt wird, werden unangemessen aufgebauscht.

Da über die Kopfhörermembran die gesamten Schallanteile, nämlich der Direktschall, die ersten schallstarken Reflexionen und der Nachhall, aus allen Richtungen kommend, wiedergegeben werden müssen und eine bestimmte Entzerrung nur einer bestimmten Schalleinfallsrichtung zugeordnet werden kann, gibt es keine allgemeingültige Lösung. Auch die Unterschiede zwischen den verschiedenen Kopfhörerentzerrungen werden lediglich als jeweils andere Klangverfärbung gehört. Nur wenn in den verschiedenen Schalleinfallsrichtungen unterschiedliche, aber diesen Richtungen entsprechende Verzerrungen vorhanden sind, würde eine Verbesserung erzielt.

Aber auch mit einer denkbaren weiteren Kopplung einer Sinnesempfindung, wie der Kopfdrehung und den darauf abgestimmten Lautstärke- und Laufzeitdifferenzen an beiden Ohren, was die Nach-vorne-Ortung bei Kopfhörerwiedergabe wesentlich verbessern würde, bleibt das laufzeitstereophone Aufnahmeverfahren für intensitätsstereophone Lautsprecherwiedergabe ungeeignet.

Ein Nachteil bei der Durchführung dieses Aufnahmeverfahrens in der Praxis ist es, daß immer das gesamte Orchester und alle Solisten anwesend sein müssen, weil zum Aufnahmezeitpunkt nicht gerade verfügbare Solisten sich nachträglich nicht mehr hinzumischen lassen.

Wer in der Kunstkopftechnik ein taugliches Musikaufnahmeverfahren sieht, unterliegt einem Trugschluß: weil sich die Darbietung der kopfbezogen eintreffenden Schallwellen bei Kopfhörerwiedergabe als allen anderen Verfahren überlegen herausgestellt hat, glaubte man, die Aufnahme müsse grundsätzlich in dieser Technik mit Kunstköpfen vorgenommen werden. Die wissenschaftlichen Erkenntnisse am Kunstkopf lassen sich jedoch nicht in ein Aufnahmeverfahren umsetzen, das dem Anwender die Möglichkeit offenläßt, es über Lautsprecher oder Kopfhörer optimal wiederzugeben. Somit ist der Versuch, den Kunstkopf zu vermarkten, sinnlos. Hingegen müssen die am Kunstkopf gewonnenen Erkenntnisse für die bestmögliche Kopfhörerwiedergabe genutzt werden. Dies verwirklicht der Autor mit dem Echtzeitprozessor PP 9 (siehe Kapitel 14).

Es stellt sich auch die Frage, wieso ein verhältnismäßig wenig verbreitetes Verfahren

12.5 Kunstkopf-Aufnahmetechnik

auf Tonmeistertagungen immer als wesentliches Vortragsthema auftaucht. Die Tonmeistertagungen werden vom Verband Deutscher Tonmeister in Verbindung mit den Rundfunkanstalten durchgeführt. Der Vertreter der Rundfunkanstalten ist das Institut für Rundfunktechnik (IRT). Am IRT aber sitzen Kunstkopfentwickler. Man spielt Tonmeistern gute Kunstkopf-Aufnahmen über Kopfhörer vor, jedoch ohne daß ihnen aber eine adäquate Vorführung dieser Aufnahmen über Lautsprecher ermöglicht wird. Auf diese Weise wird eine kritische Auseinandersetzung mit dem Kunstkopf-Aufnahmeverfahren nicht nur von vornherein erschwert, sondern dieses Verfahren grundsätzlich nie in Frage gestellt. Stattdessen versucht man, ein zu dieser Aufnahmetechnik passendes Lautsprecherwiedergabeverfahren zu vermarkten. Um zuverlässig zu verhindern, daß sich der Hörer bei der Lautsprecherwiedergabe aus der bei Kunstkopf-Aufnahmen vorgeschriebenen Mittenposition zwischen den Lautsprechern entfernen kann, werden ihm die Lautsprecher mit einem Gestell einfach um den Hals gehängt *(Bild 12.8)*.

Bild 12.8: Am IRT (Institut für Rundfunktechnik) entwickelte Vorrichtung, um mit Lautsprechern Kunstkopfaufnahmen abzuhören.

So wird verständlich, daß Tonmeister immer wieder bei Musikaufnahmen ihre Mikrofone so aufstellen, daß sich Tonaufzeichnungen ergeben, welche nur für die Kopfhörerwiedergabe ideal geeignet sind. Nicht zuletzt deswegen klingen fast alle Aufnahmen mit klassischer Musik bei der Lautsprecherwiedergabe so schlecht – auch die neuen Aufnahmen, die erst heute gemacht werden. Im Kapitel über die intelligente Verarbeitung von Schalleindrücken wird nochmals auf die Kunstkopf-Aufnahmetechnik eingegangen.

12.6 OSS-Technik

Bei diesem Aufnahmeverfahren [35] handelt es sich um eine Anordnung von zwei Studiomikrofone mit einer dazwischenliegenden, akustisch bedämpften Trennscheibe. Die Mikrofone werden in ohrähnlichem Abstand zueinander angeordnet, die Trennscheibe zwischen beiden Mikrofonen wirkt ähnlich wie die Kopfform beim Kunstkopf-Aufnahmeverfahren. Das Verfahren ähnelt nicht nur vom äußern Anblick, sondern auch von der Aufstellanweisung der Mikrofone und der akustischen Wirkung sehr stark der Kunstkopf-Aufnahmetechnik. Da die Mikrofone nicht in eine Kopfform eingebaut sind, sondern freistehend angeordnet werden, ist die Hochtonwiedergabe besser als beim Kunstkopfverfahren. Der Entwickler dieses Aufnahmeverfahrens ist ein Kopfhörerhersteller. Es ist unzweifelhaft, daß auch dieses Aufnahmeverfahren aus dem Blickwinkel der Kopfhörerwiedergabe entwickelt wurde.

12.7 Die Aufnahmetechnik bei Rundfunk und Fernsehen

Es hat sich herausgestellt, daß sich für die Lautsprecherwiedergabe die intensitätsstereophonen Aufnahmen besser eignen als die laufzeitstereophonen Aufnahmen. Auch bei Rundfunkübertragungen ergeben sich, wenn intensitätsstereophone Sendungen in Mono empfangen werden, keine Klangveränderungen, während sich mit laufzeitstereophonen Aufnahmen bei Monoempfang durch die zeitliche Verschiebung der beiden Kanäle beim Zusammenschalten Frequenzauslöschungen und Überhöhungen ergeben, die den Klang beeinträchtigen und ganze Stimmanteile, wie z. B. die Geigen, zum Verschwinden bringen können. Dies kann der Leser selbst leicht nachvollziehen, indem er einen Kopfhörer aufsetzt und bei laufzeitstereophonen Aufnahmen nur zwischen Mono und Stereo hin- und herschaltet. Auch aus diesen Gründen und dem gesetzlich verankerten Auftrag, allen Hörern auch bei Mono einen guten Empfang zu gewährleisten, sind die intensitätsstereophonen Aufnahmen für die Rundfunkübertragung besser geeignet.

12.8 Zusammenstellung der Verfahren

Bevor wir zur Darlegung der akustisch hochwertigen Wiedergabetechnik kommen, sollen noch die Aufnahmeverfahren in einem gemeinsamen Rahmen dargestellt und zusammenfassend erläutert werden *(Bild 12.9)*.

Laufzeitstereophonie läßt sich bei Wiedergabe nur dann akustisch richtig einsetzen, wenn die aufgezeichneten Laufzeiten auch wiedergegeben werden können, also nur bei Kopfhörerwiedergabe. Intensitätsstereophonie, bei der die Mikrofon-Aussteuerung

12.8 Zusammenstellung der Verfahren

Laufzeitstereophones Aufnahmeverfahren *A-B-Verfahren* *OSS-Verfahren* *Kunstkopf-Verfahren*	*Laufzeit- und intensitätsstereophones Aufnahmeverfahren durch beliebige Zusammenmischaufnahmetechnik.*	*Intensitätsstereophones Aufnahmeverfahren* mit räumlich, entfernungs- und richtungsmäßig auf 2 Kanäle intensitätsmäßig vorausgepegelten Multimikrofonen (auch mit Tonabnehmern kombinierbar) ›Pfleidrecording‹.
Schallquelle — Aufnahmeraum — Mikrofone — Regieeinrichtung zu Lautsprechern oder Kopfhörern Hörraum — Hörer —		
Intensitätsstereophone Wiedergabe über Lautsprecher nur mit Fehlortungen und ohne Raumbezug, nicht räumlich richtig, nicht akustisch hochwertig möglich. *Laufzeitstereophone Wiedergabe über Kopfhörer möglich.*	*Intensitätsstereophone Wiedergabe über Lautsprecher nur mit Fehlortungen und ohne Raumbezug, nicht räumlich richtig möglich.* *Laufzeitstereophone Wiedergabe über Kopfhörer bereits nicht mehr mit Raumbezug und räumlich nicht richtig möglich.*	*Intensitätsstereophone Wiedergabe über Lautsprecher sehr gut möglich ohne Fehlortungen mit Raum- und Richtungsbezug. Mit unserem PP8 Raumstrahler auch räumlich richtig und akustisch hochwertig.* *Laufzeitstereophone Wiedergabe über Kopfhörer durch laufzeitmäßige und kopfbezogene elektronische Aufbereitung des räumlich unvorgeprägten Musikmaterials mit dem PP9 Echtzeitprozessor räumlich richtig und akustisch hochwertig möglich.*

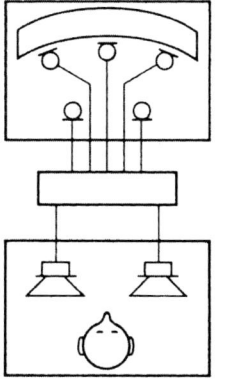

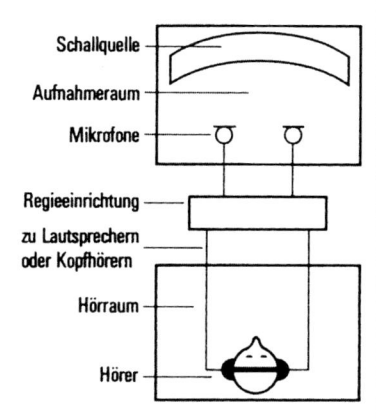

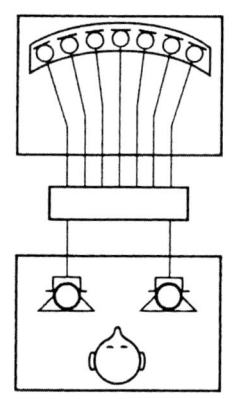

Bild 12.9

willkürlich nach dem Geschmack der Tonmeister vorgenommen wird, vermag ohne räumlichen Richtungsbezug auch keine korrekten räumlichen Informationen zu vermitteln. Kombinationen von Laufzeit- und Intensitätsstereophonie, also die Vermischung von Haupt- mit Stützmikrofonen, können die räumlich richtige Lautsprecher-

151

wiedergabe auch nicht herbeiführen. Dieses heute übliche Verfahren ist nur ein schlechter Kompromiß zwischen Lautsprecher- und Kopfhörerwiedergabe.

Intensitätsstereophonie nach dem Pfleidrecording, bei dem die Mikrofone nahe (innerhalb des Hallradius) an den Schallquellen angeordnet sind und intensitätsmäßig sowohl zueinander als auch hinsichtlich Richtung und Entfernung im voraus eingeregelt werden, ermöglicht auch für verschiedene Frequenzbereiche oder unterschiedliche Abstrahlcharakteristiken in verschiedenen Frequenzbereichen richtige, feststehende Ortungen der Instrumente zwischen den Lautsprechern.

Aber es genügt nicht, lediglich richtige Tonaufzeichnungen zu machen, man muß sie auch so wiedergeben, daß das Ziel der akustisch hochwertigen Wiedergabe erreicht wird. Das heißt, nachdem die Ortung durch Intensitätsauswertung gewährleistet ist, müssen die ersten schallstarken Reflexionen als echter räumlich umgelenkter Direktschall räumlich, richtungsmäßig und zeitlich durch den Hörraum akustisch hochwertig erzeugt werden. Bei der Kopfhörerwiedergabe geschieht dies auf elektronischem Wege, wobei auch das kopfbezogen richtige Eintreffen berücksichtigt werden muß. Da durch die Stellung der Mikrofone und durch die Aufnahme in akustisch guten Räumen nicht nur der Direktschall, sondern auch stets Reflexionen mit aufgezeichnet werden, muß man keinen zusätzlichen Nachhall erzeugen. Dieser bildet sich bei Lautsprecherwiedergabe im Hörraum auf natürlichem Wege von selbst, und auch bei der Kopfhörerwiedergabe reicht dieser mit aufgezeichnete Nachhall in Verbindung mit den elektronisch erzeugten ersten schallstarken räumlichen Reflexionen völlig aus.

Auf diese Art und Weise sind die Aufnahmen zwischen Lautsprechern und Kopfhörern ohne Qualitätsminderung voll kompatibel. Außerdem werden die Klangeindrücke als natürlich empfunden, weil intensitäts- und laufzeitmäßige Schallanteile dem Gehör akustisch hochwertig und wie im natürlichen Schallfeld angeboten werden.

13 Hörraumangepaßte Lautsprecherwiedergabe

13.1 Wohnraumakustik

So wie es in unterschiedlichen Konzertsälen immer auf den speziellen Fall ankommt, wo und wie die Reflektoren angeordnet werden müssen, damit das räumliche Reflexionsverhalten der Schallwellen für die menschliche Schallverarbeitungsfähigkeit optimiert wird, ist es im Grunde selbstverständlich, daß die gleichen Kriterien in abgewandelter Form auch für die Wohnraumbeschallung mit Lautsprecheranlagen herangezogen werden können. Zwar kann es bei der Darbietung des Klanggeschehens in so kleinen Räumen wie Wohnräumen bereits sehr früh zu Reflexionen z. B. von hinten kommen, dennoch wird hierdurch der Raumeinfallswinkel nicht aufgeweitet und das Klangbild nicht luftig (siehe Kapitel 11.1.)

Es gilt auch in diesem Fall, gemäß den akustischen Gesetzmäßigkeiten des Konzertsaals, erste schallstarke Reflexionen so zu verzögern, daß sie ebenfalls in einem zeitlichen Abstand von 5...40 ms nach dem Direktschall und aus dem Raum, nämlich von vorne oben und seitlich am Hörplatz einfallen. Trotz vorheriger Frühreflexionen, z. B. von hinten, wird das Klangbild erst hierdurch nunmehr psychoakustisch günstig strukturiert. Hier wird deutlich, daß es zur Wahrnehmung guter Akustik nicht primär darauf ankommt, daß ein Raum bei Beschallung mit breitbandigen Rauschpegeln (Rosa Rauschen) eine lineare Schalldruck Charakteristik behält, wie es heute in der Praxis üblicherweise mit Echtzeitanalysator und Equalizer kontrolliert wird. Viel wichtiger ist es, wie sich die räumlichen Schallfelder aufbauen, das heißt, wie nach dem Direktschall die ersten schallstarken Reflexionen räumlich und zeitlich beim Hörer eintreffen. Auch beim Erfassen der Einschwingvorgänge von Geräuschen (siehe Kap. 11.3) kommt es dem Gehör nur darauf an, diese exakt registrieren zu können – der Schalldruckverlauf ist dabei weniger wichtig.

Diesen Aufbau eines räumlichen Schallfelds im Hörraum, der durch die Hörraumbegrenzungen bewirkt wird, kann man mit den üblichen Meßverfahren weder erfassen noch identifizieren. Wenn Echogramme verschiedener Räume oder auch von künstlichem Nachhall verglichen werden, zeigen sich keine signifikanten Unterschiede, da das Sichtbarmachen immer über die gleichrichtende Wirkung des Mikrofons als ungerichtet aufzeichnender Schalldruckempfänger erfolgt. Die zeitliche Beziehung der einzelnen Faktoren zueinander und deren unterschiedliche Einfallsrichtungen können nur durch das menschliche Gehör richtig aufgenommen und zu Gesamtempfindungen verarbeitet werden.

So empfindet man Musik umso natürlicher wiedergegeben und von den Lautsprechern losgelöst, je mehr die ersten schallstarken Reflexionen wie bei Live-Eindrücken, auch räumlich aus verschiedenen Richtungen kommend, beim Hörer eintreffen. Hier ist ein Vergleich mit dem Einbau von Reflektoren in Konzertsälen aufschlußreich. Es verändern sich weder der Direktschall noch die Nachhalldauer. Nur durch die richtige

Wiedergabe der ersten schallstarken Reflexionen wird die wahrgenommene Akustik so entscheidend verbessert. Dabei wird akustisch kein anderer Raum erzeugt, sondern nur innerhalb des Raums die Akustikempfindung verbessert. Es gibt auch keine gute Akustik im technischen Sinn, sondern nur bei der Schallwahrnehmung durch das menschliche Gehör. Dies wird leider von manchen Technikern immer wieder übersehen, die aus meßtechnischen Gründen einen ausschließlich direkt abstrahlenden Lautsprecher mit einem hervorragenden Schalldruckverlauf schaffen und am liebsten für sich isoliert betrachten wollen.

Jedes Schallereignis wird definiert durch Ansatz und Randbedingungen, wobei (wie bei allen Differentialgleichungen in der Mathematik) die Randbedingungen entscheidend für die Art der Lösung sind. Es ist sinnlos, den Ansatz zu verbessern, z. B. durch gute Chassis, wenn andererseits die weitaus maßgeblicheren Randbedingungen nicht berücksichtigt werden.Die Randbedingungen zum Erzielunen der optimalen Hörempfindung sind aber

– die Wände der Wohnräume mit ihren Begrenzungen als Schallreflektoren,
– die Art und Weise, wie das menschliche Gehör Schallwellen zu akustisch hochwertig empfundenen Gesamteindrücken verarbeitet.

Die Hauptrolle zum Herbeiführen des gewünschen Ergebnisses spielen dabei die ersten schallstarken Reflexionen. Sie lassen sich auf verschiedene Weise hervorrufen.

13.2 Separate Raumakustik-Lautsprecher

Die separaten Raumakustik-Lautsprecher wurden konstruiert, um auch mit nur direkt abstrahlenden HiFi-Lautsprechern die optimalen räumlichen Schallfeldverteilungen in Wohnräumen gezielt optimieren zu können *(Bild 13.1)*. Sie ermöglichen es z. B., daß der technisch perfekte Direktschall der FRS Vollbereichs-Punktstrahler bei der Raumanpassung nicht verfälscht werden muß und trotzdem in den verschiedenartigen Hörräumen der Genuß einer akustisch hochwertig empfundenen Klangwiedergabe gewährleistet werden kann.

Die separaten Raumakustik-Lautsprecher können aber selbstverständlich auch in Verbindung mit anderen Lautsprechern betrieben werden und führen auch hier zu einer wesentlichen Verbesserung des Klangbilds. Die Haupt-Lautsprecher müssen den Direktschall möglichst unverfälscht wiedergeben. Die gute Akustik und der räumliche Eindruck entstehen mit Hilfe der ersten schallstarken Reflexionen, die nun mit Hilfe der Zusatz-Lautsprecher und in Verbindung mit den Hörraumbegrenzungen erzeugt werden. Durch sie wird es auch möglich, daß trotz der in jedem Hörraum vorhandenen Bedämpfung ein pegelstarkes diffuses Nachhallfeld mit ausgeglichenem Schalldruckverlauf im Hörraum wahrnehmbar wird. Die Zusatz-Lautsprecher strahlen auf seitliche, oben oder unten liegende oder sogar auf rückwärtige Hörraumbegrenzungen – die werfen den Schall zurück und lassen so die ersten schallstarken Reflexionen entstehen.

Damit die seitlich angeordneten Zusatz-Lautsprecher nicht den Direktschall der

13.2 Separate Raumakustik-Lautsprecher

Querschnitt: Ideale Laufzeitunterschiede zwischen Direktschall und vertikalen Reflexionen von oben (vorne oben).

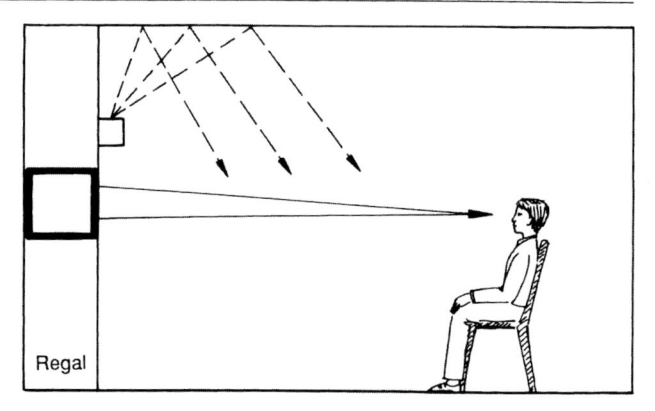

Regal

Grundriß: Ideale Laufzeitunterschiede zwischen Direktschall und horizontalen Reflexionen von der Seite.

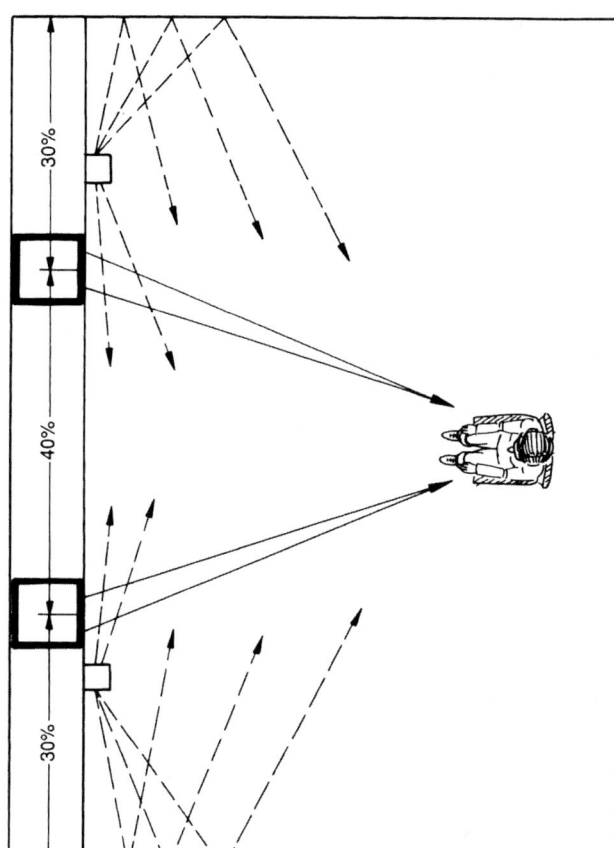

30%

40%

30%

Bild 13.1: Die Hauptlautsprecher und die RS 2 Raumakustik-Lautsprecher stehen an der langen Wandseite in einem rechteckigen Raum. Dies ist der Optimalfall der Boxenaufstellung durch richtige akustische Einbeziehung des Hörraums.

155

Haupt-Lautsprecher im örtlichen Hörbereich vor den Haupt-Lautsprechern verfälschen können, sind drei Kriterien von ganz besonderer Bedeutung:

1. die Wahl der Abstrahlrichtung
2. die Wahl des Frequenzbereichs der Zusatz-Lautsprecher und
3. die Membrangröße der Zusatz-Lautsprecher.

Durch die Wahl des Frequenzbereichs der Zusatz-Lautsprecher wird verhindert, daß sie in jenem Frequenzbereich Schall abstrahlen, in dem das menschliche Gehör laufzeitmäßige Ortungen nachvollziehen kann und Phasenfehler hörbar werden. Durch die Membrangröße wird die Richtwirkung bei der Schallabstrahlung der Zusatz-Lautsprecher vorgegeben und in Verbindung mit der Wahl der Abstrahlrichtung jener Bereich im Hörraum festgelegt, im dem sich die Schallfelder der Haupt-Lautsprecher und der Zusatz-Lautsprecher überlagern können.

Der Frequenzbereich der seitlich abstrahlenden Zusatz-Lautsprecher muß auf jeden Fall über 2000 Hz liegen. In diesem Bereich wertet das Gehör wegen der kleinen Wellenlängen keine Phasenfehler mehr aus, und Ortungswahrnehmungen erfolgen aufgrund der Schallintensität. Die Abstrahlcharakteristik muß so gewählt werden, daß sie sich möglichst wenig mit dem Direktschall der Haupt-Lautsprecher im örtlichen Hörbereich vor den Haupt-Lautsprechern überlagern. Sofern es dennoch dazu kommen sollte, wird dadurch die intensitätsbedingte Ortbarkeit der Schallquellen nicht beeinträchtigt.

Für diese Überlagerung gelten die von dem Psychoakustiker Haas ermittelten und nach ihm benannten Zusammenhänge zwischen den Pegeln zweier zeitlich nacheinander eintreffenden gleichen Signale: Demnach kann der Pegel der Zusatz-Lautsprecher durchaus gleich oder sogar lauter sein als der Pegel der Haupt-Lautsprecher, ohne im örtlichen Hörbereich vor den Haupt-Lautsprechern eigenständig in Erscheinung zu treten. Die zur Seite hin sowie nach oben und unten abstrahlenden Zusatz-Lautsprecher sollen ausschließlich die ersten schallstarken Reflexionen und den diffusen Nachhall erzeugen, die den Hörer zeitverzögert über die seitlichen Wände, den Boden oder über die Zimmerdecke erreichen. Damit ist gewährleistet, daß im Frequenzbereich von 100 bis 2000 Hz die laufzeitmäßige Ortung von den Haupt-Lautsprechern auf keinen Fall beeinträchtigt wird und sich auch im Frequenzbereich über 2000 Hz die intensitätsmäßige Ortung zwischen den beiden Haupt-Lautsprechern unabhängig von der Hörposition nicht verändert.

Der Frequenzbereich der Zusatz-Lautsprecher von über 2000 Hz ist in Wohnräumen von besonderer Bedeutung, weil meist genau dieser Bereich durch die Einrichtungsgegenstände besonders stark absorbiert wird. Der diffuse Nachhall ist gerade deswegen oft in diesen Frequenzbereich zu leise.

In diesem Zusammenhang kann auch die Abstrahlrichtung der Zusatz-Lautsprecher eine Rolle spielen: Bei seitlicher Abstrahlung kann der Schall auf stark absorbierende Vorhänge treffen. Bei Abstrahlung nach unten kann ein Teppich die Wirksamkeit vermindern. Nur bei der Abstrahlung nach oben, an die Decke, kann man fast immer mit idealen Reflexionsflächen rechnen. Daher ist eine gleichzeitige Abstrahlung über verschiedene Zusatz-Lautsprecherchassis nach möglichst vielen Richtungen wünschenswert. Dabei sollten sich allerdings die Abstrahlrichtungen der Zusatz-Lautsprecherchassis auch wieder merklich voneinander unterscheiden. Idealerweise sollten die

13.2 Separate Raumakustik-Lautsprecher

Abstrahlrichtungs-Achsen der Zusatz-Lautsprecherchassis sowohl zueinander senkrecht stehen als auch senkrecht zur nach vorne gerichteten Abstrahlachse der Haupt-Lautsprecher.

Man sollte jeweils nur ein Zusatz-Lautsprecherchassis pro seitlicher Abstrahlrichtung verwenden. Werden mehr als ein Zusatz-Lautsprecherchassis so angeordnet, daß sie in die gleiche Richtung strahlen, nimmt zwar die akustische Richtwirkung zu, doch können auch klangbeeinträchtigende Interferenzen durch falsche Überlagerungen zwischen den beiden Schallquellen entstehen.

Wichtig ist auch die Einstellbarkeit der Zusatz-Lautsprecher und zwar

1. in der Abstrahlrichtung
2. in dem abgestrahlten Frequenzbereich und
3. im Lautstärkepegel.

Auf diese Art und Weise lassen sich die ersten schallstarken Reflexionen und der diffuse Nachhall im Hörraum selektiv einstellen, ohne daß dabei die Direktschallinformation beeinträchtigt werden muß.

Werden bei hohen Frequenzen, z. B. in stark bedämpften Räumen, die ersten schallstarken Reflexionen und der Nachhall zu stark geschluckt, versucht man derzeit immer noch dieses Problem dadurch zu lösen, daß man den entsprechenden Schallpegel des Direktschalls der Haupt-Lautsprecher einfach stärker anhebt. Da das Gehör so arbeitet, daß der Direktschall, die ersten schallstarken Reflexionen und den Nachhall zu einer gemeinsamen Klangempfindung verbunden werden, kommt es wieder zur frequenzmäßigen Ausgewogenheit. Doch wird der verfälschte räumliche Klangein-

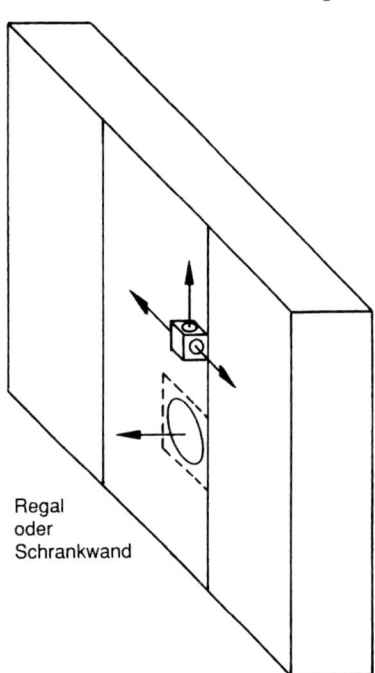

Bild 13.2: FRS-Vollbereichslautsprecher und RS 2-Raumakustik-Lautsprecher bei Einbau in ein Regal oder in eine Schrankwand.

Regal oder Schrankwand

druck hierdurch keineswegs wiederhergestellt. Überdies klingen die Haupt-Lautsprecher in geringer Entfernung schrill und aggressiv.

Die seitlich abstrahlenden Zusatz-Lautsprecher müssen unbedingt möglichst nahe an den Haupt-Lautsprechern plaziert werden, können sogar direkt am Gehäuse der Haupt-Lautsprecher angebracht werden. Es ist nicht erforderlich, daß sie zusammen mit den Haupt-Lautsprechern ein sogenanntes virtuelles akustisches Zentrum bilden. Die Lautsprecherchassis des Zusatz-Lautsprechers können auch in ein kleines separates Gehäuse eingebaut werden (siehe Bild 5.1) das dann auf oder neben den Haupt-Lautsprecher gestellt wird. Das Gehäuse des Zusatz-Lautsprechers darf durchaus länglich geformt sein, um in eingebautem Zustand aus einer Schrankwand oder aus einem Regal hervorragen zu können *(Bild 13.2)*. Dies ist ratsam, wenn die Haupt-Lautsprecher mit der Vorderfront bündig in eine Schrankwand oder ein Regal eingebaut worden sind und die seitlichen ersten schallstarken Reflexionen mit Hilfe der Zusatz-Lautsprecher erzeugt werden müssen. Die Zusatz-Lautsprecher strahlen dann vor der Front der Schrankwand oder des Regals nach den Seiten sowie nach oben und unten (siehe hierzu Bild 13.1).

Die Zusatz-Lautsprecher müssen deshalb so nahe wie möglich an den Haupt-Lautsprechern aufgestellt werden, damit springende Ortungen vermieden werden. Dies zeigt sich vor allem, sobald der Hörer sich aus dem Bereich zwischen den beiden Haupt-Lautsprechern herausbewegt und sich seitlich neben einem der beiden Haupt-Lautsprecher befindet oder sich dem Haupt-Lautsprecher so nähert, daß der Pegel des Zusatz-Lautsprechers lauter wird als der des Haupt-Lautsprechers. Der seitlich abstrahlende Zusatzlautsprecher gibt dann für die intensitätsmäßige Ortungsbestimmung den Ausschlag, und der vom Haupt-Lautsprecher nach vorne abgestrahlte Hochtonbereich erreicht den Hörer als erste schallstarke Reflexion von der Wand – jedoch ohne, daß es dabei zu springenden Ortungen kommt.

Durch die richtige Plazierung der Zusatz-Lautsprecher wird es möglich, nicht nur die Akustik an einem bestimmten Hörplatz zu optimieren, wie z. B. bei der Quadrophonie, sondern an praktisch allen Plätzen im Hörraum einen akustisch hochwertigen und echt räumlichen Klangeindruck zu gewinnen. Vorgegeben durch die Abstände der Wände und der Decken von Wohnräumen, läßt sich dieser Optimierungsprozeß schon in den kleinsten Wohnräumen verwirklichen und ist möglich bis zu Raumgrößen von 100 Quadratmetern.

Verzögert man das elektrische Signal, das den Zusatz-Lautsprechern zugeleitet wird, beispielsweise durch entsprechende Geräte, lassen sich die ersten schallstarken Reflexionen mit den gleichen Verzögerungszeiten wie in größeren Räumen simulieren. Durch unterschiedliche Verzögerungszeiten kann man die akustischen Klangeindrücke unterschiedlich großer Räume simulieren, ohne den Direktschall zu verfälschen.

Man könnte das elektrische Signal der Zusatz-Lautsprecher über ein elektronisches Hallgerät laufen lassen. Hierbei werden über eine beliebig einstellbare Zeit elektronische Reflexionen erzeugt. Sie entfalten ihre akustische Wirkung mit Hilfe der Zusatz-Lautsprecher über die Wände. Somit lassen sich nicht nur die ersten schallstarken Reflexionen beliebig einstellen, sondern auch die Nachhallintensität und die Nachhallzeit. Anders als bei den bisherigen Verfahren mit Equalizern wird hierbei die Präzision des Direktschalls von den Haupt-Lautsprechern in keiner Weise beeinträchtigt.

Je nachdem, ob die ersten schallstarken Reflexionen akustisch richtig oder falsch beim Hörer eintreffen, können sich ganz gravierende Klangunterschiede bei ein und demselben Lautsprecher im gleichen Hörraum ergeben. Bislang bestand das Problem darin, im Hörraum den akustisch günstigsten Aufstellungsplatz zu finden. Mit der hier beschriebenen Lautsprecherkombination wird dies sehr viel einfacher. Denn der Schallpegel der Zusatz-Lautsprecher sowie deren Frequenzbereich und Abstrahlrichtung auf die Wände (als vorgegebene Reflektoren) lassen sich entsprechend der jeweiligen Erfordernisse genau einstellen. Aus dem Aufstellproblem wird ein Einstellproblem, und das läßt sich in der Praxis erheblich einfacher bewältigen.

Sofern die Zusatz-Lautsprecher akustisch richtig plaziert werden, ist es ohne weiteres möglich, die Haupt-Lautsprecher sogar in Möbel, Regale, Schränke, Schrankwände einzubauen oder in tragbare und stationäre Stereoanlagen sowie Fernsehgeräte, und das ohne Klangverluste befürchten zu müssen. Man muß die Haupt-Lautsprecher nicht mehr unbedingt frei im Hörraum aufstellen, damit sie gut klingen, und sie müssen folglich auch nicht mehr im Hörraum herumgeschoben werden, nur um den Punkt zu finden, an dem sie optimal klingen. Die bestmögliche Raumanpassung einer derartigen Lautsprecheranordnung hängt nur noch davon ab, die Zusatz-Lautsprecher richtig einzustellen.

13.3 Integierte Raumakustik-Lautsprecher in den Wohnraum-Lautsprechern

Auch bei den integrierten Raumakustik-Lautsprechern in den Wohnraum-Lautsprechern geht man gleichermaßen von den fest vorgegebenen Schallreflektoren aus, nämlich den Zimmerwänden und der Zimmerdecke. Diese werden durch entsprechende Schallabstrahlung akustisch so einbezogen, daß im Hörraum die für das Gehör akustisch bestmöglichen Klangfeldstrukturen entstehen [40]. Die Wohnraum-Lautsprecher PP8 MkII und PP18 *(Bild 13.3)* sind passive Lautsprecherboxen und unterscheiden sich nur in der Bauhöhe. Die Wohnraum-Lautsprecher PP8 MkII S und PP18 S *(Bild 13.4)* sind nur schmäler (S steht für schmal).

Die Wohnraum-Lautsprecher strahlen den Schall sowohl direkt als auch zeitlich verzögert indirekt ab. Der Direktschall wird unmittelbar zum Hörer hin abgestrahlt. Der indirekt abgestrahlte Schallanteil wird, wegen der im Verhältnis zum Konzertsaal kleinen Wohnraumabmessungen, zeitlich verzögert und gebündelt so gegen die Decke gerichtet, daß die ersten schallstarken Reflexionen, wie gefordert, aus jener Richtung kommen, wo man sie mit der ersten Rauminformation von vorne oben und seitlich als akustisch günstig empfindet. Der Direktschall wird zur Ortung ausgewertet. Die räumlich und zeitlich richtig eintreffenden ersten schallstarken Reflexionen werden zur Bestimmung des akustisch hochwertigen Eindrucks in bezug auf Deutlichkeit, Räumlichkeit, Transparenz und Natürlichkeit ausgewertet. Somit bauen die Wohnraum-Lautsprecher, da sie als Raumstrahler den gesamten Frequenzbereich einmal horizontal nach vorne und einmal vertikal gebündelt abstrahlen, ein unverfärbtes, schallstarkes, diffuses, dem Hörraum entsprechendes konkretes Nachhallfeld auf *(Bild 13.5a)*.

13 Hörraumangepaßte Lautsprecherwiedergabe

Oben: Bild 13.3: Die Wohnraumlautsprecher PP18 (links) und PP8 MkII (rechts).

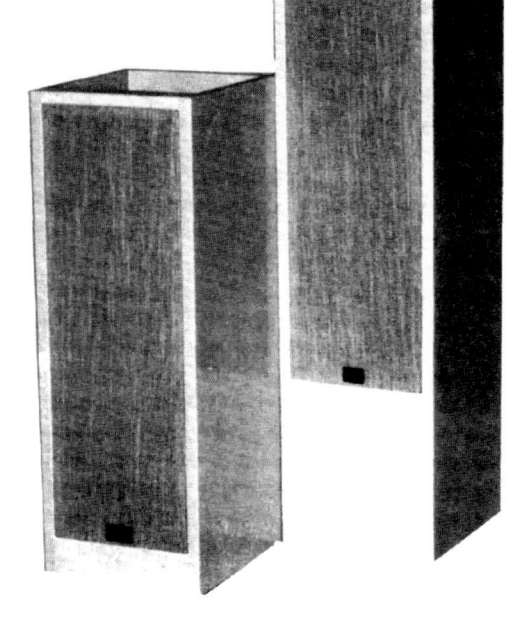

Rechts: Bild 13.4: Die Wohnraumlautsprecher PP8 MkII S (links) und PP18 S (rechts).

13.3.1 Unterschiede zu anderen Raumstrahlern

Wesentlich bei den Wohnraum-Lautsprechern ist die durch das Horn gebündelte und zugleich zeitlich verzögerte Abstrahlung der nach oben gerichteten Schallwellen. Hätte man statt einer Hornöffnung an der Oberseite der Box ebenfalls Lautsprecherchassis montiert wie an der Boxenvorderseite, so würde sich der nach oben abgestrahlte Schall mit dem frontseitig abgestrahlten in einer gemeinsamen Kugelwelle ausbreiten und unkontrollierte, von den Wänden zu schnell eintreffende Reflexionen herbeiführen. Dadurch wiederum würden die Einschwingvorgänge verwischt und auch Klangverfärbungen wären unvermeidlich. Auch an der Boxenoberseite angebrachte Lautsprecherchassis gegenüber den Frontchassis zeitverzögert anzusteuern, würde die unkontrollierte Überlagerung der beiden Schallfelder nicht verhindern können und hätte nur das undeutliche, überräumliche Klangbild herkömmlicher Rundstrahler zur Folge.

Bei der PP8 MkII wird die Bündelungswirkung durch das Horn erreicht. Weil sich tiefe Frequenzen aber trotz der Hornöffnung ungerichtet im Raum ausbreiten, muß der indirekte Schallanteil bei den Wohnraum-Lautsprechern zusätzlich zeitlich verzögert werden, um zu schnelle Überlagerungen mit dem Direktschall zu vermeiden. Die zeitliche Verzögerung entsteht durch die Druckkammerwirkung in Verbidung mit dem verlängerten Schall-Laufweg über das Horn.

Die separaten Raumakustik-Lautsprecher können, um akustische Bündelungswirkungen zu erzielen, wegen ihrer kleinen Membranfläche nur im Frequenzbereich über 2000 Hz betrieben werden.

Für alle Lautsprecher-Arten gilt letztlich, daß es nicht nur darauf ankommt, den gesamten Frequenzbereich einfach direkt, rundherum oder als Dipol abzustrahlen. Sie müssen die räumlich unterschiedlichen Schallfeldverhältnisse in einem Hörraum mit Hilfe eines geeigneten Abstrahlverhaltens in Verbindung mit den Begrenzungen des Hörraums so nachzeichnen, daß das Gehör die einzelnen Schalleindrücke empfindungsmäßig richtig miteinander verknüpfen kann und optimale Akustik wahrgenommen wird. Dies ist der Zweck der Pfleid Wohnraum-Lautsprecher wie auch der der separaten Raumakustik-Lautsprecher. Sie nutzen die Möglichkeit, die das Medium Lautsprecher dem Ingenieur in die Hand gibt. Durch die Art der Schallabstrahlung passen sie sich speziell dem Anwendungsfall der Lautsprecher im Bereich der Klangwiedergabe in Wohnräumen an.

Die Dipolstrahler in Form der Elektrostaten oder der mannshohen Vollbereichs-Bändchen-Lautsprecher strahlen den Schall einfach nach vorne und hinten ab. Sie überlassen es dem Geschick des Anwenders, welche akustische Qualität er im jeweiligen Hörraum durch die Art der Lautsprecheraufstellung erreichen kann. Letztlich verlangen sie, daß sich die räumlichen Gegebenheiten ihrem Abstrahlverhalten anpassen. Gegebenfalls muß sogar der Raum umgebaut werden. Diese Lautsprecher ignorieren die technischen und akustischen Möglichkeiten, um mit Hilfe der Schallabstrahlung in Wohnräumen hochwertige Klangempfindungen zu erreichen. Das gleiche gilt auch für das oft als ideal bezeichnete Abstrahlverhalten einer „atmenden Kugel", die den Schall gleichmäßig in alle Richtungen verteilt. Auch mit dieser Schallabstrahlung ist noch nicht automatisch die optimale Reflexionswiedergabe erreicht. Im Gegenteil, auch hier werden dem Anwender in Wohnräumen oft nicht realisierbare Aufstellkünste abverlangt.

13 Hörraumangepaßte Lautsprecherwiedergabe

13.3.2 Das offene, gefaltete Exponentialhorn

In einem offenen, gefalteten Exponentialhorngehäuse wie dem der Wohnraum-Lautsprecher strahlt der Baß-Lautsprecher frei sowohl nach vorne als auch ebenso frei nach hinten über das Horn in den Hörraum ab *(Bild 13.5b)*. Daher muß das Gehäuse keinerlei Schallenergie vernichten. Die Baßmembrane wird auf beiden Seiten (Vorder-

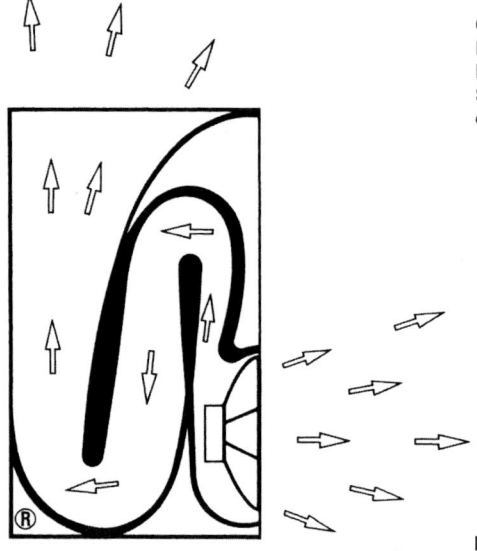

Oben: Bild 13.5a: Wirkungsweise der Wohnraum-HiFi-Box PP8 MkII. Dem nach vorn abgestrahlten Direktschall folgt zeitlich verzögert der indirekte Schall, der nach oben abgestrahlt und von Wänden und Decke reflektiert wird.

Links: Bild 13.5b: Schematischer Querschnitt durch die PP8 MkII-HiFi-Box.

und Rückseite) durch die Luftpolster weich eingespannt. Hierdurch und aufgrund der großen Strahlungsdämpfung des Horns ergibt sich ein hoher Wirkungsgrad bei nur minimalen Membranauslenkungen und geringem Klirrfaktor in den Bässen. Damit die Gehäusewandungen jedoch von den Schallwellen im Horn nicht zum Mitschwingen angeregt werden, müssen sie eine hohe Materialdichte besitzen, wie zum Beispiel bei Marmor.

13.3.3 Marmor als Gehäusematerial

Welchen Baustoff man für geschlossene oder offene HiFi-Boxengehäuse nehmen muß, läßt sich sehr gut erklären, wenn man betrachtet, auf welche Weise im Hochbau Trittschall- und Luftschalldämmung erreicht wird. Für die Trittschalldämmung verlegt man unter dem Fußbodenestrich eine nachgiebige Schicht, z. B. Glasfasermatten. Man könnte auch ohne nachgiebiges Material auskommen, dann würde eine solche Decke aber unwirtschaftlich dick. Anders sind die Verhältnisse bei der Luftschalldämmung, etwa zu einer Nachbarwohnung hin. Hier müssen die Zwischenwände nur schwer sein, also aus Material mit hoher Massenträgheit bestehen. Das sind Materialien mit hoher Dichte wie Stein oder Beton. Sie lassen sich nicht so leicht von der Energie des Schallpegels in der Luft zum Mitschwingen anregen und geben folglich die Schallschwingungen weniger leicht in die Nachbarwohnung weiter. Nachgiebiges Material oder leichtes Material wie Holz wäre hier untauglich. Jeder kennt wohl den Unterschied zwischen Holz- und Steinhäusern: Holzhäuser sind immer hellhörig, also luftschalldurchlässig, Steinhäuser hingegen nicht.

Dies gilt auch für ein Lautsprechergehäuse aus Marmor. Es gibt kein besseres Material für offene HiFi-Boxen als Marmor, Kunststein oder Beton. Geschlossene Lautsprecherboxen hingegen können durchaus auch aus Holz gefertigt werden. Zwar ist Stein nicht billig, aber hier zu sparen, wäre nicht sinnvoll, da lediglich ein Kompromiß zustande käme, der den Gesamteindruck schmälern würde. Daß dieser Weg sich praktisch bewährt, mögen einige Pressestimmen zeigen (Auszüge aus Testberichten):

Der Boxentest war eine kleine Offenbarung. Die Box ist Direktstrahlern in ihrer analytischen, exakt reproduzierenden Art ebenbürtig, schlägt diese aber in der räumlichen Wirkung um Längen. Beim Zuhören ist man nicht sklavisch an einen optimalen Punkt gefesselt, da die räumliche Wirkung durch den indirekt abgestrahlten Schallanteil der PP8 erzeugt wird. Die Box verfügt über ein Exponentialhorn, das das wesentliche Frequenzspektrum zusätzlich über den Umweg Decke und Rückwand diffus und pegelstark nach oben abstrahlt. Das Marmorgehäuse verhindert Resonanzen. Die längere Laufzeit des indirekten Schallanteils der PP8 vermeidet den negativen Effekt der meisten indirekt/direkt abstrahlenden Boxen: Der Direktschall wird nicht zu früh überlagert und verwischt. Es entsteht ein Klangbild, das dem akustischen Geschehen in einem Konzertsaal verblüffend nahe kommt. Bei geschlossenen Augen ist die Illusion perfekt. (Schöner Wohnen 5/79)

In Zusammenarbeit mit den hochwertigen ... Komponenten zeigte sich der hohe Klanganspruch dieser Anlage: Auflösungsvermögen und räumliche Perspektive gehören zum Besten, was Tontechnik heute zu bieten hat. Ein Ergebnis, das der Kombination einen Platz in der HiFi-Geschichte sichern wird. (Stereoplay 3/81)

Das Pfleidprinzip funktioniert offenbar nicht nur in der Theorie, denn selten haben wir ein so weiträumiges Klangbild erlebt wie bei diesem Lautsprecher. Das Umschalten zu einer herkömmlichen Box wirkt wie das Einsperren des Klanges. Sowohl zur Seite, weit über die Box hinaus, also auch nach hinten, ist eine enorme Perspektive vorhanden.
(Vox 7/81)

Wenn man diesen Lautsprecher richtig plaziert – an der Breitseite des Raums, die nicht durch dicke Vorhänge bedämpft sein sollte – und auch in Bezug auf die vorgeschaltete Elektronik Sorgfalt walten läßt, so kommt er bei guten Aufnahmen dem Live-Erlebnis doch recht nahe.
(HIFI exclusiv 8/86)

13.4 Wohnraumakustik bei Fernsehern

Werden direkt strahlende Haupt-Lautsprecher zusammen mit räumlich abstrahlenden Zusatz-Lautsprechern in Stereofernsehern eingesetzt, strahlen die beiden Haupt-Lautsprecher nach vorne, und die Zusatz-Lautsprecherchassis sind wiederum so montiert, daß sie nach der Seite und zusätzlich auch nach oben abstrahlen. Der Raumklang kann wie bisher über eine Taste aktiviert werden, die jetzt aber nicht mehr das Direktsignal durch Phasenfehler verfälscht, sondern ganz einfach die Zusatz-Lautsprecher einschaltet *(Bild 13.6)*.

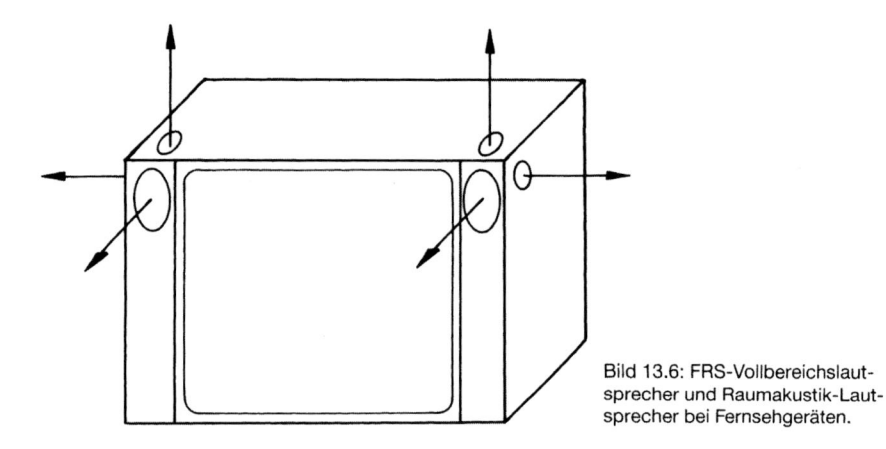

Bild 13.6: FRS-Vollbereichslautsprecher und Raumakustik-Lautsprecher bei Fernsehgeräten.

13.5 Autoakustik

Optimale Lautsprecherwiedergabe im Auto bedarf ebenfalls akustischer Lösungen. Hier ist jedoch der Hörraum noch kleiner und obendrein meist noch stärker bedämpft als in Wohnräumen. Diese Bedämpfung wirkt vorwiegend im Mittel- und Hochtonbereich. Der Hörer befindet sich stets in unmittelbarer Nähe zu den Lautsprechern. Breitbandig abstrahlende Lautsprecher können ihrem Einbauort entsprechend mit der TPS-Schaltung entzerrt werden.

Tauglichste Lösung ist auch hier der FRS Vollbereichs-Punktstrahler [12], doch eignen sich bei Auto-HiFi-Anlagen auch die weniger hochwertigen, handelsüblichen Breitband-Lautsprecher oder die ebenfalls gebräuchlichen Koaxial-Lautsprecher. Gerade weil der Zuhörer im Auto so nahe an den Lautsprechern sitzt, muß die Schallquelle dort möglichst klein und punktförmig sein sowie den ganzen Frequenzbereich abstrahlen. Verwendet man stattdessen, wie bislang oft üblich, nebeneinander angeordnete Mehrweg-Lautsprecher, ergeben sich sich bei jeder Bewegung des Hörers deutlich wahrnehmbare Klangverfärbungen aus unterschiedlichen Überlagerungen der einzelnen Frequenzbereiche.

Die Haupt-Lautsprecher müssen deshalb stets den ganzen Frequenzbereich abstrahlen, weil sonst die Direktschallinformation frequenzmäßig verfälscht wird. Die Raumakustik-Lautsprecher haben auch im Auto den Zweck, die klangliche Anpassung an die speziellen akustischen Verhältnisse im Autoinnenraum herbeizuführen, ohne dabei den Direktschall zu verfälschen. Sie werden am besten im Armaturenbrett so montiert, daß sie nicht direkt auf den Hörer strahlen, sondern gegen die Windschutzscheibe gerichtet sind. Ihr Schall soll nach dem der Haupt-Lautsprecher beim Hörer eintreffen. Der Frequenzbereich sollte auf jeden Fall deutlich über 5000 Hz liegen, um laufzeitmäßige Fehlortungen zu vermeiden. Außerdem sollen vor allem jene Frequenzen, die der Fahrgastraum besonders stark wegdämpft, bevorzugt abgestrahlt werden. Dadurch erreicht man, daß sich in dem kleinen Fahrgastraum ein frequenzmäßig ausgeglichenes diffuses Schallfeld aufbauen kann, und zwar trotz der hohen Dämpfung und trotz der wenigen schallharten Reflexionsflächen.

14 Hochwertige und kopfbezogene Kopfhörerwiedergabe

14.1 Kopfhörerakustik

Ein Musikmaterial, das alle Informatinen enthält, die zu der Wahrnehmung einer hochwertigen Akustik bei der Kopfhörerwiedergabe notwendig sind, eignet sich nicht für eine akustisch gleichwertige Lautsprecherwiedergabe. Tonmeister, die vor die Aufgabe gestellt waren, sich bei der Aufnahmetechnik entweder für die Intenstätsstereophonie (die optimal für Lautsprecherwiedergabe ist) oder für die Laufzeitstereophonie (die optimal für Kopfhörerwiedergabe ist) entscheiden zu müssen, fanden auch bei der verzweifelten Suche nach Zwischenlösungen keinen geeigneten, eindeutigen Weg. Sie sehen mehr und mehr ein, daß technische Detailverbesserungen hier nicht mehr weiterhelfen, sondern eine grundsätzliche Alternative gefunden werden muß.

Sämtliche Bemühungen, die laufzeitstereophonen Kunstkopf-Aufnahmen für eine hochwertige Lautsprecherwiedergabe aufzubereiten, haben sich in der Zwischenzeit als unzulänglich erwiesen. Es liegt auf der Hand, daß die durch eine Kunstkopf-Aufnahme fixierten zeitlichen und frequenzmäßigen Zusammenhänge im Nachhinein nicht mehr zu entflechten sind. Weder lassen sich laufzeitstereophone Aufnahmen durch Herausfiltern bestimmter Einzelreflexionen in intensitätsstereophone Aufnahmen verwandeln, noch erhält man nachträglich eine so präzise Information von den Schallquellen, wie sie durch die Plazierung von Einzelmikrofonen, z. B. beim Pfleidrecording, erreicht wird.

Der Weg aus diesem akustischen Dilemma verläuft umgekehrt. Nicht das durch Kunstkopf-Aufnahmen beeinträchtigte Signal muß für Lautsprecherwiedergabe entzerrt werden, sondern die für die Lautsprecherwiedergabe optimierten Aufnahmen können für das Medium Kopfhörer aufbereitet werden. Dieser Weg bietet sich schon deshalb an, weil es leicht ist, dem Klangmaterial Einzelreflexionen elektronisch beizumischen.

14.2 Der Echtzeitprozessor PP 9

Der Echtzeitprozessor PP 9 nach *Bild 14.1* ermöglicht es, daß die Ergebnisse der allgemeinen akustischen Forschung ebenso wie die Ergebnisse der Arbeiten am Kunstkopf in ein technisch praktikables Verfahren eingebracht werden [41]. Er erlaubt die Nachbildung der ersten schallstarken Reflexionen bei der Kopfhörerwiedergabe. Außerdem können die akustischen Reflexionsverhältnisse beim Eintreffen der Schallwellen an der menschlichen Kopfform, die sich bei den Untersuchungen am Kunstkopf

14.2 Der Echtzeitprozessor PP 9

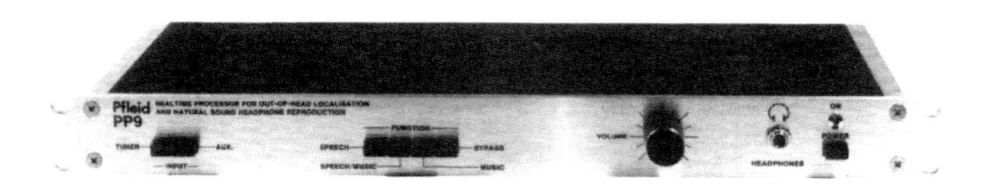

Bild 14.1: Pfleid PP9-Echtzeitprozessor simuliert dreidimensionales Hören im Kopfhörerbetrieb.

als wichtig herausgestellt haben, verwirklicht werden. Das geschieht, indem man die Reflexionen elektronisch nachbildet. Bei der Kopfhörerwiedergabe lassen sich die Akustikempfindungen durch elektronisch erzeugte Reflexionen genauso beliebig steuern, wie dies in Hörräumen durch die Wandgestaltung oder durch Reflektoren gemacht wird.

Die elektronisch erzeugten Reflexionen können in beiden Kanälen im beidohrig richtigen Zusammenhang nachgebildet werden. Da diese elektronische Aufbereitung für Kopfhörer erst beim Bedarf der Kopfhörerwiedergabe im PP9 Gerät erfolgt, bleibt jedoch immer die Verwendbarkeit des Programmmaterials für die akustisch hochwertige Lautsprecherwiedergabe völlig unbeeinträchtigt.

Bei der elektronischen Reflexionssimulation direkt am Ohr ergeben sich außerdem zwei weitere Vorteile:

1. Das zeitliche Eintreffen der ersten schallstarken Raumreflexionen kann wie in optimalen Konzertsälen oder akustisch hervorragenden Räumen gesteuert und optimiert werden.

2. Die frequenzmäßigen Verzerrungen (Beugungsverhältnisse) der seitlich aus dem Raum an einer menschlichen Kopfform eintreffenden Schallwellen können in bezug auf beide Ohren laufzeit und frequenzmäßig psychoakustisch richtig im Zusammenhang nachgebildet werden. Es wird wie bei den akustisch besten Kunstkopf-Aufnahmen ein räumlich definiertes, außerhalb des Kopfes lokalisiertes und auch transparentes Klangbild mit jedem Musikmaterial auch nachträglich herstellbar.

14.2.1 Funktionsschema

Wie aus dem akustisch-schematischen Bild *(Bild 14.2 a, b)* und dem elektronischen Analogon *(Bild 14.3)* zu ersehen ist, trifft zuerst der Direktschall beim Hörer ein und erlaubt exakte intensitätsmäßige Ortungen in der links/mitte/rechts-Verteilung. Der linke Kanal geht nur zum linken, der rechte nur zum rechten Ohr. Bei Instrumenten in der Mitte ist im linken sowie im rechten Kanal der gleiche Pegel aufgezeichnet; je weiter seitlich die Instrumente angeordnet sind, desto unterschiedlicher sind die Pegel am linken und rechten Ohr. Da die Pegel zur Ortung bereits auf beiden Kanälen vorhanden sind, darf beim Direktschall deshalb auf keinen Fall eine zusätzliche Überspielung des linken Kanals auf das rechte Ohr und umgekehrt erfolgen, da sonst nicht die akusti-

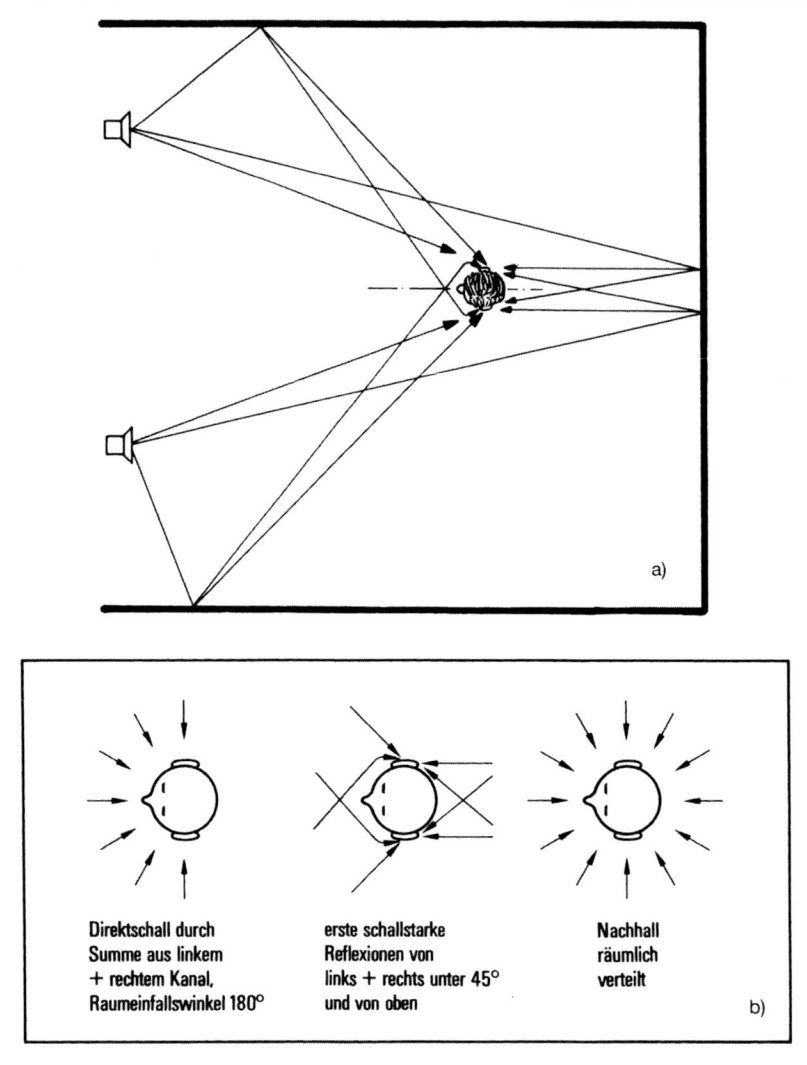

14 Hochwertige und kopfbezogene Kopfhörerwiedergabe

| Direktschall durch Summe aus linkem + rechtem Kanal, Raumeinfallswinkel 180° | erste schallstarke Reflexionen von links + rechts unter 45° und von oben | Nachhall räumlich verteilt |

Bild 14.2: Schematische Darstellung der akustischen Reflexionen in einem Hörraum: a) im Raum; b) beim Eintreffen am Kopf.

schen Verhältnisse im Aufnahmeraum, sondern bereits Lautsprecherverhältnisse mit Übersprechen von Ohr zu Ohr nachgezeichnet würden.

Hierdurch wird aber auch die Hörposition in bezug zu den Schallquellen, also nahe am Geschehen, mit seitlichen Schalleindrücken festgelegt, die, wie bei kopfbezogenen Stereophonieaufnahmen mit Erfolg erprobt, das Gefühl des Miterlebens fördert und sogar teilweise die optischen Eindrücke ersetzt. Außerdem werden durch die Auswer-

14.2 Der Echtzeitprozessor PP 9

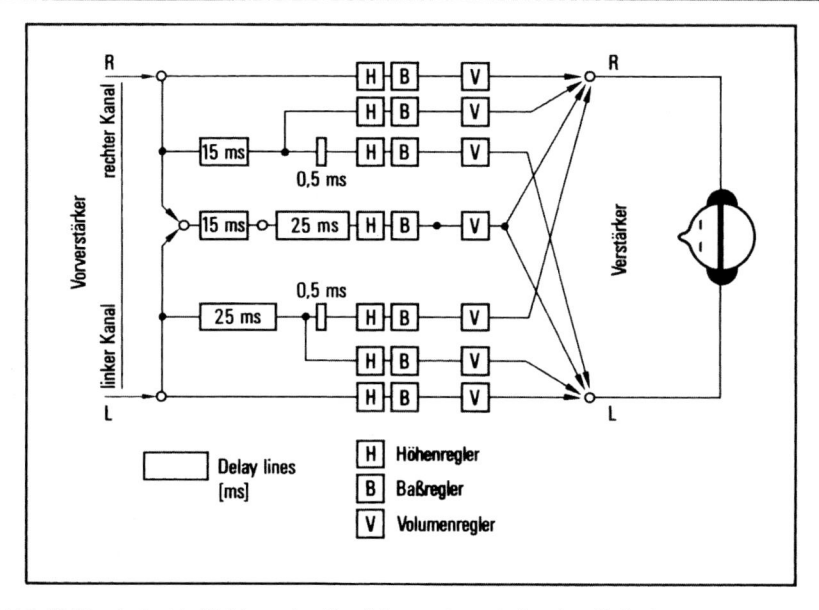

Bild 14.3: Elektronische Nachbildung der räumlichen ersten schallstarken Reflexionen.

tung der zueinander unterschiedlichen Lautstärkebeziehungen innerhalb eines Orchesters Ortungen zwischen vorne und hinten möglich. Solche Ortungen erfolgen umso präziser, je geringer sich dieser Schall in den ersten 5 ms mit schnell eintreffenden Reflexionen überlagert und je weniger die Einschwingvorgänge der Instrumente dadurch verwischt werden. Nach ca. 15 ms, einem psychoakustisch ausreichenden Zeitintervall für Musik, lassen wir den linken Kanal am linken Ohr etwas abgeschwächt und höhengedämpft eintreffen und 0,5 ms danach, noch mehr abgeschwächt, höhen- und tiefengedämpft, am anderen Ohr.

14.2.2 Nachbildung von Laufzeitdifferenzen

Die 0,5 ms entsprechen etwa der Wegstrecke, die der Schall zwischen dem linken und rechten Ohr als Laufzeitdifferenz hätte, wenn er seitlich von vorne unter einem Winkel von ca. 45 Grad einfiele. Die Abschwächung und Höhendämpfung des linken Kanals zum linken Ohr entspricht der Dämpfung aufgrund des größeren Laufwegs von Reflexionen gegenüber dem Direktschall. Die stärkere Abschwächung sowie Höhen- und Tiefendämpfung des gleichen Kanals zum anderen Ohr berücksichtigt die zusätzliche Abschattung und Beugung des Schalls an der menschlichen Kopfform bis zum schallabgewandten Ohr. Nach ca. 25 ms lassen wir den rechten Kanal am rechten Ohr, wiederum entsprechend dem Hörraum verändert, und danach am linken Ohr, durch Hörraum und, wie auf der schallabgewandten Seite des menschlichen Kopfes, durch Beugung verändert, eintreffen.

Eine subjektive Einstellung der Filter, entsprechend der Beugung von Schallwellen an unterschiedlichen Kopf- und Ohrmuschelformen, ist prinzipiell möglich. Nach ca. 40 ms kommt das erste Monosignal, linker und rechter Kanal gemischt, das bei größerer Lautstärke und mehr Höhen, wie z. B. von einer Zimmerdecke, als von oben kommend oder, leiser und mit weniger Höhen beigefügt, wie z. B. von einer Rückwand, als von hinten kommend empfunden wird. Durch diese Einzelreflexionen wird die speziell vom menschlichen Gehör gewohnte wichtige Korrelation von laufzeit- und intensitätsmäßigen Schalleindrücken zwischen linkem und rechtem Ohr und damit ein natürlich empfundener Hörvorgang geschaffen, der Im-Kopf-Lokalisationen verhindert. Hier zeigt sich sehr deutlich, daß auf diese Weise simulierte schallstarke Einzelreflexionen nicht nur die Räumlichkeitsempfindung ermöglichen und fördern, sondern gleichzeitig auch die Durchsichtigkeit erhöhen. Räumlichkeit und Transparenz sind bei derartigen Reflexionen kein Widerspruch [29].

Anders ist es beim statistischen Nachhall. Wenn dieser Nachhall im Verhältnis zum Direktschall und den ersten Reflexionen zu laut ist und zu lange nachklingt, geht diese Räumlichkeit auf Kosten der Deutlichkeit des Musikempfindens. Deshalb haben wir diesen Nachhall, den auch konventionelle Hallgeräte bilden können, weggelassen. Allein durch die guten akustischen Bedingungen bei Musikaufnahmen wird immer soviel Nachhall mit aufgezeichnet, daß dies vollkommen ausreicht.

Die Abstimmung der Pegel, des Direktschalls, der ersten schallstarken Einzelreflexionen und des Nachhalls zueinander und in bezug auf eine menschliche Kopfform gewährleistet die leichte Wiedererkennung von gespeicherten Reizmustern im menschlichen Gehirn und bestimmt ebenso wie reale akustische Bedingungen die richtungsgetreue und räumliche Definition des Schallereignisses.

14.2.3 Transparenz der Wiedergabe mit wenigen Elementen verbessert

Bei Wiedergabeversuchen über Kopfhörer hat sich gezeigt, daß schon mit der psychoakustisch richtigen Nachbildung des Direktschalls und zwei schallstarken Einzelreflexionen von links und rechts, in Verbindung mit einer dritten von vorne oben in Mono und mit dem bereits aufgezeichneten anschließenden Nachhall, eine bemerkenswerte Räumlichkeit und Transparenz des Musikgeschehens herbeigeführt werden kann. Für Kopfhörerwiedergabe psychoakustisch richtig, d. h. beidohrig in zeitlicher und frequenzmäßiger Korrelation auf das menschliche Gehör abgestimmt, lassen sich beliebig viele Reflexionen beimischen, ohne das Klangbild subjektiv zu verfälschen, solange die Raumeinfallswinkel so unterschiedlich bleiben wie im natürlichen Schallfeld bei einer Live-Aufführung.

Würden Direktschall und Reflexionen aus derselben Richtung kommen, ergäben sich auch subjektiv wahrnehmbare Auslöschungen bzw. Überhöhungen. Im freien Schallfeld, und auch elektronisch am Kopfhörer herstellbar, finden bei frontalem Schalleinfall und seitlichen Reflexionen an beiden Ohren unterschiedliche Frequenzüberlagerungen statt, aus denen das Gehirn im Vergleich mit jenen ursprünglichen Reizmustern, die es im Laufe seiner Hör-Erfahrungen speichern konnte, eine räumliche Vorstellung vom Klangereignis gewinnt, ohne daß der Klangeindruck subjektiv verzerrt empfunden wird („intelligentes Hören"). Daraus erklärt sich die für reine

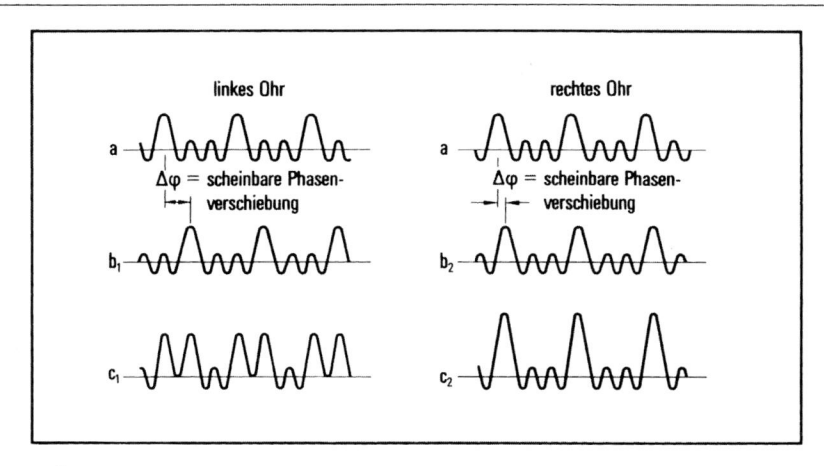

Bild 14.4: Überlagerung von Direktschall und seitlicher Reflexion an beiden Ohren. a) Direktschall von vorn; b1) seitliche Reflexion linkes Ohr; b2) seitliche Reflexion rechtes Ohr; c1) resultierende Überlagerung linkes Ohr; c2) resultierende Überlagerung rechtes Ohr.

Meßtechniker bis heute unverständliche Erscheinung, wonach zeitlich verschieden stark verzögerte und daher sich unterschiedlich überlagernde Signale auf dem Oszilloskop zwar vollständig verschieden aussehen, sich jedoch genau gleich anhören *(Bild 14.4)*.

Die exakte Nachbildung der gewohnten Laufzeit- und Pegelverhältnisse und der Frequenzveränderung durch Beugung an der menschlichen Kopfform sind aber zur richtigen Verarbeitung der unterschiedlichsten Höreindrücke für Kopfhörerwiedergabe eine wichtige Voraussetzung zum Erfassen des natürlich empfundenen Raumeindrucks. Es hat sich gezeigt, daß trotz noch so genauer Darstellung aller Raumreflexionen, z. B. mit Hilfe zweier Mikrofone in ohrähnlichem Abstand im Aufnahmeraum, es bei Kopfhörerwiedergabe stets zu Fehllokalisationen kommt, wenn die zur psychoakustischen Verarbeitung wichtigen Beugungsverhältnisse an der menschlichen Kopfform nicht im Aufnahmematerial enthalten sind [39]. Umgekehrt können die akustischen Umgebungen sich voneinander sehr unterscheiden, und dennoch führt dies nie zur IKL. Ob in einem Hörraum viele oder wenig Reflexionen beim Hörer eintreffen, wird nur in Gestalt eines anderen Raumgefühls bzw. eines anderen Halligkeits- oder Entfernungseindrucks registriert.

14.2.4 Abbildung natürlicher Räume nicht notwendig

Auf eine exakte Nachbildung aller Reflexionen mit dem Echtzeitprozessor kann deshalb verzichtet werden, ja es muß gar kein konkreter natürlicher Raum nachgebildet werden. Es genügt, die ersten schallstarken Reflexionen räumlich und zeitlich richtig eintreffen zu lassen und mit dem Nachhall zu verbinden. Räumlich richtig heißt, von seitlich/vorne unter einem Winkel von etwa 45 Grad. Zeitlich richtig heißt, sie im beschriebenen akustisch günstigen Zeitbereich eintreffen zu lassen.

Allein durch diese Maßnahmen wird das Klangbild bereits raumlogisch bzw. akustisch günstig strukturiert. Es ist dann auch unerheblich, ob noch beliebige weitere Reflexionen mit aufgezeichnet sind; sollten sie akustisch ungünstig sein, bewirken die „richtigen" Reflexionen eine wesentliche Verbesserung, falls sie aber schon akustisch „richtig" sind, werden eben noch etliche weitere akustisch sinnvolle beigefügt, die aber dann in der Gesamtheit verschwinden (Integrationswirkung des Gehörs). Auch hier ist die Wirkung vergleichbar mit den Reflektoren im Konzertsaal, schlechte Säle werden verbessert, gute nicht verändert. (Auf die gleiche Art verbessert unser Wohnraum-Lautsprecher den akustischen Höreindruck auch bei dem bereits verhallten Programmaterial der heute üblichen beliebigen Zusammenmisch-Aufnahmetechnik.)

Der Vorteil des Echtzeitprozessors liegt somit auch darin, daß sich die speziell für Lautsprecherwiedergabe erstellten Aufnahmen für Kopfhörerwiedergabe brauchbar aufbereiten lassen, während gute Kunstkopf-Aufnahmen durch das Gerät nicht hörbar beeinflußt werden. Fehlende akustische Merkmale werden im erforderlichen Ausmaß bereitgestellt; wenn jedoch in einer Aufnahme die optimalen akustischen Bedingungen schon enthalten sind, erfolgt keine zusätzlich hörbare Veränderung.

In der bisherigen beliebigen Zusammenmisch-Aufnahmetechnik hergestelltes handelsübliches Programmaterial, das bereits weitgehend für Kopfhörererfordernisse konzipiert ist, wird nicht mehr oder unwesentlich optimiert und – falls es für Kopfhörerwiedergabe weniger gut geeignet ist – auffallend stark verbessert. Monoaufnahmen mit ausgesprochener IKL werden räumlich wahrgenommen und zwar so, als sei in einem akustisch guten Raum ein Mono-Lautsprecher zu hören, der sich vor dem Hörer befindet. Auch bei Stereoaufnahmen, wo die Instrumente bereits für Kopfhörerwiedergabe über zwei Hauptmikrofone aufgenommen oder durch Mischtechnik aufbereitet sind, wird ein Solosänger, der mit Monomikrofon aufgezeichnet wurde, im Kopf lokalisiert. Der Echtzeitprozessor beeinflußt zwar die Instrumentalmusik nicht, bewirkt jedoch, daß man den Sänger nicht mehr innerhalb des Kopfes ortet, sondern wie die Instrumentalmusik auch außerhalb des Kopfes wahrnimmt. Daher kann man in einer sonst richtigen Aufnahme auch die selektiven Fehler einzelner Monostimmanteile beseitigen. Sogar Aufnahmen in Kunstkopftechnik von Räumen mit schlechter Akustik werden akustisch verbessert, ohne daß die definierte Räumlichkeit verloren geht oder beeinträchtigt wird. Kopfhörer werden endlich ein den HiFi-Boxen ebenbürtiges und akustisch hochwertiges Abhörgerät.

Diese Zielsetzung läßt sich nur durch Nachbildung von relativ genau festgelegten Parametern für gute Raumakustik und mit den ebenso fest vorgegebenen Schallaufnahmeverhältnissen am menschlichen Kopf verwirklichen und unterscheidet den Echtzeitprozessor von allen anwenderseitig beliebig einstellbaren Effektgeräten. Die Schaltung des Echtzeitprozessors PP 9 kann neben der fertigen konventionellen Bauweise in analoger Schaltungstechnik auch in digitaler Schaltungstechnik verwirklicht werden. Voraussetzung dafür waren die in den letzten Jahren entwickelten Digitalen Signal Prozessoren (DSP). Die Preise für DSPs, für elektronische Speicherbausteine sowie für AD- und DA-Wandler sind in den letzten Jahren enorm zurückgegangen, gleichzeitig stieg aber ihre Leistungsfähigkeit. Erst durch diese Technik können alle Vorzüge des Echtzeitprozessors PP 9 zum Zug kommen. Wenn der Echtzeitprozessor PP 9 in dieser Technik ausgeführt wird, ist der Rauschabstand so gut wie bei CD-Playern. In digitaler Technik kann der Vorgang der Reflexionserzeugung durch ein Programm wesentlich detaillierter erfolgen als in analoger Schaltungstechnik mit Zeitverzögerungsgliedern aus Eimerkettenspeichern. Es können auch feinste akustische Feinheiten berücksichtigt werden.

Miniaturisiert würden sich durch die kleinen Abmessungen und bei einer Massenfertigung mit günstigen Preisen vielfältige neue Verwendungsmöglichkeiten ergeben. Ebenso wie die Erfindung für die Musik optimale Hörbedingungen simuliert, können auch die für die Sprachverständlichkeit günstigen akustischen Erfordernisse nachgebildet werden. Dies wird plausibel, wenn man an entsprechende Konzertsäle und Konferenzräume denkt, die für die jeweiligen akustischen Bedürfnisse optimiert wurden. Für Besprechungs- und Tagungsräume sind wesentlich schneller eintreffende Reflexionen mit geringerer Nachhalldauer erforderlich als für Konzertsäle. Das zeitliche Eintreffen der Reflexionen kann durch eine Veränderung der steuernden Taktfrequenz sehr leicht variiert und für Sprachverständlichkeit optimiert werden. Es muß hierbei nur beachtet werden, daß die Zeitspanne zwischen dem Direktschall und den ersten schallstarken Reflexionen nicht kürzer als 5 ms wird.

Überall, wo mit Kopfhörern gehört werden muß und nur mit einem Mikrofon, also in Mono, gearbeitet wird, bewirkt die Erfindung große Verbesserungen durch Außerkopflokalisation und eine wesentlich höhere Sprachverständlichkeit. Anwendungsgebiete finden sich im gesamten Sprechfunkverkehr, aber auch bei der Simultanübersetzung und in Sprachlabors.

Beim Fernsehen mit Kopfhörern, besonders bei monoauralem Ton, aber auch bei psychoakustisch unzulänglich aufgenommenem Stereoton ist die IKL sehr lästig. Mit der Erfindung erreicht man auch hier neben der besseren Sprachverständlichkeit die Außerkopflokalisation räumlicher Klangbilder und mit dem Bild vor Augen eine psychoakustisch perfekte Ton/Bild-Synchronisation.

Schwerhörige mit konventionellen Hörgeräten klagen oft, sie würden zwar vor der übermäßigen Lautstärke zurückschrecken, wenn jemand ins Mikrofon hineinruft, aber trotz des lauten Direktschalls nichts verstehen. Auch hier könnte der Prozessor helfen. Die ersten schallstarken Reflexionen erhöhen auch hier die subjektiv empfundene Direktschallautstärke, ohne daß dabei der Direktschall aber lauter gestellt werden muß. Sie bewirken, daß das Klangbild natürlich empfunden wird und verhelfen wieder zu einer wesentlich besseren Sprachverständlichkeit. Man kann für jedes Ohr einzeln die Lautstärke so einstellen, daß wieder ein vollkommen natürlicher, beidohriger Hörvorgang ermöglicht wird.

14.3 Die Patente zum Echtzeitprozessor PP 9

Diese Erfindung ermöglicht es, auch bei der Kopfhörerwiedergabe das jedem Menschen bekannte und gewohnte Eintreffen der ersten schallstarken Reflexionen an seinen beiden Ohren im zeitlichen Verlauf sowie frequenzmäßig nachzubilden – und zwar dermaßen wirklichkeitsgerecht, daß nicht nur ein natürlich empfundener Höreindruck entsteht, sondern sogar die Außerkopflokalisation erreicht werden kann [42, 43].

Die im Kapitel 16.1 bis 16.1.4 beschriebenen früheren Erfindungen auf diesem

Sektor bieten keine sachgerechte Lösung für das psychoakustische Problem des natürlichen Hörempfindens bei der Kopfhörerwiedergabe. Gegenüber der Erfindung des Autors müssen sie als sogenannte „verschlechterte Ausführung" bezeichnet werden - so die patentrechtliche Formulierung.

Die technisch und akustisch hochwertige Verwirklichung aller jener Erfindungen, die mit elektronisch zeitverzögerten Reflexionen arbeiten, wurde erst durch die Digitaltechnik möglich. Die wirtschaftliche Verwertung läßt sich erst mit Hilfe der digitalen Signalprozessoren (DSP) durchführen. Bei dieser Ausführungsform unterscheiden sich die richtige Lösung oder die „verschlechterten Ausführungen" nur durch unterschiedliche Programme im Speicher des DSP. Da aber für die psychoakustisch richtige Lösung die Natur den richtigen Weg vorgibt, geht der Autor davon aus, daß sich seine Lösung als gültig durchsetzen wird. Der Autor und Patentinhaber sowie die „Patentstelle für die Deutsche Forschung" der „Fraunhofer Gesellschaft" in München bieten diese Erfindung auch anderen Firmen in Lizenz an, um die Patentrechte zu vermarkten.

15 Intelligente Schallverarbeitung beim Hören

Das menschliche Gehirn mit seiner außerordentlichen Gedächtnisleistung und echtzeitmäßigen Verarbeitung optischer, akustischer und sensorischer Reize, die dauernd im Gesamtzusammenhang überprüft und mit gespeicherten Erfahrungswerten verglichen werden, ermöglicht eine optimale, schnelle und intelligente Verarbeitung jeder Wahrnehmungssituation in einem Ausmaß, das auch heute noch immer wieder überrascht. Schon die Begriffe Klavier, Flöte oder Kontrabaß genügen im Sprachgebrauch, damit ein Gesprächspartner sich davon ganz konkrete Vorstellungen machen kann, wenn er die Instrumente schon einmal gesehen hat. Genauso ist es bei der Musik. Wenn jemand die Instrumente schon einmal gehört hat, genügen wenige Töne für die Erkennung und Zuordnung zum im Gedächtnis gespeicherten Gesamtbegriff z. B. eines Klaviers mit seinem Gesamtklangspektrum und seinen Abmessungen, aber auch Farbvorstellungen, z. B. der weißen und schwarzen Tasten oder der Pedale.

Durch die spezielle Befähigung zur schnellsten Auswertung der Einschwingvorgänge können auch Bekannte und Freunde, wie bereits in einem Eingangsbeispiel erwähnt, am Telefon sofort erkannt werden. Desgleichen kann unser Gehirn, selbst wenn z. B. bei einer schlechten Telefonverbindung ganze Wörter unterdrückt werden, diese aus dem Zusammenhang so schnell und logisch ergänzen, als seien sie gehört worden. Wenn umgekehrt bei einer schlechten Telefonverbindung z. B. nur einzelne Buchstaben zusammenhanglos übermittelt werden, versagt die intelligente Auswertung, eine Fehlerergänzung ist nicht möglich.

Die gleiche Wirkung ist auch in der Musik bekannt. So ist es möglich, daß auf einer Schallplatte nicht aufgezeichnete tiefe Töne empfindungsmäßig ergänzt werden, sobald ein Gesamtzusammenhang, z. B. mit einem bekannten Musikstück oder einem bestimmten Obertonspektrum (Enveloppehören, Residuum), vorhanden ist. Aber auch hier versagt die intelligente Auswertung, wenn zusammenhanglos tiefe Töne erkannt werden sollen, die in keiner logischen Verbindung mit den anderen äußeren Merkmalen oder auch der Gedächtnisleistung stehen.

Daß Musikern, die immer mitten im Klanggeschehen stehen, denen also die Noten und die Feinheiten der unterschiedlichen Interpretationen verschiedener Dirigenten geläufig sind und die dies alles im Gedächtnis gespeichert haben, oft relativ schlechte HiFi-Anlagen für einen befriedigenden Musikgenuß durchaus genügen, ist verständlich aufgrund der intelligenten Verarbeitung. Für diese Leute dient das Abhören von Aufnahmen hauptsächlich als Erinnerung und zur Assoziation des bekannten und gespeicherten Live-Erlebnisses.

Nur im unmittelbaren Vergleich kann man ihnen Unterschiede zwischen guten und schlechten Lautsprechern demonstrieren. Auch die höherwertigen Lautsprecher dienen dann aber sofort wieder nur zur „verbesserten Assoziation" des bekannten Live-Erlebnisses.

15.1 Ist die Wahrnehmung von Gesamtsituationen durch alleinige Simulierung ihrer akustischen Bestandteile möglich?

Um die Möglichkeiten der intelligenten Verarbeitung nicht nur von Tönen, sondern auch von Gesamtsituationen und Ortungsempfindungen zu beschreiben, nun ein ausführliches Beispiel:

Im Rahmen der 12. Tonmeistertagung wurde am Institut für Rundfunktechnik in München Freimann ein neuer Kunstkopf vorgeführt, bei dem die Mikrofone nicht mehr im Kopf hinter dem Gehörgang (Neumann K 80), sondern bereits direkt hinter der Ohrmuschel am Innenohr angeordnet sind (Neumann K 81). Dieser Kunstkopf ohne Nachbildung der Gehörgangimpedanz zeichnet sich gegenüber dem alten tatsächlich durch einen wesentlich verbesserten Schalldruckverlauf bis über 10 kHz aus, erreicht aber unseres Erachtens noch nicht die Qualität im Schalldruckverlauf der zwei frei angeordneten Studio-Mikrofone mit einer runden, dazwischengespannten Filzscheibe der OSS-Technik [35].

In dem Vorführraum wurde eine im gleichen Saal aufgezeichnete Aufnahme vorgeführt, nachdem der Referent seine Rede unterbrochen hatte. Vorher waren die Zuhörer angewiesen worden, Kopfhörer aufzusetzen, stillzusitzen und die Augen zu schließen. In dieser Aufnahme wurde vom Referenten genau geschildert, wo er sich jewoils im Raum befand, so etwa seitlich an der Wand, gegen die er auch klopfte; man hörte ihn sagen, er ginge jetzt zum Kunstkopf, um ins linke und rechte Ohr zu flüstern; er gab an, seitlich auf die andere Saalseite zu gehen, um dort wieder an die Wand zu klopfen und hinter den Hörern um den ganzen Saal herumzuwandern und schließlich nach vorne zur Tafel zu gehen, wo er beschrieb, wie er dort mit Kreide malte und dann wieder auf die Seite ging. Er hatte immer genau erläutert, wo er sich jeweils befunden hatte, so daß es für uns eigentlich keine Störung der intelligenten Verarbeitung (von der Aufnahmesituation her) geben konnte.

Interessant war die Auswertung durch das anwesende Publikum. Während es im nicht sichtbaren Bereich hinten kaum Fehlortungen gab, wie ja schon von den Aufnahmen mit dem alten Kunstkopf bekannt, waren aufgrund der genau definierten und logischen Situation hier auch Ortungen nach vorne möglich. Ich öffnete die Augen, als der Referent vorne etwas mit Kreide an die Tafel schrieb. Da ich mich auf die Kreidegeräusche konzentriert hatte und die Tafel nun auch sah, blieb der Eindruck der Ortung nach vorne bei geöffneten Augen erhalten, und es war fast gespenstisch, die Tafel zu sehen, den Referenten schreiben und reden zu hören, aber nicht zu sehen – denn es war ja eine Aufzeichnung.

Ein Kollege, der ebenfalls in diesem Moment die Augen geöffnet hatte, um eine Sinneskontrolle vorzunehmen, war selektiv nicht auf die Geräusche an der Tafel, sondern auf den Sprecher konzentriert. Als er ihn nicht sah, kam es sofort zu einer intelligenten Kollision in der Auswertung, mit der Folge einer sprunghaft nach hinten wechselnden Ortung. Andere gaben zu, schon während des Umhergehens logische Ortungskontrollen durch Kopfbewegungen gemacht zu haben und dabei bereits Fehlortungen erlebt zu haben.

Bemerkenswert an diesem Beispiel ist, daß trotz optimaler Ausgangssituation Störungen der intelligenten Auswertung sofort Fehlortungen bewirkt haben. Während einer weiteren Demonstration von Aufnahmen im Freien mit Windgeräuschen führten die Windturbulenzen am Ohr zu unangenehm lauten Brummgeräuschen, von denen die gleichzeitig aufgenommene Sprache fast vollständig verdeckt wurde. Auch hier ist wesentlich, daß eine logische Sinneskopplung mit einer Gesamtsituation nicht möglich war und deshalb die Geräusche überhaupt bewußt hörbar wurden, d. h. nicht intelligent auswertbar und damit nicht unterdrückbar waren. Wenn wir uns bei Wind im Freien befinden, treten die gleichen Geräusche am Ohr auf, aber anhand der logisch wahrnehmbaren Situation und auch der Winddruckempfindung an der Haut vermag das Gehirn, diese Geräusche logisch so zu unterdrücken, daß eine gleichzeitige Unterhaltung nicht nur ohne weiteres möglich ist, sondern die Windgeräusche gar nicht bewußt wahrgenommen werden.

Daß diese Auswertung und Geräuschunterdrückung vollständig unbewußt erfolgt, läßt sich auch durch ein anderes Beispiel zeigen. Meine Eltern wohnen 50 m neben einer auch nachts befahrenen Eisenbahnstrecke. Da direkt am Grundstück mehrere niveaugleiche Bahnübergänge sind, geben die Züge jedesmal schon bei der Annäherung und auch während des Vorbeifahrens ein lautes Warnsignal. Obwohl ich nachts von den leisesten Fremdgeräuschen, wie z. B. dem Öffnen einer Tür wach wurde, hörte ich schon als Kind diese Züge nachts nie und auch später nach jahrelanger Abwesenheit, wenn ich wieder zu Hause war, wurde ich nachts durch diese Züge nie geweckt. Anders ging es dort übernachtenden Freunden und Bekannten. Sie standen manchmal nachts vor Schreck fast aufrecht im Bett. Zwischen Hören und Wahrnehmen steht also die unbewußte, situationsbedingte Verarbeitung von Schallsignalen.

Wenn es nun nicht allein um die Wahrnehmung von Tönen, sondern von Gesamtsituationen, also z. B. der Wiedergabe einer Konzertsaalsituation über Kopfhörer, gehen soll, treten, sofern bei den Kunstkopf-Aufnahmen nicht weitere logische Sinnesverbindungen dazukommen, sehr schnell Fehlortungen auf, deren Störungen gravierender sind als der Zugewinn durch die Außerkopflokalisation.

Versuche einer noch genaueren Nachbildung von Kopfformen, Ohrmuscheln, des Oberkörpers, bis hin zu Haaren und den Kopfhöhlen im Inneren des Kopfes haben bei Kunstkopf-Aufnahmen, statistisch gesehen, weniger positiven Einfluß als die Kopplung mit einer weiteren intelligenten Auswertbarkeitshilfe, z. B. dem Gedächtnis (das von demjenigen in Anspruch genommen werden kann, der bei den Aufnahmen dabei war) oder den Kopfdrehungen bzw. visuellen Ortbarkeitshilfen. Angesichts der beträchtlichen Spielbreite von natürlichen Kopf- und Ohrmuschelformen oder Frisuren führen derartige „Optimierungen" schließlich zu solch absurden Fragen, welche typische Kopfform oder Ohrmuscheln denn eigentlich nachgebildet werden müßten oder gar welche Haartypen oder Oberkörperformen.

15.2 Der Einfluß der Kopfbewegung (Ohrverschiebung)

Während einerseits versucht wird, die verschiedenen Ohrmuschelformen nachzubilden und ein „Normohr" zu schaffen, das bei sämtlichen Ortungen allen unterschiedlichen Ohrformen gerecht werden soll, haben Versuche nach der Drehtheorie erwiesen, daß sich die Ortung nach vorne auch ohne Ohrmuscheleinfluß allein von den Änderungen der Schallsignale an den Trommelfellen während der Kopfbewegungen ableiten läßt. Daß das Gehör diese Informationen tatsächlich benutzt bzw. mitbenutzt, um den Ort des Hörereignisses festzulegen, zeigen schon 1948 von Klensch vorgenommene Versuche, die von Jonkees und van de Veer 1958 bestätigt worden sind.

Zwei gleichlange Gummischläuche mit Metalltrichtern am einen Ende wurden mit dem anderen freien Ende in die Ohröffnungen gesteckt. Der Einfluß der Ohrmuscheln war damit ausgeschaltet. Die Öffnungen der Hörtrichter wiesen in allen Fällen in die Richtung der Schallquelle. Durch Kopf- bzw. Trichterbewegungen wurden den Kopfbewegungen entsprechende Ortungen hervorgerufen, z. B. Ortungen nach vorne, aber auch nach hinten und Lokalisierungen in Kopfmitte *(Bild 15.1)*.

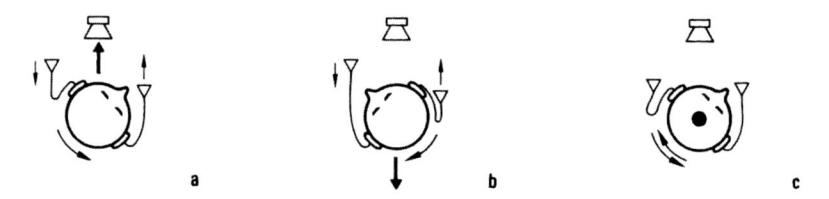

Bild 15.1: a) Der Kopf bewegt sich. Die Hörtrichter werden gleichsinnig mit den natürlichen Ohren bewegt. Das Hörereignis entsteht in Vorwärts-Richtung.
b) Der Kopf bewegt sich. Die Hörtrichter werden gegensinnig mit den natürlichen Ohren bewegt. Das Hörereignis entsteht in Rückwärtsrichtung.
c) Die Hörtrichter bleiben in gleicher Entfernung zur Schallquelle unbewegt. Der Kopf bewegt sich. Dies ist der bei diotischer Kopfhörerdarbietung allgemeine Fall. Die Ohrsignale ändern sich bei Kopfbewegungen nicht. Das Hörereignis entsteht in Kopfmitte.

15.3 Optische Einflüsse beim Hören

Neben der Drehtheorie ist im sensorischen Wahrnehmungsbereich auch der optische Einfluß zu berücksichtigen. Ein Versuch von Klemm aus dem Jahre 1918 zeigt sehr deutlich den Stellenwert der optischen Wahrnehmung. Er baute zwei Mikrofone links und rechts vor einer Versuchsperson auf und führte die Mikrofonsignale über Kopfhörer kreuzweise dem linken und rechten Ohr zu. Vor jedem Mikrofon war ein Schallhammer aufgestellt, welche abwechselnd klopften. Bei geschlossenen Augen hörte die Versuchsperson die Hammerschläge entsprechend der Schaltanordnung, also über Kreuz. Öffnete sie jedoch die Augen und beobachtete die Hammerbewegung aufmerksam, so „hörte" sie das Hammerklopfen wirklich links, wenn sich der linke Hammer bewegte, bzw. rechts, wenn sich der rechte Hammer bewegte. Schloß die Versuchsperson die Augen, blieb diese, den Augenschein bestätigende Zuordnung eine Zeitlang erhalten, bis sich allmählich die gemäß den Ohrsignalen zu erwartende gekreuzte Zuordnung der Hörereignisorte wieder einstellte.

Der Mensch ist vor allem ein Augenwesen. Der akustische Wahrnehmungsbereich ist dem visuellen nachgeordnet. Wenn aber Wahrnehmungen im rein akustischen Bereich ohne weitere logische oder sensorische Verknüpfungen mit anderen Reizarten zu Fehlortungen führen, darf man diesen Bereich nicht isoliert betrachten. Die Empfehlung, man solle beim Abhören von Kunstkopf-Aufnahmen die Augen schließen, um nicht durch visuelle Reize irritiert zu werden, ist gleichzusetzen als sollte man sich beim Betrachten eines Stummfilmes die Ohren zuhalten, um nicht durch akustische Reize abgelenkt zu werden. Solche Maßnahmen können stets nur ein Notbehelf bleiben, führen aber zu keiner grundlegenden Lösung.

Da Kunstkopf-Aufnahmen aber, selbst wenn eine weitere Sinneskopplung für Kopfhörerwiedergabe hier Verbesserungen bringen würde, für eine hochwertige Lautsprecherwiedergabe nicht geeignet sind, ist dieses Verfahren zur Musikaufzeichnung und Übertragung ungeeignet. Als einzig sinnvoller Einsatzbereich bleibt nur die Meßtechnik, um in Konzertsälen unterschiedliche Plätze in der akustischen Qualität direkt miteinander vergleichen zu können.

Mit dem Echtzeitprozessor für räumliche und kopfbezogene Wiedergabe ist hingegen für Kopfhörer bei jeder Art von Musikaufzeichnung auch die Außerkopflokalisation zu erreichen, sogar nachträglich für Monoaufnahmen, ohne daß es dabei zu Ortungsdifferenzen zwischen vorne und hinten kommen kann und auch ohne daß die Kompatibilität für optimale Lautsprecherwiedergabe verlorengeht. Mit einer weiteren logischen Sinneskopplung, etwa einem Fernsehbild, ist die wahrnehmungspsychologische Zuordnung von Bild und Ton vor dem Hörer (auf dem Bildschirm) mit jedem Musik- oder Sprachmaterial sehr gut möglich, ohne daß spezielle Kunstkopf-Aufnahmetechniken notwendig werden.

15.4 Abbildung klanglicher Größenverhältnisse

Eine Orgel oder ein Kontrabaß werden, auch wenn man sie in kleinen Hörräumen über Lautsprecher abhört, „verstandesmäßig" umgesetzt, das heißt, der Hörer ist sich seiner Hörsituation bewußt, er stellt sich keine Miniorgel oder einen Kontrabaß etwa in Geigengröße zwischen den Lautsprechern vor. Es ist deshalb, wie vielfach falsch verstanden, nicht notwendig, die originalen Schallfeldverhältnisse eines Konzertsaals nachzubilden, was auch gar nicht möglich ist, sondern es genügt, die Originalinformation der Instrumente möglichst genau und unverfälscht aufzuzeichnen und im Abhörraum mit Hilfe geeigneter HiFi-Boxen räumlich und zeitlich gesehen die optimalen akustischen Bedingungen zu schaffen oder bei Kopfhörerwiedergabe das Musikmaterial psychoakustisch richtig aufzubereiten.

Auch wenn ein großes Orchester in einem 20 qm großen Wohnraum wiedergegeben werden soll, gibt es keinerlei Schwierigkeiten. Die Raumbegrenzungen hören wir nicht als Einengung. Unser Gehirn assoziiert das Konzertsaalerlebnis größenmäßig richtig, ohne sich durch die Hörsituation einengen zu lassen. Auch beim Betrachten von Fotos, egal ob Menschen oder der Eiffelturm abgebildet sind, oder von Filmen in Kino und Fernsehen, wenn z. B. ein Film über die unendliche Weite der Wüste betrachtet wird, sind durch die räumlichen Gegebenheiten eines Zimmers keine Wahrnehmungskonflikte zu befürchten. Wir können relative Größenunterschiede oder auch Perspektiven sehr wohl richtig und intelligent verarbeiten. Wir sehen zwar den Fernsehschirm, nehmen aber die Wüstensituation wahr. Genau so funktioniert die intelligente Wahrnehmung im Hörbereich.

Die Musik über Lautsprecher erzeugt also nicht Orchesterklang, sondern hilft uns, den Orchesterklang richtig nachzuvollziehen. Auch die Hörsituation wird immer unbewußt richtig mitverarbeitet. Es steht fest, daß wir mit den Lautsprechern vor den Augen bei richtiger Schallfeldstrukturierung einen hochwertigen Musikeindruck wie im Konzertsaal haben können. Falls aber die Lautsprecher keine psychoakustisch richtige Räumlichkeitswiedergabe ermöglichen, klingt die Musik so schlecht, daß die Konzertsaalassoziation nicht aufrechtzuerhalten ist.

15.5 Kann man Räume hören?

Auch die Vorstellung, einen Raum ebenso hören zu können, wie man ihn sehen kann, ist irrig. Wir hören nicht den Raum, sondern stellen fest, daß der Raum das Klangbild spürbar beeinflußt; am Beispiel der im Konzertsaal angebrachten Reflektoren wird dies plausibel. Es wird kein anderer Raum erzeugt, sondern durch räumliches und zeitliches Eintreffen der ersten schallstarken Reflexionen die Raumakustik verbessert, damit beim Hören eine akustisch hochwertige Klangempfindung entsteht. Da auf guten und schlechten Plätzen im gleichen Konzertsaal die ersten schallstarken Reflexionen vom Gehör bis zu 50 ms aufintegriert werden (siehe 11.7), lassen sie nachträglich keinen Rückschluß auf den Raum zu, sondern nur eine auf den Platz bezogene Beurteilung der Gesamtwirkung aller Reflexionen, der „Akustik". Dies erklärt schlüssig, daß man Räume nicht hören, sondern nur unterschiedliche Akustiken wahrnehmen kann (siehe auch 15.1). Auch auf guten Plätzen direkt nebeneinander sind deshalb kleine Unterschiede zu hören, die aber auf keinen Fall als besser oder schlechter interpretiert werden können, sondern nur als leicht unterschiedlich.

Allerdings bewirkt die intelligente Umsetzung, daß wir uns auf eine Schallquelle konzentrieren können, daß wir glauben, die Schallquelle allein sei gut oder schlecht. In guten Konzertsälen meint man daher eher, die singenden oder spielenden Musiker seien gut; in schlechten Sälen ist man eher geneigt, die Künstler für den negativen Eindruck verantwortlich zu machen.

Bei schlechter räumlicher Anpassung der HiFi-Box an den Wohnraum glaubt man oft, nur die Boxen seien nicht gut, bei guter Anpassung meint man viel eher, hochwertige Boxen vor sich zu haben. Zwar wird der Raum nicht bewußt gehört, aber er bewirkt maßgeblich, ob in ihm die Künstler oder die Boxen gut oder schlecht klingend empfunden werden. Deshalb sind auch alle Aussagen bei Lautsprechertests immer nur für den Testraum gültig, und selbst da nur für die gewählte Aufstellung der Lautsprecher (siehe auch Kapitel 8, 17.6).

Ganz besonders gilt dies, wenn der Testraum selbst verfälschende Ergebnisse liefert, wenn er z. B. sehr groß und leer ist, das heißt keine Dämpfung für die tiefen Frequenzen hat, andererseits aber einen starken Höhenabsorber in Form von Lochplatten oder durch den 1 cm tiefen und 1 cm breiten Stoß einer Holzbretterverschalung hat. Wenn eine solche Holzbretterverschalung an allen Wänden und der Decke in einem sonst leeren Raum angebracht ist, ist vorprogrammiert, daß eine HiFi-Box mit schwachen Bässen und schrillen, überzogenen Höhen Testsieger wird. HiFi-Boxen mit normalem Baß erscheinen baßlastig, HiFi-Boxen mit normalen Höhen erscheinen matt und glanzlos, da besonders bei Raumstrahlern zu viel vom Hochtonbereich durch die Wandgestaltung weggeschluckt wird.

15.6 Klangunterschiede sind immer hörbar

Sowie auf benachbarten Plätzen im Konzertsaal kleine Unterschiede vorhanden sind, die nur mit Hilfe von Kunstkopf-Aufnahmen beim direkten A/B-Vergleich deutlich hörbar werden, geschieht dies auch bei nebeneinander stehenden HiFi-Boxen beim A/B-Vergleich für jeden Hörplatz. Nicht nur daß jeder Lautsprecher der gleichen Serie durch die Fertigungstoleranzen ganz leicht unterschiedlich klingt, auch der gleiche Lautsprecher auf unterschiedlichen Plätzen im Hörraum klingt immer ein wenig anders. Dies ist zwangsläufig so und wird, wie im Konzertsaal, durch die für jeden Platz jeweils anders geartete Überlagerung der räumlichen Schallfelder bewirkt.

Wenn HiFi-Redakteure Hörtests veranstalten und sie um diesen Sachverhalt nicht Bescheid wissen, werden die gehörten Klangunterschiede zwangsläufig oft falsch interpretiert. Insbesondere passiert dies bei rein technischen Verbesserungen bereits nicht mehr hörbarer Klirrfaktoren. Da Unterschiede zwischen zwei Lautsprechern immer hörbar sind, wird stets jener besser eingestuft, bei dem die geringeren Klirrfaktoren gemessen wurden. Die Fehlinterpretation durch Vorbeeinflussung ist statistisch nachgewiesen, und es zeigt sich bei jedem unsachgemäßen Hörtest, daß HiFi-Boxen, die vorher gemessen wurden und einen nicht dem technischen Denken entsprechenden Schalldruckverlauf aufweisen, im Gegensatz zu Blindtests, nie so gute Hörergebnisse erreichen.

Diese Fehlinterpretationen sind außerdem die Ursache der Entwicklung, deren Ergebnis der heutige High-End-Geräte-Fetischismus ist, der Klirrfaktoren von 0,004% und weniger als ausschlaggebend hinstellt. Das Bedrückende an dieser Fehlentwicklung ist, daß selbst Hörvergleiche mit 20 Jahre alten Röhrenverstärkern, die tausendmal höhere Klirrfaktoren von vollen 1-3% aufweisen und nachweislich nicht schlechter klingen als die heutigen High-End-Geräte, Meßtechnikern keinen Anstoß zum Nachdenken geben, aber wenn der gleiche Lautsprecher im Raum anders plaziert wird und er vollkommen anders klingt, dies nur mit einem Schulterzucken und deutlichem Unverständnis abgetan wird.

15.7 Gewöhnung

So wie wir an einen natürlichen Hörvorgang gewöhnt sind und diesen als Bezug nehmen, kann man sich an die verschiedenartigsten Klänge gewöhnen. Bei Lautsprecherherstellern oder auch bei sogenannten Referenzanlagen von Testern spielt deshalb auch die Gewöhnung an einen bestimmten Sound eine große Rolle. So gibt es in Amerika den Ostküsten- und den Westküstensound, in Europa den englischen und den deutschen, und auch bei verschiedenen Händlern kann man unterschiedliche Soundpräferenzen finden, die sich im Laufe der Zeit herausgebildet haben, dann zur Gewohnheit wurden und schließlich als alleinseligmachend angesehen werden. In Boxentests verschiedener HiFi-Redaktionen treten deshalb selbstverständlich gleichfalls unterschiedliche Geschmacksrichtungen auf. Es siegt stets jener Lautsprecher, der am nächsten an den redaktionseigenen Geschmack herankommt.

Auch krasse Geschmacksverirrungen, z. B. durch überzogene Höhen, können, wie das Beispiel mit Amerikas Westküsten-Sound aufzeigt, als gut und richtig bezeichnet werden. Geschmack und Gewöhnung unterstützen einander gleichsinnig. Was „offensichtlich" gut ist, daran gewöhnt man sich, und es gefällt schließlich sogar. Andere Soundvarianten gefallen dann nicht mehr und werden abgelehnt. Diese Geschmacksbildung entfaltet sich als Entfremdungsprozeß allerdings immer nur, wenn man sich nicht mehr am Original, an guter Akustik, an natürlichen Instrumenten oder bereits an einer natürlichen Abhörlautstärke orientiert.

15.8 Welche Abhörlautstärke?

Auch eine den Musikinstrumenten entsprechende Abhörlautstärke trägt zur Natürlichkeitsempfindung bei. Zwar können akustische Instrumente wie Geige, Flöte, Klavier usw. nach den Anweisungen in der Partitur in dem Bereich von pianissimo bis fortissimo spielen, aber es bleibt immer deutlich, daß diese Lautstärkeunterschiede bereits Stilmittel und Ausdruck der Musikinterpretationen selbst sind. Außerdem kann auch bei leiser Wiedergabelautstärke immer erkannt werden, ob die Geige nun fortissimo oder piano spielt. Dies ist eigentlich selbstverständlich, zumal für den Musikkenner. Es sei nur deshalb erwähnt, weil bei der Wiedergabe über HiFi-Anlagen die Abhörlautstärke – und damit ein wichtiger Stilfaktor für die Musik selbst – frei wählbar ist.

Ebenso frei wählbar, aber schwieriger zu überprüfen, ist die Abhörlautstärke, wenn elektronisch verstärkte Instrumente oder Geräte spielen, bei denen die Töne voll elektronisch synthetisiert werden (Syntheziser). In diesem Fall lassen sich weder Lautstärke noch Klangfarbe oder Natürlichkeit beurteilen. Da ein Bezugspunkt fehlt, können auch schlechte HiFi-Boxen oder Hörräume bei solcher Musik subjektiv gut klingen. Deshalb ist elektronisch verstärkte Musik zu Hörtests nicht geeignet. Aber auch bei natürlicher Stimme oder Instrumenten ist bei Hörtests ganz bewußt auf eine der natürlichen Aufnahmelautstärke entsprechende Wiedergabelautstärke zu achten.

Jede Aufnahme wird bei Originallautstärke und der entsprechenden Klangfarbenmischung aufgenommen. Wenn bei der Wiedergabe die Lautstärke herabgesetzt wird, ergeben sich auch hörbare Klangfarbenveränderungen. Im Extremfall, wenn HiFi-Boxen nur bei geringer Lautstärke getestet werden, wird die HiFi-Box Testsieger, die Klangverfälschungen reproduziert, die ungefähr der Wirkungsweise der Loudnesstaste mit Anhebungen in den Bässen und Höhen entsprechen. Dies muß deshalb erwähnt werden, weil dem Autor das Testband einer HiFi-Redaktion zu Ohren kam, in dem die Redakteure alle unterschiedlichen Musikstücke entsprechend der Aussteuerbarkeit des Tonbands aufgezeichnet hatten. Ein lauter Sänger oder eine Sologitarre von der einen Platte brachten z. B. den gleichen Lautstärkepegel wie ein volles Orchester von der anderen Platte. Da beim Testhören nicht mehr jedes einzelne Stück in der Lautstärke neu eingestellt wird, sondern das Testband einfach durchläuft, kommt es bereits, wenn 50% der Aufnahmen zu leise und 50% in der richtigen Lautstärke gehört werden, dazu, daß eine neutrale HiFi-Box und eine mit loudnessartigen Verzerrungen des Schalldruckverlaufs mit gleich vielen Testpunkten unter dem Strich abschneiden.

15.9 Analytische und räumliche Wiedergabe – ein Gegensatz?

Die von manchen HiFi-Technikern angestrebte analytische Wiedergabe und Ablehnung der räumlichen Wiedergabe läßt sich in ihrer ganzen Einseitigkeit durch einen Vergleich aus dem optischen Wahrnehmungsbereich sehr anschaulich darlegen.
    Alle heutigen Verbesserungen von nur direktabstrahlenden HiFi-Boxen sind ähnlich zu werten wie eine Erhöhung der Zeilenzahl beim Fernsehen. Das Bild wird präziser, schärfer, wohingegen die auf den Raum ausgeweitete räumlich richtige Wiedergabe mit der Vergrößerung des Bildes wie z. B. im Kino vergleichbar ist. Auch die Wirkung eines Films, den man auf einem Minibildschirm scharf bis ins letzte Detail sieht, ist nicht zu vergleichen mit der die Gefühle direkter ansprechenden Wirkung einer großen Kinoleinwand, wo z. B. die Szenerie eines Wüstenfilms einem viel eher unter die Haut geht. Für die Auswertung von Gesamtsituationen kommt es mehr auf eine hochwertige Gefühlsübermittlung mit hoher wahrnehmungslogischer Auswertbarkeit durch das menschliche Gehirn an und nicht auf die detailgenaue Wiedergabe der Sandkörner im Fall des Wüstenfilms. Am besten läßt sich der Unterschied mit den Worten „sehen" und „erleben" kennzeichnen. Natürlich muß das Bild scharf sein, aber auch groß. Ebenso muß das Klangbild im akustischen Bereich analytisch und transparent sein, aber auch räumlich richtig und natürlich raumbezogen. Nur dann kann auch hier der Schritt vom „Hören" zum „Erleben" nachvollzogen werden.

15.10 Loudnesstaste oder hörphysiologische Lautstärkeregelung

Wie bereits in den Ausführungen über die Abhörlautstärke beschrieben, ist diese bei HiFi-Anlagen einerseits frei wählbar, andererseits sind laute und leise Stellen in der Musik übliche Stilmittel. Auf jeden Fall ist es deshalb ein wesentlicher Eingriff in das Musikmaterial, wenn man ein Konzert z. B. spät abends nur sehr leise abhört; High-Fidelity ist hier aufgrund mangelnder Dynamik ohnehin nicht möglich.

Da das menschliche Ohr für hohe, mittlere und tiefe Frequenzen unterschiedlich empfindlich ist, registriert es die Herabsetzung der Gesamtlautstärke dort am ehesten, wo es am unempfindlichsten ist, also in den Höhen und Tiefen. Tief spielende Instrumente, wie etwa Orgel und Kontrabaß, auch besonders hochfrequente Instrumente, wie etwa Triangel oder Becken, werden kaum noch gehört. Physiologische Korrekturen im Schalldruckverlauf bewirken lediglich, daß solche Programmanteile hörbar bleiben.

Während eine gehörrichtige Lautstärkeregelung bei einer Gesamtpegelherabsetzung die Hörbarkeit tiefer und hoher Frequenzen wiederherstellt und Laut/leise-Verhältnisse maßstäblich verkleinert in ihrer Relation beläßt, soll eine neu vorgestellte dynamische Loudnesskorrektur [44] immer eingeschaltet bleiben, jedoch nur bei leisen Stellen im Musikprogramm zur Wirkung kommen. Durch diese automatische Lautstärkeanhebung bei leisen Stellen verändert sie die ursprünglichen Lautstärkerelationen in der Musik (Komposition) selbst und zusätzlich die Klangfarben der Piano-Passagen. Im optischen Bereich, etwa beim Film oder Fernsehen, wäre dies gleichbedeutend damit, daß während der Wiedergabe von Nachtszenen mit weniger Licht automatisch die Helligkeit verstärkt und die Bildfarbensättigung erhöht würde. Bezeichnender, ernst gemeinter Testkommentar zum „retouchierten" Klangbild der „Transdyn-Einheit": „Schöner als das Original"!

Solche subjektiven Einflußnahmen werden der eigentlichen Problematik nicht gerecht. Es ist deshalb zu fordern:

1. Die analytische und räumlich richtungsgemäß unverfälschte Aufzeichnung für Lautsprecherwiedergabe, lautstärkemäßig unbeeinflußt und auch ohne akustische Nachbehandlung, z. B. durch beigefügte Hallanteile (siehe Pfleidrecording).
2. Eine durch Klangregler unverfälschte und räumlich richtige Wiedergabe unter den unterschiedlichsten Hörbedingungen mit Lautsprechern, die neben dem fehlerfreien Direktschall, erste schallstarke Reflexionen und einen Nachhall zusammen mit dem Hörraum erzeugen.
3. Eine unverfälschte, aber echtzeitmäßig räumlich richtig und kopfbezogen elektronisch aufbereitete Wiedergabe für Kopfhörer, die neben dem fehlerfreien Direktschall, erste schallstarke Reflexionen und einen Nachhall erzeugen.

Fehler im Schalldruckverlauf, in den Einschwingvorgängen, bei der Ortung durch falsche Wiedergabe der ersten Wellenfront oder durch ungleiche bzw. zwischen den Boxen je nach Frequenzgang wandernde Pegel und damit auch wandernde Ortungen sowie ungenaue, verschleierte oder verhallte Aufnahmen bewirken die verschiedenartigsten Verfremdungseffekte, die aber von jedem Hörer anders beurteilt werden. So werden z. B. bestimmte Klangveränderungen mancher Effektgeräte bevorzugt, doch sollte hier immer die Entscheidung beim einzelnen liegen, inwieweit er Verfremdungseffekte, wie z. B. fehlende oder wandernde Ortungen, in Kauf nehmen will oder aber ausschalten kann. Wenn Fehlortungen, wie z. B. bei allen Aufnahmen mit zwei Hauptmikrofonen, sich nicht mehr abstellen lassen, hat die Manipulation schon längst vor der Wiedergabe stattgefunden. Manche Gespräche von Ton- oder HiFi-Technikern über den zusätzlichen Einsatz von Effektgeräten im Tonabmischbereich oder im Wiedergabebereich (Hallgeräte, Equalizer, Phaser usw.) erinnern mich deshalb an Tischgespräche, in denen man darüber philosophiert, ob in einer versalzenen Suppe zuviel oder zuwenig Pfeffer ist; oder anders ausgedrückt: Wenn schon z. B. kein Räumlichkeits- oder Natürlichkeitsbezug mehr in den Aufnahmen vorhanden ist, bleibt es müßig, über die unterschiedlichen Mikrofonaufstellungen, die Lautsprecherabstrahlcharakteristik oder den Einsatz von Effektgeräten zu spekulieren.

Falls die echte Räumlichkeits- und Natürlichkeitsempfindung verloren geht, wird dies deutlich hörbar; ist sie erst einmal abhanden gekommen, bewirken zusätzliche Effekte oder Effektverfahren keinen vergleichsweise so auffälligen Verlust mehr, weil ein objektives Maß an Natürlichkeit ohnehin nicht mehr vorhanden ist. Die klangliche Beurteilung wird dann zur reinen Geschmackssache – dies ist leider der heutige Stand. Auch bislang hat die intelligente Verarbeitung von akustischen Reizen unter schlechten Bedingungen bereits einen – wenn auch nicht so hochwertigen – Musikgenuß ermöglicht, aber gerade deshalb zugleich die räumlich richtige, natürlich empfundene Wiedergabe auch unter Musikkennern als nicht so notwendig erscheinen lassen.

Erst Verbesserungen in der Übertragungselektronik, deren jüngste Errungenschaften sich bereits drei Stellen hinter dem Komma abspielen und längst nicht mehr hörbar sind, sowie die Tatsache, daß dennoch die naturgetreu empfundene Musikwiedergabe nicht erreicht ist, mußte zwangsläufig zur Schlußfolgerung führen, daß nur durch neues Überdenken der akustischen Sachverhalte im Bereich vor und nach der Übertragungselektronik die Problematik naturgetreu empfundener Musikwiedergabe zu lösen ist.

Ebenso wird allmählich klar, daß die Übertragungselektronik keine akustischen Probleme zu lösen vermag, sondern nur die Aufgabe haben kann, dem Musiksignal auf dem Übertragungsweg keine Verzerrungen oder Effekte beizufügen und die volle Dynamik zu vermitteln.

16 Bisherige Verfahren für räumliche Wiedergabe

Bisher wurden die grundlegenden akustischen, bzw. psychoakustischen Zusammenhänge ausführlich besprochen, aus denen die Verfahren des Autors abgeleitet wurden. Durch sie entsteht von der Aufnahme bis zur Wiedergabe mit Lautsprechern und Kopfhörern ein gesamtheitliches Verfahren mit voller Kompatibilität zwischen den beiden Hörmedien ohne die sonst üblichen Qualitätsverluste. Dabei konnte immer die große Bedeutung der ersten schallstarken Reflexionen nachgewiesen werden. Es sind diese Reflexionen, die die Akustikempfindung wesentlich verbessern können, wenn sie der bisherigen Beschreibung entsprechend beim Hörer eintreffen.

Dabei wurde es deutlich, daß nicht die technische Übertragungsqualität für die Qualität der akustischen Wahrnehmung entscheidend ist, sondern die Reflexionen im Hörraum, die mit der Technik selbst überhaupt nichts mehr zu tun haben. Während bei Lautsprecherwiedergabe dies die Hörraumreflexionen ausmachen, sind es bei Kopfhörerwiedergabe die elektronisch simulierten Einzelreflexionen, die aber kopfbezogen eintreffen müssen.

Durch technische oder akustische Verfahren kann das Eintreffen der Reflexionen am Ohr des Hörers aber völlig frei gestaltet werden. Treffen z. B. die ersten schallstarken Reflexionen zu spät nach dem Direktschall ein, können sie Echowahrnehungen hervorrufen. Es lassen sich aber auch akustische Zustände wie in einer Kirche mit Nachhallzeiten bis zu 2,5 s nachbilden, wenn der Ausklingvorgang künstlich verlängert wird. Dies gilt nicht nur für die Lautsprecherwiedergabe, auch bei der Kopfhörerwiedergabe können durch willkürliche Reflexionszeitverlängerungen beliebige Effekte erzielt werden.

Alle technischen Verfahren zur Erzeugung akustischer Räumlichkeitseindrücke erzeugen überhaupt nur zusätzliche Reflexionen und unterscheiden sich voneinander ebenso nur durch die unterschiedliche Art und Anzahl des Eintreffens dieser Reflexionen. Der Vorzug all dieser Verfahren gegenüber der unräumlichen Links-Rechts-Stereophonie ist, daß es auf jeden Fall Versuche in die richtige Richtung sind. Denn jeder Schritt, der eine Räumlichkeit erzeugt, ganz egal wie, muß ja besser sein. Vor allem beim direkten Vergleich mit der unräumlichen Musikwiedergabe und dem Einschalten der zusätzlichen Lautsprecher oder des Räumlichkeitsverfahrens zeigen sich diese Vorzüge immer sehr deutlich. Daher kommt es auch, daß immer wieder neue Verfahren mit enormer Begeisterung beschrieben werden und subjektive Verbesserungen tatsächlich unabstreitbar sind.

Trotzdem haben sich alle diese Verfahren nicht durchsetzen können, weil es einfach nicht genügt, irgendwo einen oder zwei zusätzliche Lautsprecher aufzustellen und zu glauben, damit schon ein neues Verfahren geschaffen zu haben.

Als ein wichtiges Ergebnis der geschilderten akustischen Zusammenhänge kann festgehalten werden, daß unbedingt zwischen Verfahren, die die Akustik verbessern wollen, und Effektverfahren unterschieden werden muß.

Verfahren, die die Akustik verbessern wollen, richten sich nach der Arbeitsweise des menschlichen Gehörs und lassen nur wenige Reflexionen so eintreffen, daß das Musikempfinden nicht halliger wird, sondern nur besser und auch Ortungsfehler vermieden werden. Es sind ganzheitliche Lösungen, die auch die Aufnahmetechnik mit einbeziehen. Verfahren für Effekte sind willkürlich, sie verlängern z. B. die Nachhallzeit und erzeugen Kirchenakustik oder Klangeffekte von hinten, rundherum oder sonst irgendwelche neuen Ortungsmöglichkeiten. Sie brauchen auch kein räumlich richtiges Aufnahmeverfahren, da sie sowieso eine neue Räumlichkeit erzeugen, die manchmal mit dem Ursprünglichen gar nichts mehr zu tun haben will.

16.1 Raumabbildungsversuche für Kopfhörerwiedergabe

Es hat sich anhand des von uns entwickelten Echtzeitprozessors ergeben, daß nur durch die Nachbildung von relativ genau festgelegten Parametern für das Eintreffen der Reflexionen am Ohr des Hörers eine gute Akustikempfindung erreicht wird. Dabei konnte nachgewiesen werden, daß es kein Zufall ist, daß sich bei dem psychoakustischen Optimierungsprozeß für Kopfhörerwiedergabe dieselben Strukturen bei den ersten schallstarken Reflexionen ergaben, wie sie auch in den durch die Jahrhunderte hindurch optimierten guten Konzertsälen vorzufinden sind, und wie sie auch bei Lautsprecherwiedergabe mit dem Wohnraum-Lautsprechern unter wohnraumakustischen Bedingungen erzeugt werden.

Im Gegensatz dazu erzeugen unzählige Verfahren beliebige akustische Effekte für die Kopfhörerwiedergabe. Hier wird oft der Direktschall über Übersprecheinheiten geführt, einige künstliche Reflexionen beliebig zeitverzögert, manchmal nur einem oder auch beiden Ohren zugemischt und schließlich das Tonmaterial zusätzlich nachverhallt. Oft ist es das verbal formulierte Ziel der Verfahren, unterschiedliche Räume akustisch darzustellen. Wie fraglich dies jedoch ist, zeigte sich bereits bei den Kunstkopf-Aufnahmen. Trotz penibler Aufzeichnung aller Raumreflexionen ließen sich diese unterschiedlichen Aufnahmeräume psychoakustisch nicht mehr eindeutig nachvollziehen. Der Grund dafür ist, der auch schon mehrfach erwähnt wurde, daß das menschliche Gehör alle einzelnen Schallanteile aufsummiert und nur noch als akustischen Gesamteindruck registriert. Man hört also nicht die Räume, sondern unterschiedliche akustische Qualitäten bei der Musikreproduktion.

Wie unter 11.7 ausgeführt, bestimmen die ersten schallstarken Reflexionen die subjektiv wahrgenommene Direktschallautstärke und den Raumeinfallswinkel und damit ganz wesentlich die wahrgenommene Akustikempfindung. Sie werden nicht eigenständig gehört, sondern bis ca. 50 ms vom Gehör aufintegriert und dem wahrgenommenen Direktschall zugeordnet. Da sie aufintegriert werden, lassen sie nachträglich keinen Rückschluß auf den Raum zu, sondern nur eine Beurteilung der Gesamtwirkung, der „Akustik". Dies erklärt, daß man Räume nicht hören, sondern nur unterschiedliche Akustiken wahrnehmen kann, wie dies auch von verschiedenen Plätzen im gleichen Konzertsaal mit guter oder schlechter Akustik bekannt ist.

In einem vorgegebenen Raum kann man mit den entsprechenden Mitteln und

16 Bisherige Verfahren für räumliche Wiedergabe

Fachkenntnissen fast jede beliebige Akustik verwirklichen. Daher läßt sich von einer bestimmten Akustik keineswegs sicher auf einen bestimmten Raum schließen. Allenfalls kann ein Hörer im Rahmen seiner bisherigen akustisch-optischen Gesamterfahrung zu den gespeicherten Reizmustern „passende", also plausible Vermutungen anstellen.

Sämtliche bisherigen Versuche zur nachträglichen Raumsimulation lassen den Sachverhalt unberücksichtigt, daß sich Räume nicht eindeutig simulieren lassen. Wenn eine vorgegebene Akustik durch ein solches Effektgerät beeinflußt wird, entstehen durch die zusätzliche Klangveränderung lediglich Fehlortungen und Verfälschungen, also ein spürbar anderer, jedoch kein akustisch zufriedenstellender Eindruck; weder das zunächst vorliegende noch das veränderte Klangerlebnis lassen sich als definierter Raum gehörmäßig einordnen.

Aber nicht nur die Wirkung dieser Geräte beruht auf einem psycho-akustischen Trugschluß, ihre Zielsetzung steht auch in keinem Zusammenhang mit dem akustischen Gesamtkonzept irgendeiner vorher angewandten Aufnahmetechnik. Überdies weisen sie alle Fehler auf, die den Direktschall, die ersten schallstarken Reflexionen oder den Nachhall betreffen.

16.1.1 Übersprecheinheiten

So haben einige Geräte sogenannte Übersprecheinheiten mit oder ohne Zeitverzögerungsgliedern für den längeren Laufweg des Schalls zur Seite des Kopfes mit dem schallabgewandten Ohr. Solche Übersprecheinheiten können aber nicht zwischen einem Direktschallereignis, den ersten schallstarken Reflexionen und dem Nachhall unterscheiden. Weder die unterschiedlichen Richtungen, aus denen diese Schallanteile beim Hörer eintreffen, noch die bereits unterschiedlichen Veränderungen im Schalldruckverlauf können nachgebildet werden. Sie beeinflussen alle räumlichen Schallanteile in gleicher Weise.

Wie bei der Lautsprecherwiedergabe mit Direktstrahlern im Kapitel 10.1, Eingangsbeispiel 1 ausgeführt wurde, geht auch hier der räumlich richtige, akustisch hochwertige Räumlichkeitsbezug verloren, auch bei bereits richtig aufgezeichneten intensitätsstereophonen Tonaufnahmen. Auf diese Weise werden keine Live-Schallereignisse

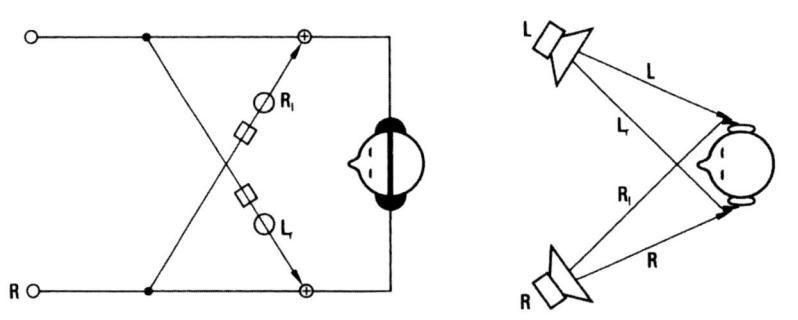

Bild 16.1: Übersprecheinheit, □ mit Zeitverzögerungsglied, ○ mit Dämpfungsglied. Rechts: Übersprechen bei Lautsprecherwiedergabe.

reproduziert, sondern nur eine Lautsprecherwiedergabe wie über vorne stehende Direktstrahler im schalltoten Raum nachgebildet. Da diese Art der Lautsprecherwiedergabe aber selbst nur eine schlechte unräumliche Reproduktion des Live-Erlebnisses ist, kann eine solche Nachbildung über Kopfhörerwiedergabe auch nicht weiterführen *(Bild 16.1)*.

16.1.2 Falsche erste schallstarke Reflexionen

So wie eine Übersprecheinheit keine natürlichen, echt räumlichen Schallfelder simulieren kann, wird auch durch die falsche Nachbildung von ersten schallstarken Reflexionen ein als natürlich empfundener Klangeindruck verhindert. Meistens wird der Direktschall einmal beiden Ohren unmittelbar zugeführt und parallel dazu mit Hilfe einer Zeitverzögerung dem gleichen Kanal nochmals zugeführt. Manchmal sind parallel zu der Zeitverzögerung noch Rückführungen angeordnet, so daß das Signal mehrfach zurückgeführt und mehrfach wieder dem gleichen Kanal beigemischt wird *(Bild*

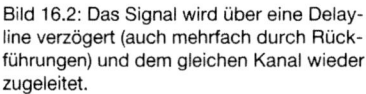

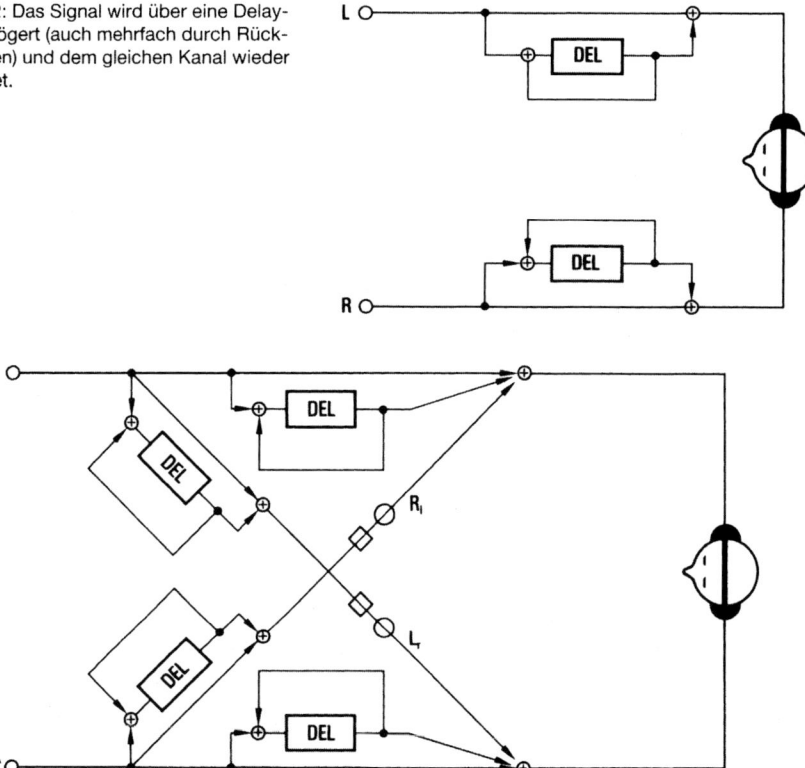

Bild 16.2: Das Signal wird über eine Delayline verzögert (auch mehrfach durch Rückführungen) und dem gleichen Kanal wieder zugeleitet.

Bild 16.3: Die Signalverzögerungen und Rückführungen sind mit einer Übersprecheinheit gekoppelt, die selbst auch wieder Verzögerungen und Rückführungen haben kann.

16.2). Während die echten, von außen kommenden ersten schallstarken Reflexionen stets beide Ohren in einem zeitlich, räumlich und frequenzgangmäßig genau definierten psychoakustischen Zusammenspiel erreichen, fehlt bei einer solchen Schaltung genau diese natürliche Korrelation.

Wenn einzelne erste schallstarke Reflexionen den Ohren ohne die gewohnten Zusammenhänge dargeboten werden entstehen auch räumliche Eindrücke. Diese Eindrücke sind vergleichbar mit denen, die durch Phasenfehler hervorgerufen werden. Bei längerem Hören werden sie als ausgesprochen unangenehm empfunden und können sogar zu Kopfschmerzen führen.

Diese Reflexionen bewirken nicht die natürlich empfundene Außerkopflokalisation. Der räumliche Eindruck, der durch die Hinzufügung eines solchen weiteren, ebenfalls als unnatürlich zu bezeichnenden Schallanteils hervorgerufen wird, schwächt nur die zuvor deutlich ausgeprägte Im-Kopf-Lokalisation (IKL) ab, der unbewußt unnatürlich empfundene Höreindruck bleibt aber erhalten. Das im Kopf lokalisierte Klangbild wird nicht mehr präzise geortet, sondern, undeutlicher auf einen größeren Bereich bezogen, innerhalb des Kopfes repräsentiert. Sogar beide Fehler finden sich in einem Gerät kombiniert, das bereits auf dem Markt ist *(Bild 16.3)* [45, 46, 47, 48].

16.1.3 Fehlerhafter Nachhall

Wie besprochen, vermögen erste schallstarke Reflexionen, die innerhalb von 40 ms am Ohr des Hörers eintreffen und beidohrig richtig im zeitlichen, räumlichen und frequenzmäßigen Zusammenhang wiedergegeben werden, wesentlich zur Verbesserung der Durchsichtigkeit, Deutlichkeit und Räumlichkeit beizutragen. Wenn Einzelreflexionen aber zu früh, nicht kopfbezogen, sondern z. B. bereits in Mono am Ohr des Hörers ankommen, leidet die Deutlichkeit und Transparenz des Klanges. Das Schallbild wird verschwommen und undurchsichtig *(Bild 16.4)*, siehe auch 16.1.2.

Es hilft hier auch nicht weiter, im Anschluß an die ersten falsch eintreffenden Einzelreflexionen noch viel mehr Reflexionen hinzuzufügen und dadurch mehr Nachhall zu erzeugen. Das im Kopf lokalisierte Klangbild wird dadurch lediglich nicht mehr „trocken", sondern stärker „verhallt" innerhalb des Kopfes repräsentiert. Schaltungen dieser Art, kombiniert mit Übersprecheinheiten, gibt es ebenfalls *(Bild 16.5)* [49].

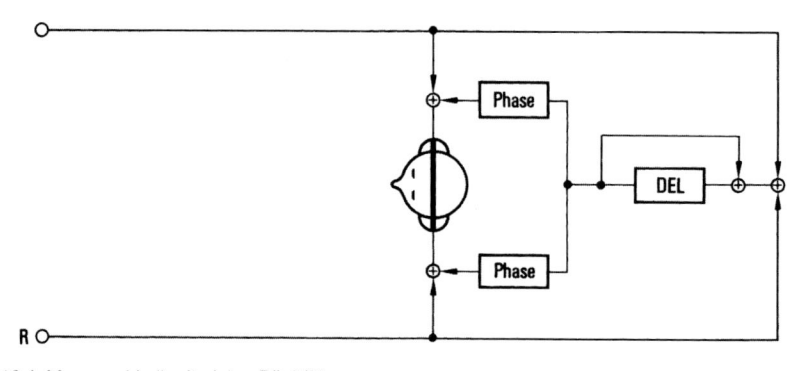

Bild 16.4: Mononachhall mit vielen Rückführungen.

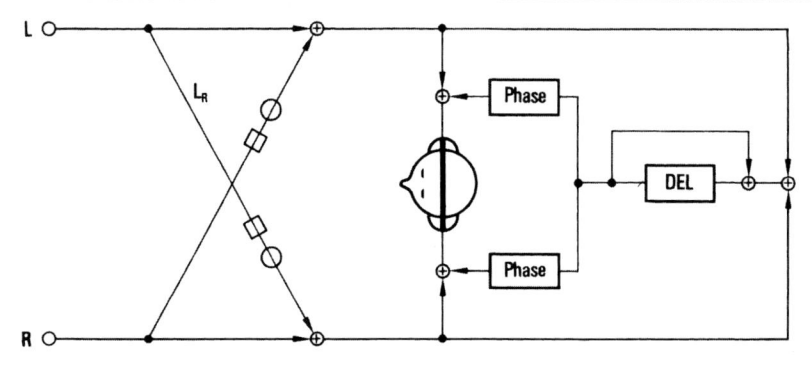

Bild 16.5: Mononachhall + Übersprecheinheit kombiniert.

Nachdem zur Außerkopflokalisation bei Kopfhörerwiedergabe intensitätsstereophone Aufnahmen nicht geeignet sind, benötigen alle diese Effektverfahren bereits ein für Kopfhörerwiedergabe konzipiertes Programmaterial, das mit zwei Hauptmikrofonen in ohrähnlichem Abstand zueinander aufgenommen oder dementsprechend nachbehandelt wurde.

Alle diese Bearbeitungen des Tonmaterials lassen jedoch den Natürlichkeitsbezug unweigerlich verlorengehen. Der Hörer hat nicht mehr das Gefühl des unmittelbaren Dabeiseins, die Schallquellen werden vorwiegend weiter entfernt, undeutlicher wahrgenommen. Die Räumlichkeit wird auf Kosten der Ortung und der Deutlichkeit erzielt. Das als Voraussetzung für dieses Verfahren benötigte, für Kopfhörer konzipierte Programmaterial eignet sich nicht mehr für räumlich richtige, richtungsgetreue hochwertige Lautsprecherwiedergabe.

16.1.4 Symmetrische Nachhallbearbeitungsverfahren

Kein Hörraum hat absolut symmetrische akustische Verhältnisse. Folglich tritt eine symmetrische, d. h. an beiden Ohren frequenz- und phasengleiche Signallage in der Praxis nie auf. Denn der Direktschall überlagert sich selbst in Räumen mit symmetrischem Grundriß an jedem Punkt mit den komplexen räumlichen Reflexionsstrukturen anders – auch bei der Wiedergabe monophoner Tonsignale.

Wie entscheidend wichtig für Kopfhöreraufbereitung die Beachtung der bei Lautsprecherwiedergabe unter normalen Bedingungen immer vorhandenen Unsymmetrie ist, läßt sich am besten durch ein Beispiel aufzeigen: Wenn in einem rechteckigen Raum auf der Symmetrieachse ein Schallsender, z. B. ein Lautsprecher, und ebenfalls auf dieser Symmetrieachse ein Kunstkopf zu Aufnahmezwecken angeordnet werden, entsteht trotz Direktschall und vielen Reflexionen an beiden Ohren immer eine gleiche Frequenz- und Phasenlage. Das Instrument wird wie bei Monoaufnahmen, die bei Kopfhörerwiedergabe auch an beiden Ohren immer die gleiche Frequenz- und Phasenlage haben, innerhalb des Kopfes geortet.

Deshalb ist zum Beispiel eine symmetrische Kopfhöreraufbereitung, wie sie in der US-PS 3,970,787 [50] beschrieben wird, einfach nicht geeignet, trotz vieler Reflexionen, das gesteckte Ziel der Aufbereitung für die Außerkopflokalisation bei jeder Art von Musikmaterial zu erreichen.

Auch wenn bei den sogenannten Übersprecheinheiten nach *Bild 16.1* im linken oder rechten Kanal unterschiedliche Filter oder die Verzögerungen vom linken zum rechten und vom rechten zum linken Kanal unterschiedlich, aber fest eingestellt sind, bewirkt eine solche Schaltung bei Monosignalen nur Klangverfärbungen, da feste Phasen- und Frequenzveränderungen erhalten bleiben. Solche Schaltungen können weder bei reinen Monoaufnahmen noch bei den fast überall vorhandenen Monostimmanteilen in Stereoaufnahmen die Außerkopflokalisation ermöglichen.

Dies war auch der Grund für die Ausbildung der Zeitdifferenz beim Eintreffen der linken und rechten ersten schallstarken Reflexionen. Bei der Überlagerung mit dem Direktschall und dem Nachhall ergeben sich an beiden Ohren stets die als natürlich empfundenen, ungleich überlagerten Hüllkurven (siehe auch Bild 14.4).

16.2 Raumabbildungsversuche bei Lautsprecherwiedergabe

Wie schon für die Kopfhörerwiedergabe dargelegt, finden bei frontalem Schalleinfall und seitlichen Reflexionen an beiden Ohren unterschiedliche Überlagerungen statt, aus denen unser Gehirn ein subjektiv unverzerrtes, räumliches und natürlich empfundenes Klangbild gewinnt.

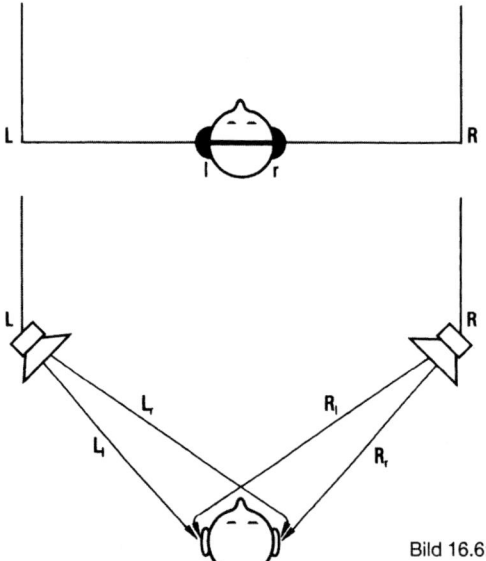

Wenn bei Lautsprecherwiedergabe nur einem Kanal zeitverzögerte Reflexionen beigemischt werden, erreichen diese immer beide Ohren. Nur ein Ohr selektiv zu beschallen, ist praktisch nicht möglich; es findet immer ein Übersprechen von Ohr zu Ohr statt *(Bild 16.6)*.

Bild 16.6: Bei Lautsprecherwiedergabe findet durch R_l und L_r Übersprechen statt.

16.2 Raumabbildungsversuche bei Lautsprecherwiedergabe

Unterschiedliche Pegel des Direktschallanteils an beiden Ohren, die eine Verteilung der Instrumente seitlich der Front-Lautsprecher simulieren sollen, lassen sich deshalb entweder nur mit zusätzlichen Lautsprechern herbeiführen oder mit Hilfe elektronischer Zusatzschaltungen.

Als Verfahren mit zusätzlichen Lautsprechern bzw. prinzipiell auf mehrere Lautsprecher angewiesene Verfahrensweisen sind die Wiedergabe von Kunstkopf-Aufnahmen mit vier Lautsprechern, Quadrophonie, Holophonie und Eidophonie [51] zu nennen.

16.2.1 Wiedergabe von Kunstkopf-Aufnahmen mit 4 Lautsprechern

An Versuchen, kopfbezogene Stereophonieaufnahmen für Lautsprecherwiedergabe aufzubereiten, hat es nicht gemangelt. Bei einem Verfahren mit vier Lautsprechern werden durch die zwei rückwärts plazierten Lautsprecher dem linken und rechten Ohr

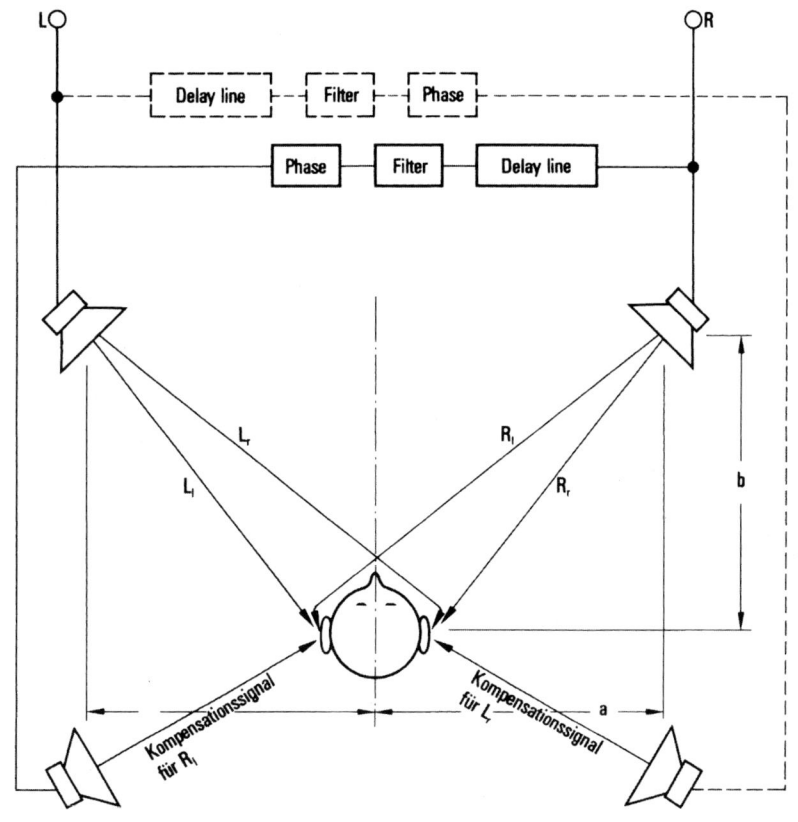

Bild 16.7: Schema der Kompensationsschaltung bei räumlicher Wiedergabe mit 4 Lautsprechern.
Die Abstände a und b müssen zentimetergenau eingehalten werden. Bereits Kopfdrehungen heben die Wirkung auf.
Der vom Kompensationssignal wiederum zum anderen Ohr gelangende Anteil ist bereits soweit gedämpft, daß er verdeckt wird.

Kompensationssignale zugeführt *(Bild 16.7)* [52]. Durch diese Kompensationssignale soll genau der Teil jener Übersprechsignale ausgelöscht werden, der vom rechten Front-Lautsprecher unerwünschterweise zum linken Ohr gelangt und der Teil, der vom linken Front-Lautsprecher zum rechten Ohr kommt. Da die aufgezeichneten Laufzeitunterschiede des Kunstkopfes im Abhörraum an beiden Ohren exakt richtig wiedergegeben werden und auch die Differenzsignale genau die Übersprechsignale auslöschen müssen, ist eine zentimetergenau definierte Abhörposition im Hörraum notwendig. Zusätzlich muß der Abhörraum, wie immer, wenn innerhalb seiner akustischen Umgebung der Aufnahmeraum simuliert werden soll, weitgehend schalltot gestaltet sein. Wenn dies nicht der Fall wäre, würden die wiedergegebenen Reflexionsverhältnisse des Aufnahmeraums durch die vorhandenen Reflexionsverhältnisse der Wiedergaberaums gestört, und Ziel des Verfahrens ist es ja, die Reflexionsverhältnisse des Aufnahmeraums mitabzubilden.

Ein derartiges Verfahren ist unpraktisch, denn einen Meter neben dem zentimetergenau festgelegten Hörplatz funktioniert es bereits nicht mehr. Überdies kommt es beim Umhergehen zu springenden Ortungen. Außerhalb dieses systembedingt engen Hörplatzes wird das Klanggeschehen immer in Richtung des geringsten Hörerabstandes zu einem oder zwei der vier Lautsprecher geortet. Ein Verfahren, das nur für einen einzigen Hörer einen optimalen Abhörplatz zuläßt, ist verbraucherunfreundlich, vor allem, wenn aufwendige Bedämpfungsmaßnahmen die Nutzbarkeit des Abhörraums für Wohnzwecke unweigerlich beeinträchtigen. Mehr als alle Worte zeigt die untenstehende Karikatur die Unsinnigkeit eines solchen Verfahrens auf *(Bild 16.8)*.

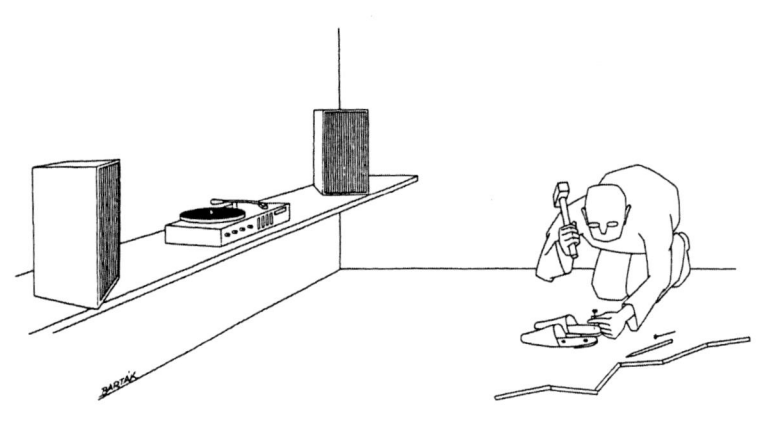

Bild 16.8

16.2.2 Quadrophonie

Bei der Quadrophonie werden außer den zwei Front-Lautsprechern zwei rückwärts plazierte Lautsprecher eingesetzt. Damit kann man zum einen dem Hörer bewußt von hinten Schalleindrücke zukommen lassen und hat damit ein eigenständiges Medium zur

Hand, das neue Gestaltungsmöglichkeiten schafft. Zum anderen wird Quadrophonie zur verbesserten räumlichen Wiedergabe stereophoner Aufnahmen eingesetzt.

Hier wurde jedoch ein Denkfehler begangen. Erstens benötigt man bei der quadrophonen Wiedergabe einen schalltoten Raum als Wiedergaberaum wie bei allen Verfahren, bei denen in einer vorgegebenen akustischen Umgebung eine andere akustische Umgebung wiedergegeben werden soll. Zweitens schaffen es quadrophone Aufnahmen dennoch nicht, im schalltoten Raum wirklich räumliche Schallfelder wie im Konzertsaal nachzuzeichnen. Wie im Eingangsbeispiel 1 Kapitel 10.1 aufgeführt, werden durch die beiden Front-Lautsprecher alle räumlichen Schallanteile einschließlich des Direktschalls nur von vorne beim Hörer eintreffend in ihrer Links-Rechts-Verteilung wiedergegeben. Die ersten schallstarken Reflexionen können nicht in ihrer räumlichen Verteilung dargestellt werden.

Wenn durch die rückwärtigen Lautsprecher rückwärtige Schallanteile des Nachhalls aus dem Aufnahmeraum wiedergegeben werden, gilt die gleichrichtende Wirkung der Mikrofone auch hier. Durch diese zusätzlichen rückwärtigen Reflexionsanteile werden noch keine wirklichen, räumlich gleichmäßig im Hörraum verteilten diffusen Nachhallfelder aufgebaut. Falls Nachhallanteile auf allen vier Lautsprechern in gleicher Weise und gleicher Lautstärke enthalten sind, kommt es zu einer Art Summenlokalisation zwischen den vorderen und den hinteren Lautsprechern. Das Schallereignis des Nachhalls wird dadurch im Raum geortet, besteht deswegen aber noch keineswegs aus räumlich verteilten diffusen Schallfeldern. Dies geschieht auch, falls das Musikmaterial, welches über zwei vorne und zwei rückwärts plazierte Lautsprecher wiedergegeben wird, nicht quadrophon aufgenommen wurde. Ist das vordere Lautsprecherpaar lauter, verbindet das Gehör den Frontschall mit dem rückwärtigen Schall durch Summenlokalisation zu einem „nach vorne oben" im Raum ortbaren Klangerlebnis. Sind die hinteren Lautsprecher gleich laut, ergibt sich ein „genau nach oben" ortbares Klangerlebnis.

Die Summenlokalisation zwischen vorderem und hinterem Lautsprecherpaar entsteht genau auf die gleiche Art und Weise, wie bei den links und rechts aufgestellten Einzel-Lautsprechern einer Stereoanlage. Wenn beide Einzel-Lautsprecher den Schall mit gleicher Lautstärke abstrahlen, kann man die Instrumente exakt in der Mitte zwischen den Lautsprechern im Raum orten. Trotzdem ist deswegen noch kein räumliches Schallfeld entstanden. Wenn beide Lautsprecherpaare den Schall mit gleicher Lautstärke abstrahlen, kann man die Instrumente exakt in der Mitte nach oben im Raum orten. Auch hier ist deswegen aber noch kein wirklich räumliches Schallfeld entstanden.

Das Problem bei der quadrophonen Musikaufzeichnung ist außerdem die stets willkürliche Mikrofon- und Lautsprecheraufstellung. Stellt man vier Mikrofone nahe beieinander auf, erscheint der Aufnahmeraum zu klein abgebildet, weil die rückwärtigen Mikrofone gleichfalls noch Direktschall aufnehmen; dadurch ist die Trennung von Direktschall und Nachhall nicht deutlich genug. Plaziert man die Frontmikrofone nahe am Klangkörper und die rückwärtigen Mikrofone weiter im hinteren Teil des Aufnahmeraums, wird der Raum überwiegend in seiner Längsausdehnung abgebildet. Trotzdem aber fehlt in beiden Fällen die raumbezogene Wiedergabe der seitlichen und von oben her eintreffenden ersten schallstarken Reflexionen, die zur Wahrnehmung eines akustisch hochwertigen und natürlich empfundenen Klangeindrucks unerläßlich sind. Da aber durch die Mikrofonaufstellung außerdem Deutlichkeit und Verhallungsgrad der Aufnahme festgelegt werden und keine anderen als geschmackliche Gründe für ihre Positionierung angegeben werden können, muß das Ergebnis einer solchen Aufnahme immer umstritten bleiben.

Auch wenn die rückwärts angeordneten Zusatz-Lautsprecher über Zeitverzögerungsleitungen angesteuert werden, hat dies akustisch weder mit dem Aufnahmeraum noch mit dem Wiedergaberaum etwas zu tun. Die Einstellung der Lautstärke sowie Verzögerungszeit dieser Zusatz-Lautsprecher sind auch wieder nur Geschmackssache.

Quadrophonie hat mit räumlicher Musikwiedergabe, also diffusen Schallfeldern, nichts zu tun. Quadrophone Aufnahmen von Konzerten liefern daher ein künstliches, synthetisches, zwar im Raum ortbares, aber nicht echt räumliches Klangbild.

Wird der Hörraum schalltot gestaltet, verliert er an Wohnwert. Wird er nicht schalltot gestaltet, vermischen sich die Reflexionsanteile des Aufnahmeraums mit denen des Wiedergaberaums. In beiden Fällen gilt aber als weitere akustische Einschränkung, daß es nur einen kleinen optimalen Hörbereich im Zentrum der vier Lautsprecher gibt und beim Umhergehen im Hörraum springende Ortungen in Bezug zu den vier Lautsprechern nicht zu vermeiden sind.

16.2.3 Holophonie

Ohne näher auf die technischen Einzelheiten dieses Verfahrens einzugehen [53], soll seine akustische Zielsetzung und deren Verwirklichung kurz beschrieben werden. Das Verfahren benötigt kein eigenes Aufnahmeverfahren und will nur durch einseitige Maßnahmen auf der Wiedergabeseite die genannten Probleme lösen. Mit der Holophonie will man die zu enge Stereohörzone zwischen den beiden Lautsprechern der Stereoanlage aufweiten. Dabei geht man von der oft als Mangel empfundenen Tatsache aus, daß sich bei der konventionellen Lautsprecherwiedergabe nur eine schmale optimale Hörzone ergibt und überdies das ganze Klanggeschehen sich sehr schnell nur noch auf einen Lautsprecher reduziert, sobald man sich ihm nähert.

Bei der Holophonie werden zusätzliche Lautsprecher zwischen den beiden eigentlichen Stereoboxen angeordnet, die das Signal der Haupt-Lautsprecher so verändern sollen, daß es sich nicht mehr als kugelförmige Wellenfront, sondern als Transversalwelle im Raum ausbreitet. Um das zu erreichen, werden die Lautsprecher zwischen den beiden Haupt-Lautsprechern mit dem gleichen Signal der Haupt-Lautsprecher zeitverzögert angesteuert. Die Zeitverzögerung wird so gewählt, daß der Zusatz-Lautsprecher in dem Moment sein Signal abstrahlt, in dem die akustische Schallwelle des Haupt-Lautsprechers ihn erreicht hat.

In Wirklichkeit wird jedoch keine ebene Wellenfront erzeugt, sondern die erste Wellenfront wird zerstückelt. Beim Hörer treffen stattdessen sehr viele einzelne Wellenfronten sehr rasch nacheinander ein und verwischen dadurch zwangsläufig die Einschwingvorgänge. Die Erkennbarkeit und die Ortbarkeit der Schallquellen wird beeinträchtigt. Auch die unvermeidlichen Interferenzen rufen Klangverfärbungen hervor.

Bei diesem Verfahren wird gedanklich immer von den Fehlern der laufzeitstereophonen Aufnahmen ausgegangen. Während der Autor nachweisen konnte, daß laufzeitstereophone Aufnahmeverfahren akustisch überholt sind, sucht die Holophonie immer noch nach einem Weg, deren prinzipbedingte Mängel im Wiedergaberaum zu kompensieren. Sobald intensitätsstereophone Aufnahmen gemäß dem „Pfleidrecording" erstellt und bei der Hörraumbeschallung die ersten schallstarken Reflexionen richtig wiedergegeben werden, tauchen die von der Holophonie aufgegriffenen Probleme gar nicht erst auf.

16.2.4 Eidophonie

Hier soll ebenfalls nur kurz auf die technischen Einzelheiten dieses Verfahrens eingegangen [51] und deren Verwirklichung angerissen werden. Das Verfahren nimmt im Aufnahmeraum rundherum auf und gibt im Hörraum rundherum wieder *(Bild 16.9 a und b)*. Dazu werden 8, 16 oder 32 Lautsprecher im Kreis im Hörraum so

Bild 16.9a: Eidophonie mit 8 Lautsprechern.

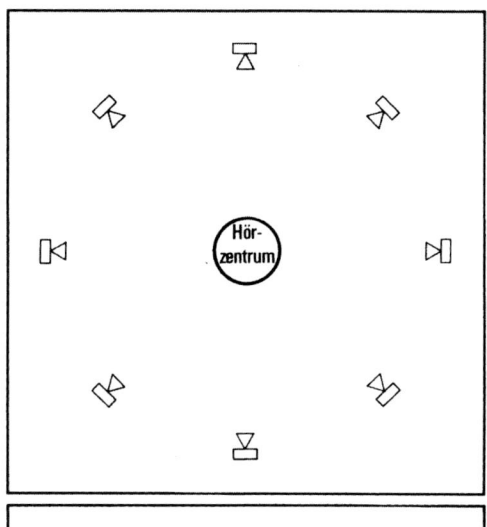

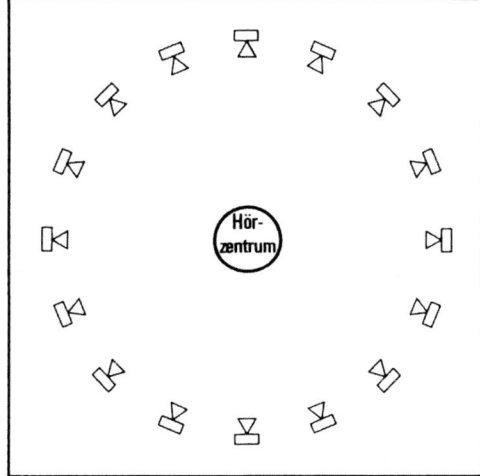

Bild 16.9b: Eidophonie mit 16 Lautsprechern.

angeordnet, daß sich automatisch nur ein kleiner optimaler Hörbereich ergibt. Es überlagern sich bei der Wiedergabe Aufnahme- und Wiedergaberaum. Wie in allen Verfahren, die gegen den späteren Hörraum arbeiten, gestaltet man den Hörraum schallbedämpft. Er wird für Wohnzwecke untauglich. Trotz unvermeidlich vieler Lautsprecher und Kabel bleibt nur ein enger optimaler Hörbereich. In einer nicht idealen Sitzposition kommt es zu verfälschten und beim Umhergehen zu springenden Ortungen. Außerdem eignet sich das Verfahren nicht für Kopfhörerwiedergabe.

16.2.5 Raumsimulationsverfahren mit nur 2 Lautsprechern

Verfahren, die mit nur zwei Lautsprechern und einer elektronischen Zusatzschaltung arbeiten, führen das am rechten Ohr unerwünschte „Übersprechsignal" des linken Kanals dem rechten Kanal so zeitverzögert zu, daß es ausgelöscht wird, allerdings auch

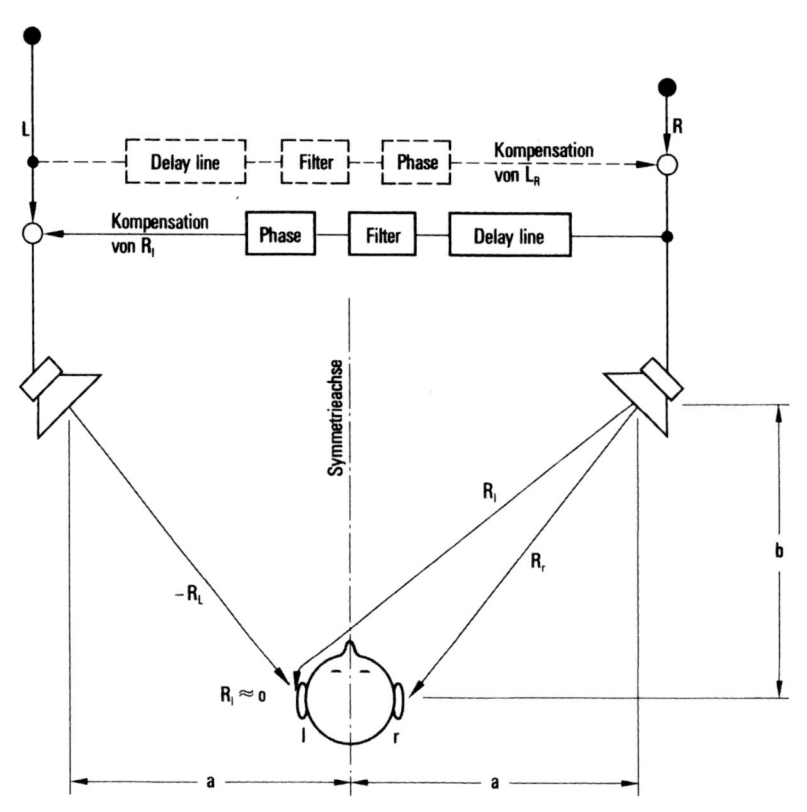

Bild 16.10: Schema der Kompensationsschaltung bei räumlicher Wiedergabe mit nur 2 Lautsprechern. Die Abstände a und b müssen zentimetergenau eingehalten werden. Bereits Kopfdrehungen heben die Wirkung auf.
Der vom Kompensationssignal wiederum zum rechten Ohr gelangende Anteil ist bereits soweit gedämpft, daß er von R_r verdeckt wird.

wieder nur an einer ganz genau festgelegten Stelle im Abhörraum *(Bild 16.10)*. Beim anderen Kanal geschieht sinngemäß das gleiche.

Dieses Verfahren (TRADIS) wurde bereits 1969 entwickelt, um kopfbezogene Stereophonieaufnahmen so aufzubereiten, daß sie auch zum Abhören über nur zwei Lautsprecher geeignet sein sollten [52]. Die Ortungen ganz links oder ganz rechts stehender, lauter Instrumente können auf diese Weise seitlich über die Lautsprecher hinauswandern. Die Ortung der in der Mitte stehenden Instrumente wird jedoch ungenauer, ihr Klangbild wird verfärbt. Diese Fehler der in der Mitte abgebildeten Instrumente ergeben sich dadurch, daß auf beiden Kanälen die gleiche Information einmal als Originalsignal und dann als Kompensationssignal abgestrahlt wird. Beim Schalldruck im Baßbereich kommt es zu selektiven Überhöhungen oder Auslöschungen, weshalb der Baß aus dem Korrektursignal mitunter einfach weggefiltert wird. Aber auch im Mittel- und Hochtonbereich kommt es zu Klangverfärbungen, z. B. zu Tonlagenänderungen von Stimmen. Des weiteren werden genau in der Mitte stehende Soloinstrumente auseinandergezogen bzw. zu breit abgebildet. Neben diesen Fehlern sind hier die akustischen Einschränkungen noch gravierender, denn es ist nur ein einziger Hörplatz möglich, der durch die elektronische Kompensationsschaltung zentimetergenau festgelegt wird. Bereits Kopfverdrehungen wirken sich nachteilig aus; ein Umhergehen im Raum hebt den „Effekt" sofort auf und führt wieder zu springenden Ortungen (auch hier gilt die Karikatur von *Bild 16.8).* Auch dieses Verfahren benötigt am besten schalltote Abhörräume.

16.3 Zusammenfassung

Für die heute gebräuchlichen, normalen Aufnahmen, wo Tonmeister bereits aufnahmeseitig einen ihren subjektiven Auffassungen entsprechenden Raumeindruck zu realisieren versuchen, scheint der Einsatz von zusätzlichen Raumerzeugungsgeräten doch sehr fragwürdig. Je nach Vorprägung und schaltungstechnischer Auslegung wird durch jeden neuen Eingriff die Qualität des Musiksignals verschlechtert. Es können zwar neue räumliche Eindrücke hervorgerufen werden, die Erfahrung zeigt aber, daß diese Versuche in der Regel schnell wieder aufgegeben werden.

Die Effekte, und als solche müssen sie bezeichnet werden, können aber durchaus beeindruckend sein. Dies gilt vor allem bei elektronischer Musik, der natürliche Bezugspunkte zur Klangbeurteilung fehlen. Bei klassischer Musik aber, und da bei längerem Hören, werden die Raumklangeffektgeräte sehr schnell als lästig empfunden. So sehr manche Effektgeräte auch anfänglich als Bereicherung empfunden werden, müssen sie andererseits in einem bedenklichen Licht erscheinen, sobald man sich vergegenwärtigt, daß bei ihnen die grundlegenden akustischen Zusammenhänge nicht erkannt, nicht berücksichtigt oder verfälscht werden. Sie versuchen, dem Konsumenten klangliche Manipulationsmöglichkeiten schmackhaft zu machen, und versprechen ihm letzten Endes etwas, das mit der Zielsetzung von High-Fidelity (hoher Wiedergabetreue) nichts mehr zu tun haben kann.

Es sind deshalb die Kennzeichen aller HiFi-untauglichen Vorgehensweisen oder

Effektverfahren, daß nur an einer genau bestimmten Position im Hörraum ein Effekt optimiert wird (und sich daneben meist wieder verliert), während gute Akustik sich sonst stets auf einen relativ großen Bereich im Hörraum verteilt. Auch sämtliche Vorgehensweisen, die mit Lautsprechern innerhalb einer vorgegebenen akustischen Umgebung eine andere akustische Umgebung simulieren, also eine fertige Räumlichkeit aus dem Aufnahmeraum aufzeichnen und übertragen wollen, sie arbeiten akustisch gegen den späteren Hörraum. Diese Effekt- oder Raumsimulationsverfahren existieren nur mangels einer richtigen Lösung, die allein darin bestehen kann, dem Hörer ein weitgehend originalgetreues, natürlich empfundenes, akustisch hochwertiges Klangerlebnis und damit auch die Absichten der Musikschaffenden verfälschungsfrei zu vermitteln. Da in diesem Zusammenhang das Kunstkopfverfahren weder für Kopfhörerwiedergabe noch für Lautsprecherwiedergabe dieses Ziel erreichen konnte, mußte ein anderer Lösungsweg gesucht werden. Die akustisch einzig gangbare Lösung lautet folgendermaßen:

1. Mit Hilfe einer sachgemäßen Aufnahmetechnik (Pfleidrecording) sollen die Instrumente präzise aufgezeichnet und dabei ihre räumliche Verteilung intensitätsmäßig (vorne/hinten) und richtungsmäßig (links/rechts) unverändert festgehalten werden. Das Tonmaterial sollte nicht durch den Aufnahmeraum vorgeprägt werden.
2. Die wichtigen ersten schallstarken Reflexionen und der Nachhall sollen erst bei der Lautsprecherwiedergabe im jeweiligen Hörraum und unter der akustischen Einbeziehung des Hörraums erzeugt werden. Dadurch läßt sich wieder im gesamten Hörraum eine gute Akustik erzielen. Weil das Tonmaterial nicht durch den Aufnahmeraum vorgeprägt ist, besteht die Möglichkeit der akustischen Anpassung an jeden beliebigen neuen Hörraum.
3. Auch bei der Kopfhörerwiedergabe sollen die wichtigen ersten schallstarken Reflexionen und der Nachhall erst bei der Wiedergabe elektronisch beigefügt werden. Die Reflexionsverhältnisse an der menschlichen Kopfform können dabei berücksichtigt werden. Die Durchführung geschieht mit dem Echtzeitprozessor PP 9

Die wesentliche Aufgabe der elektroakustischen Übertragungskette ist es, in Zukunft nicht technisch manipulierte Musikeindrücke zu erzeugen, sondern mit Hilfe eines akustischen Verständnisses natürlich empfundene und akustisch hochwertige Klangeindrücke beim Hörer zu ermöglichen, egal ob er über Lautsprecher oder über Kopfhörer hört.

Ganzheitliche Lösungen sind heute gefragt. Die Kompatibilität des Tonmaterials zwischen den Hörmedien Lautsprecher und Kopfhörer ist bereits überfällig. Vorsicht ist deshalb geboten, wenn ein Kopfhörerhersteller ein Aufnahmeverfahren entwickelt. Man kann mit Sicherheit davon ausgehen, daß er die Problematik nur aus seinem eingeschränkten Blickwinkel der Kopfhörerwiedergabe sieht. Es ist zwar zu erwarten, daß er als Fachmann auf seinem Fachgebiet durchaus Verbesserungen zu erzielen vermag, die aber doch insgesamt gesehen nicht weiter führen.

Die akustisch hochwertig empfundene Musikwiedergabe hat auch nichts mehr mit der weiteren technischen Perfektionierung der elektrischen Geräte der Übertragungskette zu tun. Das heißt, auch die Einführung der Digitaltechnik oder des perfekten akustischen Schallwandlers kann nicht die akustische Problematik lösen. Nur das akustisches Verständnis aller an der HiFi-Technik Beteiligten kann weiterhelfen.

17 Wohnraumakustik in der Praxis

Ein Mikrofon registriert immer nur den augenblicklichen Ist-Zustand aller eintreffenden Schwingungen im Hörraum, nämlich den momentanen Direktschall und die ersten schallstarken Reflexionen des davor eingetroffenen Direktschalls sowie den Nachhall des noch weiter zurückliegenden Direktschalls. Der Mensch hingegen hört anders. Er registriert zwar ebenso die augenblicklich eintreffenden Schwingungen (schalldruck- und frequenzmäßig – wie das Mikrofon), wertet sie jedoch intelligent zu Empfindungen aus. Nur die Schallaufnahme erfolgt mit dem Gehör, die Wahrnehmung geschieht im Gehirn. Auch optische Reize werden nur mit dem Auge aufgenommen, aber im Gehirn zu Wahrnehmungen verarbeitet.

Akustische Reize verarbeiten wir jedoch anders als die optischen. Die optische Wahrnehmung einer Lichtquelle und ihres virtuellen Bilds sind gleichzeitig und ohne gegenseitige Störung nebeneinander möglich *(Bild 17.1)*. Hingegen können wir zwei Arten bei der akustischen Wahrnehmung unterscheiden – je nachdem wie schnell die ersten schallstarken Reflexionen nach dem Direktschall beim Hörer eintreffen *(Bild 17.2)*. Diese Grenze liegt bei ca. 20...50 ms. Sie ist frequenzabhängig und wird als Echo-Wahrnehmbarkeitsschwelle bezeichnet.

Treffen die ersten schallstarken Reflexionen früher als 20...50 ms (also unter der Echo-Wahrnehmbarkeitsschwelle) nach dem Direktschall beim Hörer ein, kann er keine Phantomschallquelle wahrnehmen. Die ersten schallstarken Reflexionen werden in einer Art von Integrationsprozeß dem direkten Schall zugeordnet und lautstärkemäßig aufaddiert. Sie bewirken, daß der Direktschall lauter und deutlicher wahrgenommen wird, und sie vermitteln gleichzeitig einen angenehmen räumlichen Höreindruck, wenn sie auch noch räumlich richtig beim Hörer eintreffen [54].

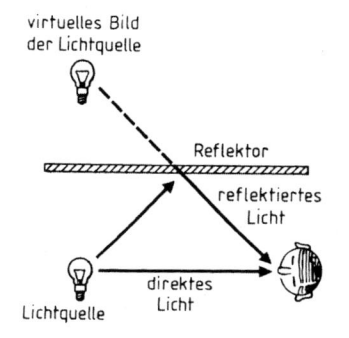

Bild 17.1: Optische Wahrnehmung: Licht- und virtuelle Lichtquelle können gleichzeitig ohne gegenseitige Störung vom Auge wahrgenommen werden, wenn die Lichtquelle weit genug von dem Reflektor entfernt ist.

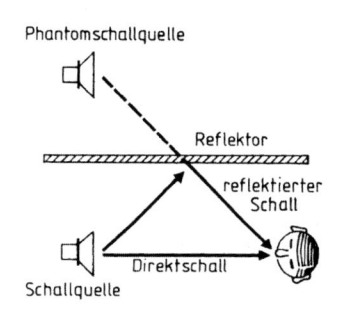

Bild 17.2: Akustische Wahrnehmung: Die Verzögerungszeit, von der ab Schallreflexionen als Echo hörbar werden, wird als Echo-Wahrnehmbarkeitsschwelle bezeichnet.

Treffen die ersten schallstarken Reflexionen später als 20...50 ms (also oberhalb der Echo-Wahrnehmbarkeitsschwelle) ein, werden vom Hörer mindestens zwei Schallquellen wahrgenommen, die Phantomschallquelle als Echo sowie die Originalschallquelle.

Da Echos bei der Verarbeitung von Schallsignalen stören, ist es das Ziel aller Akustiker, die ersten schallstarken Reflexionen noch unterhalb der Echo-Wahrnehmbarkeitsschwelle beim Hörer eintreffen zu lassen. Echos kann man in Wohnräumen leicht vermeiden. Die ersten schallstarken Reflexionen kommen in Wohnräumen immer so früh, daß sich keine Phantomschallquellen wahrnehmen lassen.

Alle ersten schallstarken Reflexionen tragen in Wohnräumen dazu bei, daß der Direktschall lauter empfunden wird. Auch im Wohnraum muß man dafür sorgen, daß sie beim Hörer so eintreffen, daß er diese Schallinformation zu einem optimalen Höreindruck auswerten kann. Während also am Ohr eines Hörers fortlaufend neue Schallereignisse eintreffen, nimmt er den Direktschall, die dazugehörigen ersten schallstarken Reflexionen und den gleichfalls dazugehörenden Nachhall in ihrer zeitlichen Reihenfolge auf und bildet daraus eine Gesamtempfindung. Die einzelnen Schallanteile der räumlichen Schallfelder werden nicht getrennt für sich allein wahrgenommen. Die Gesamtwirkung der einzelnen Schallteile der räumlichen Schallfelder wird als akustisch hochwertig oder als schlecht empfunden. Ein Klangbild kann also entsprechend der psychoakustischen Wahrnehmbarkeitsverarbeitung des menschlichen Gehirns optimal strukturiert werden. Durch akustisch richtige Einbeziehung der speziellen Hörraumgegebenheiten ist es deshalb durchaus möglich, in nahezu jedem Raum Echo-Wahrnehmungen zu vermeiden und gleichzeitig akustisch hochwertige Abhörbedingungen zu schaffen.

Meßtechniker, die den Hörraumeinfluß ebenfalls hören und ihrer Arbeitsweise entsprechend natürlich messen wollen, versuchen neuerdings, die akustische Problematik mit Hilfe eines „Normraums" oder „standardisierten Meßraums" zu lösen, in dem sie wiederum nur Schalldruckmessungen vornehmen. Auch das ist ein Irrweg, da jeder Lautsprecher, der anders abstrahlt, den Hörraum anders miteinbezieht, oder aber, wenn der gleiche Lautsprecher oder das Meßmikrofon in einem solchen „Normraum" nur geringfügig anders aufgestellt bzw. gedreht würden, andere frequenzüberlagerte Meßergebnisse herauskämen, die aber wiederum über die Akustik des Raums gar nichts aussagen.

Jeder Raum hat spezielle akustische Probleme, die stets unterschiedlich zu lösen sind. Jedoch sieht man immer noch, wie HiFi-Zeitschriften den Einfluß der Aufstellung der Lautsprecher im Raum oder in Bezug zu Regalkanten (bündig oder nichtbündig) meßtechnisch überprüfen und zugleich den Klangeindruck ausführlich beschreiben, ohne deutlich zu machen, daß sie damit nur das Eintreffen der ersten schallstarken Reflexionen so verändern, bis ein akustisch besserer Gesamteindruck entstanden ist. Diese Aufstellungsvarianten einer HiFi-Box in Bezug zu den schallreflektierenden Begrenzungswänden wirken sich ebenso aus wie im Konzertsaal das Einhängen der Reflektoren an unterschiedlichen Stellen. Es wird innerhalb des Hörraums das räumliche Eintreffen der ersten schallstarken Reflexionen optimiert, ohne daß dabei der Direktschall und der Nachhall verändert werden.

Man schiebt dabei den Lautsprecher so lange hin und her, bis ein akustisch höherwertiger Eindruck entstanden ist. Daß sich dieser Optimierungsprozeß mit HiFi-Boxen, die den Schall nur direkt abstrahlen, in kleinen Wohnräumen nur bis zu einem sehr beschränkten Maße voranbringen läßt, haben wir bereits im ersten Beispiel in Kapitel 10.1 geschildert. Es reicht aber auch nicht aus, den Schall stattdessen „irgendwie" direkt und indirekt abzustrahlen. Die akustischen Zusammenhänge müssen beachtet werden, darauf kommt es an.

17.1 Direktstrahler

Es hat sich bereits herumgesprochen, daß man mit meßtechnisch perfekten Lautsprechern keineswegs automatisch die akustisch hochwertige Klangwiedergabe erreicht hat. Die technischen Anforderungen an den Direktschall der Lautsprecher und die akustischen Anforderungen an die Reflexionen sind zwei unterschiedliche Kriterien, die sich vor allem mit reinen Direktstrahlern nur sehr schwer verwirklichen lassen.

Direktstrahler sind aber heute noch die häufigsten Lautsprecher. In kleinen Wohnräumen können sie nur vorwiegend Links-Rechts-Effekte bewirken. Die ersten schallstarken Reflexionen kommen von hinten, von der Rückwand, und weiten deshalb den „Raumeinfallswinkel" nicht auf. Bereits nach wenigen weiteren Reflexionen ist der Schall im Wohnraum so weit gedämpft, daß sich kein pegelstarkes, diffuses Schallfeld aufbauen kann. Die Musikdarbietung erhält so nur sehr begrenzte echte räumliche Schallanteile. Unter wohnraumakustischen Bedingungen ist die akustisch so wichtige Wiedergabe der ersten schallstarken Reflexionen mit diesen Lautsprechern nur sehr beschränkt möglich.

Weil alle Direktstrahler, Studiomonitore eingeschlossen, diesen Mangel aufweisen, hat man sich auf Seiten der Aufnahmetechnik darauf eingestellt und mischt bei Aufnahmen entweder Hallanteile des Aufnahmeraums dazu, oder aber man verhallt das direkte Schallereignis elektronisch. Der akustische Trugschluß ist hier, daß so nur eine Pseudo-Räumlichkeit geschaffen wird. Beim Musikhören im Wiedergaberaum erreicht den Hörer der hinzugemischte Hall- oder Raumanteil nicht aus dem Raum, sondern wie der direkt aufgenommene Schall unmittelbar von vorne von den Lautsprechern. Dadurch bleibt das Klangbild eng und flach (siehe Beispiel 1, Kapitel 10.1).

17.2 Raumstrahler

Die Direktstrahler mit ihrem unbefriedigenden räumlichen Klangeindruck unter Wohnraumbedingungen schufen das Bedürfnis nach mehr und echter Räumlichkeit in der Musikwiedergabe. Einen Versuch, diesen Mangel auszugleichen, bilden die sogenannten Raumstrahler. Bei diesen Rund-, Senkrecht- oder Dipolstrahlern wird der Schall in einer Kugelwelle nach vorne und hinten, nach vorne und oben oder nach allen Seiten von der Box abgestrahlt.

Der Nachteil von Raumstrahlern in kleineren Räumen, also Wohnräumen, ist, daß sie immer in Wand- oder Deckennähe stehen und deshalb den an die Wände abgestrahlten Schall zu schnell nach dem direkten Schall beim Hörer eintreffen lassen. Solche schnell eintreffenden Reflexionen machen es schwer, die Instrumente zu orten und die für die typischen Einschwingvorgänge zu erkennen. In normalen Wohnräumen, in Wandnähe aufgestellt, schaffen sie ein überräumliches, nicht mehr ortbares, undeutliches Klangbild.

Leider verschweigen Schlagworte wie „Direkt-Indirektschall" als Verkaufsargument für direkt/indirekt abstrahlende HiFi-Boxen oft, daß es hunderte von Konzertsälen mit Direkt- und Indirektschall gibt, die miserabel klingen, und daß es daher nicht allein auf das mengenmäßige Verhältnis von Direkt- und Indirektschall ankommt, sondern auf die Berücksichtigung akustischer Grundregeln beim Erzeugen der ersten schallstarken Reflexionen.

Auch die Direktstrahler erzeugen in den Wiedergaberäumen Reflexionen als Indirektschallanteile. Aber, wie bereits beschrieben, sind diese ersten schallstarken Reflexionen von hinten nicht in der Lage, den Raumeinfallswinkel aufzuweiten und eine hochwertige Akustikempfindung zu ermöglichen. Wenn HiFi-Zeitschriften einen Lautsprecher testen, ihn solange hin-und herplazieren, bis er gut klingt, und in Testberichten nur den Lautsprecher beschreiben, ohne daß deutlich wird, daß der gleiche Lautsprecher, an der Wand stehend, wie es in der Praxis bei allen hinten geschlossenen Direktstrahlern der Fall ist, um zwei bis drei volle Klassen schlechter klingt, so sind solche Testberichte schlicht falsch.

Die gravierenden Unterschiede im Klangbild des gleichen Lautsprechers können so groß sein, daß z. B. ein 10 Jahre alter Mittelklasse-Lautsprecher, der in einem guten Hörraum akustisch richtig plaziert wird, jedem falsch aufgestellten Super-Testsieger klar überlegen ist, der unter schlechten akustischen Bedingungen abgehört wird. Daß sich der Einfluß einer mehr oder minder gelungenen Boxenaufstellung bei Raumstrahlern, die ja den Hörraum durchaus mit einbeziehen wollen, aber auch ein schlechter Hörraum stärker auswirken als bei Direktstrahlern, ist auch klar. Die Aussage, Raumstrahler seien schwieriger aufzustellen als Direktstrahler, spiegelt deshalb nur die unbegriffene Reaktion auf die akustische Problematik von Wohnräumen wider.

Um akustisch höherwertige Ergebnisse zu erzielen, als dies mit reinen „Direktstrahlern" möglich ist, muß man nur um die Akustik Bescheid wissen und einige Grundregeln einhalten. Der von uns entwickelte spezielle Wohnraum-Lautsprecher bezieht gemäß dem Schallabstrahlprinzip bereits den Wohnraum als Randbedingung akustisch richtig mit ein.

17.3 Bedämpfungsanordnung

In jedem Hörraum ist eine Bedämpfung notwendig, weil sich sonst zu lange Nachhallzeiten ergeben würden, wie etwa in einem Hallraum, und eine deutliche Musikwiedergabe nicht möglich wäre. In Konzertsälen wird dies von den Sitzreihen und den teilweise schallabsorbierend ausgeführten Rückwänden sowie dem Publikum selbst bewirkt. Um die Schallquelle herum, also hinter und über dem Orchester, sind die

17.3 Bedämpfungsanordnung

Bild 17.3: Im Herkulessaal in München sind im Bereich des Orchesters die seitlich an den Wänden hängenden Gobelins mit Plastikfolie abgedeckt, damit es hier nicht zu Absorptionen kommt, sondern die Schallwellen auf jeden Fall räumlich stark in den übrigen Saal hinausreflektiert werden. Die Decke sowie die Steinwand im Rücken des Orchesters sind selbstverständlich auch schallreflektierend gestaltet.

Wände immer schallreflektierend, damit sich die ersten schallstarken Reflexionen auch tatsächlich räumlich bilden können *(Bild 17.3)*.

Natürlich sind auch bei den Pfleid Wohnraum-Lautsprechern entsprechende Vorkehrungen nötig *(Bild 17.4)*. Alle geschlossenen Oberflächen wie Putz, Stein, Glas, Holz, Tapeten usw., reflektieren den Schall und sind als Wand, vor der die Lautsprecher stehen, sehr gut geeignet. Bei Fensterflächen ist darauf zu achten, daß bei großen Scheiben eine genügende Stabilität vorhanden ist, sonst schwingt die Fensterfläche bei großen Lautstärken und tiefen Frequenzen mit. Als Bedämpfungsmaterial kann Stoff verwendet werden, der alle Frequenzen breitbandig absorbiert. Lochplattendecken, fälschlicherweise Akustikdecken genannt, tragen keineswegs zu einer guten Akustik bei, sondern absorbieren den Schall selektiv in spezifischen Frequenzbereichen, die durch die Größe der Löcher (Helmholtzresonatoren) festgelegt werden. Alle rauhen, offenporigen oder mit Stoff überzogenen Flächen wie schwere Vorhänge, Teppiche, Stühle, Bücherregale dämpfen den Schall, leichte Stores vor dem Fenster dämpfen nicht. Am Boden kann (muß aber nicht) als vertikal wirkende Bedämpfung ein Teppich liegen, und auch die horizontal wirkende Bedämpfung sollte im Rücken des Hörers sein, auf keinen Fall jedoch hinter den Lautsprechern. Wenn das Bedämpfungsmaterial z. B. ein schwerer Vorhang hinter und seitlich der Boxen wäre, würde die Räumlichkeitsentfaltung durch Absorption der ersten schallstarken Reflexionen bereits im Ansatz verhindert.

17 Wohnraumakustik in der Praxis

Querschnitt

Grundriß

Bild 17.4: Auch bei der HiFi-Box PP8 MkII müssen die entscheidend die Qualität beeinflussenden schallstarken Reflexionen durch den Raum in der räumlichen Ausbreitung ermöglicht und begünstigt werden. Das in jedem Hörraum notwendige Bedämpfungsmaterial ist an der den Boxen gegenüberliegenden Seite im Rücken des Hörers anzuordnen.

Aber auch wenn die den Boxen gegenüberliegende Wand hinter dem Hörer schalldämmend abgebildet ist, und bei der Wiedergabe reine Direktstrahler verwendet werden, kommt nichts mehr zurück; das räumliche Klangbild wird flach wiedergegeben. Da man aber ganz ohne Bedämpfung an den Wänden auch nicht auskommt, wird deshalb in Studios, wo Direktstrahler vorgeführt werden, oft jene Wand, an der die

Boxen stehen oder die Decke schallschluckend ausgeführt. Jedoch auch wenn die Zimmerdecke schallschluckend ausgeführt wird, kann sich ein echt räumliches Klangbild nur unbefriedigend entfalten. Weil überdies die von hinten einfallenden Reflexionen auch bei reflektierender Rückwand den Raumeinfallswinkel nicht auf den Raum aufweiten und somit kein luftiges Klangbild erzeugen können, wird die Räumlichkeitswiedergabe nochmals verschlechtert.

Dieser Zustand, den man aus Unterbringungsgründen sehr oft in HiFi-Studios in Form der Lautsprechervorführwand vorfindet, bewirkt, wenn noch eine Schallschluckdecke (Lochplattendecke) vorhanden ist, daß die akustischen Hörbedingungen nach dem Kauf der Box auf keinen Fall mehr schlechter werden können. Wer sich unter solch schlechten akustischen Bedingungen beraten läßt, wird höchstens per Zufall den Lautsprecher finden, der auch bei ihm zu Hause gut klingt. Da zu Hause dann die Vergleichsmöglichkeiten wieder fehlen, gewöhnen sich viele Konsumenten an den schlechten Klang, so daß auch die HiFi-Geschäfte ihrerseits hier keine Abhilfe schaffen müssen.

Die Pfleid Wohnraum-Lautsprecher werden jedenfalls nur an Fachgeschäfte geliefert, die grundsätzlich unter wohnraumakustischen Bedingungen vorführen können, was aber in der Praxis leider auch nicht immer eingehalten wird. Deshalb sind diese Händler dann oft bereit, dem Kunden die Lautsprecher zu Hause vorzuführen und ihn dabei gleich bei der Aufstellung der Lautsprecher akustisch zu beraten.

17.4 Raumresonanzen

Bei einem Übertragungbereich von 20...20 000 Hz kommen Schallwellenlängen von 16,6 m...1,7 cm vor. Man muß sich klarmachen, was mit den „langen" Schallwellen in „kleinen" Wohnräumen passiert. Wellenlängen von 16,6 m z. B. bei 20 Hz, die länger als der Hörraum sind, können nur unter Auslöschungseffekten wiedergegeben werden, also mit Schalldruckverminderung. Je weiter man die Frequenz anhebt, desto mehr kommt man in den Bereich, wo die Wellen längenmäßig in den Raum hineinpassen, der wiedergegebene Schalldruck also ansteigt. Wenn ein würfelförmiger Hörraum nach *Bild 17.7* (Kapitel 17.6) jetzt gleiche Abmessungen in Länge, Breite und Höhe hat, ergibt sich zwangsläufig aus den Raumabmessungen eine ganz ausgeprägte Resonanzstelle, z. B. bei der Kantenlänge von 4 m bei ca. 83 Hz, und zwar bei allen HiFi-Boxen, auch bei denen, die im schalltoten Raum einen linearen Schalldruckverlauf von 20...20 000 Hz haben. Wenn der Raum rechtwinklig mit nur zwei gleichen Raumlängen ist, ergibt sich bereits eine Minderung der Resonanzstelle, dafür aber zwei weniger ausgeprägte Resonanzstellen. Ein Raum mit drei unterschiedlichen Raumlängen ist hier am besten, weil sich die Resonanzstellen noch besser verteilen und deshalb noch weniger in Erscheinung treten. Bei weiterer Anhebung der Frequenzen, also bei noch kürzeren Wellenlängen, kommt es dann öfter vor, daß volle Wellenlängen oder Vielfache dieser vollen Wellenlängen zwischen zwei Wände passen und verstärkt werden. Aber dadurch, daß diese Resonanzstellen immer weniger ausgeprägt sind und sich zusätzlich häufen, verteilen sie sich immer gleichmäßiger. Alle Schalldruckkurven,

17 Wohnraumakustik in der Praxis

Querschnitt

Bild 17.5a: Raumstrahler ‚PP8' von der Wand abgerückt. Ungleiche Wellenlängen bei der Schallentstehung vermeiden Resonanzen.

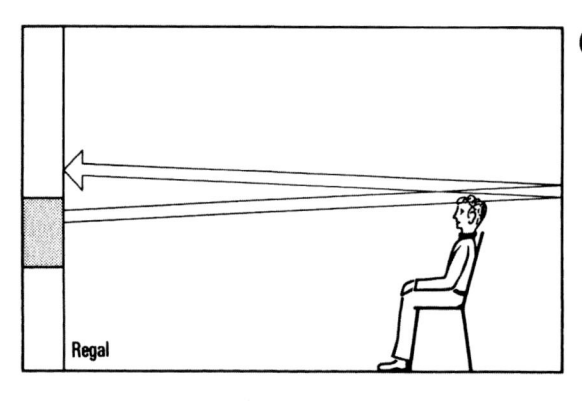

Querschnitt

Bild 17.5b: Direktstrahler im Bücherregal. Gleiche Wellenlängen zwischen parallelen Wänden verstärken diejenige Wellenlänge (und die Vielfachen dieser Wellenlänge), die genau zwischen sie hineinpassen.

in Wohnräumen gemessen, zeigen, daß mit zunehmender Frequenz der Einfluß des Hörraums auf die Schalldruckkennlinie nachläßt, bis er im Hochtonbereich nicht mehr wahrnehmbar ist.

Das Problem stehender Wellen zwischen zwei parallelen Wänden bzw. der sogenannten Raumresonanzen kann durch die Verwendung von Raumstrahlern, die nicht unmittelbar an der Wand stehen, schon sehr verbessert werden *(Bild 17.5)*. Die andere Möglichkeit besteht darin, ein Regal mit so großen Brettabständen zu schaffen, daß die senkrecht zurückgeworfenen Schallwellen nur im resonanzgefährdeten Tieftonbereich stärker abgedämpft werden. Dazu eignet sich z. B. ein Bücherregal.

Auch nahe der Ecke zweier schallharter Wände kann es zu Tonverstärkungen und dadurch zu Raumresonanzen kommen. Ein schwerer Stoff, z. B. ein geraffter Vorhang in der Ecke, verhindert zuverlässig diese negativen Eigenschaften *(Bild 17.6)*. Bevor man ganze Wandseiten mit Dämmaterial bedeckt, um Raumresonanzen zu vermeiden, sollte auf jeden Fall versucht werden, diese Resonanzen durch Verstellen der Lautsprecher zum Verschwinden zu bringen. Dies wird in der überwiegenden Mehrzahl der Fälle gelingen und ist vorteilhafter, als durch Dämmaterial die Raumwirkung überhaupt einzuschränken. Vor allem der Mittel- und Hochtonbereich werden in Wohnräumen durch Stoffe stärker absorbiert als der Tieftonbereich. Wenn diese Frequenzen aus

Grundriß

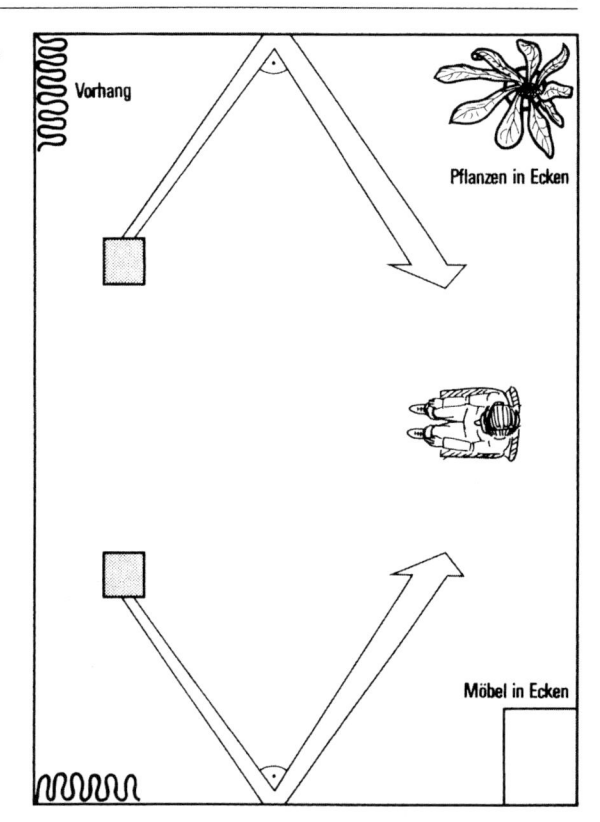

Bild 17.6: Vermeidung von Resonanzen durch ‚Entschärfen' der Zimmerecken.

den räumlich verteilten diffusen Schallfeldern herausgefiltert werden, wird das Klangbild schnell dumpf und unpräzise empfunden. Wenn also zuviel weggedämpft wird, muß man sich klar machen, daß es zwar keine Resonanzen mehr gibt, aber es gibt auch keine akustisch hochwertig empfundenen räumlichen Schallfeldanteile mehr. Wohnräume sollte man nicht stärker bedämpfen als Konzertsäle, da für beide grundsätzlich dieselben akustischen Gesetzmäßigkeiten gelten.

17.5 Subjektive Lautstärkeempfindung

Wie bereits beschrieben, erhöhen die ersten schallstarken Reflexionen die subjektive Lautstärkeempfindung, wenn sie räumlich und zeitlich richtig eintreffen. Man kann also mit solchen Schallfeldern in Wohnräumen eine subjektiv ausreichend hohe Lautstärkeempfindung erzielen, dabei aber mit einem geringeren Pegel des reinen Direktschalls auskommen.

Bei Direktstrahlern, die einen höheren Direktschallpegel zur Erzielung der gleichen Lautstärkeempfindung brauchen, treffen die Schallwellen noch völlig ungedämpft mit voller Wucht auf die gegenüberliegende Wand. Die Wand wird zum Mitschwingen angeregt, was dann auch in der Nachbarwohnung hörbar wird. Bei richtiger Schallfeldverteilung, mit Hilfe der ersten schallstarken Reflexionen, wird es möglich, nicht nur ein akustisch hochwertiges, sondern auch subjektiv laut empfundenes Klangbild zu erhalten und trozdem dabei die Nachbarn nicht so leicht zu stören.

17.6 Einige Aufstellregeln für HiFi-Boxen

Zum Erzielen eines hochwertigen Ergebnisses sollten in jedem Hörraum immer mehrere Aufstellvarianten ausprobiert werden. Quadratische Räume, bei denen die Raumhöhe gleich der Raumlänge ist, sind für hochwertige Musikwiedergabe am wenigsten geeignet. Rechteckige Räume mit einem unterschiedlichen Maß in Länge und Breite sind bereits besser und rechteckige Räume mit unterschiedlicher Länge, Breite und Höhe am besten geeignet *(Bild 17.7)*.

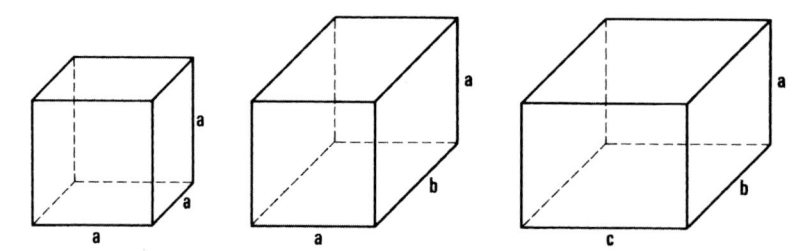

Bild 17.7: a) Ein würfelförmiger Raum mit gleicher Länge, Breite und Höhe ist für Musikwiedergabe der ungünstigste Fall. b) Ein rechteckiger Raum mit nur zwei gleichen Raumlängen ist bereits besser. c) Am besten eignen sich Räume mit drei unterschiedlichen Raumlängen (auch schiefwinklige Räume sind sehr gut geeignet).

Nicht nur bei den ersten schallstarken Reflexionen, auch beim Nachhall verstärken gleiche Raumlängen jene Frequenzen, die längenmäßig genau hineinpassen gegenüber anderen Frequenzbereichen. Beim Nachhall ist dies zwar nicht mehr so kritisch, aber auch noch zu beachten. Unregelmäßige Einbauten wie Schränke, Tische, Stühle oder große Lampen, aber auch schräge Decken- oder Wandteile und Mauervorsprünge sind keineswegs nachteilig, da sie störende Symmetrieeffekte verhindern, die durch Raumabmessungen und Boxenaufstellung auftreten könnten.

Exakte Symmetrie der Lautsprecheraufstellung im Raum und am Hörplatz soll vermieden werden. Sie erzeugt bei in der Mitte spielenden Instrumenten an beiden Ohren im Direktschall und den Raumreflexionen die gleiche Frequenz und Phasenlage wie bei Monosignalen am Kopfhörer und kann deshalb theoretisch zu Problemen bei der Auswertung des Schallereignisses führen. In der Praxis ist dies jedoch fast nie der

Querschnitt

Ideale Laufzeitunterschiede vertikaler Reflexionen von oben (vorne oben).

Grundriß

Ideale Laufzeitunterschiede horizontaler Reflexionen von der Seite.

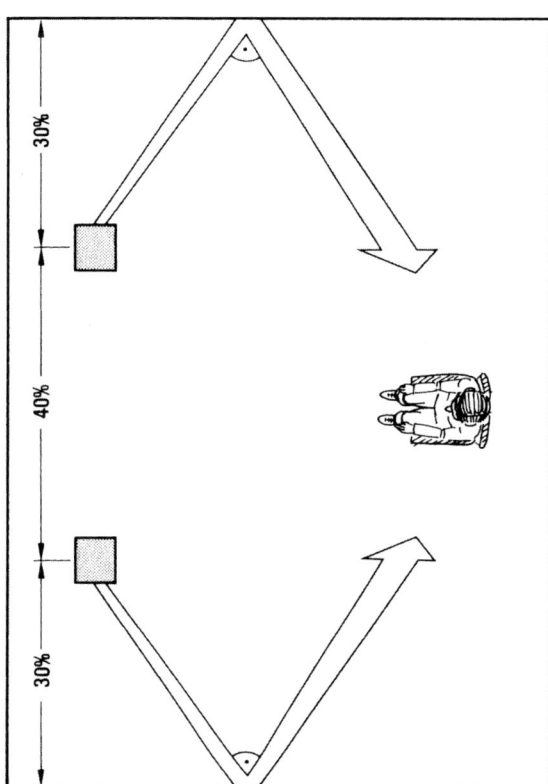

Bild 17.8: Die Boxen stehen an der langen Wandseite in einem rechteckigen Raum. Dies ist der Optimalfall der Boxenaufstellung durch richtige akustische Einbeziehung des Hörraums.

Fall. Immer ist eine Seitenwand in der akustischen Wirkung anders als die andere, oder die Möbel heben die Symmetrieeffekte auf. Auch durch winzige Boxenstandplatz-Verschiebungen können akustische Symmetriewirkungen vermieden werden.

Aus der Forderung, einen Hörraum akustisch hochwertig zu beschallen, wobei die ersten schallstarken Reflexionen räumlich und zeitlich richtig am Ohr des Hörers eintreffen müssen, läßt sich auch die optimale Lautsprecheraufstellung in Wohnräu-

Querschnitt

Grundriß

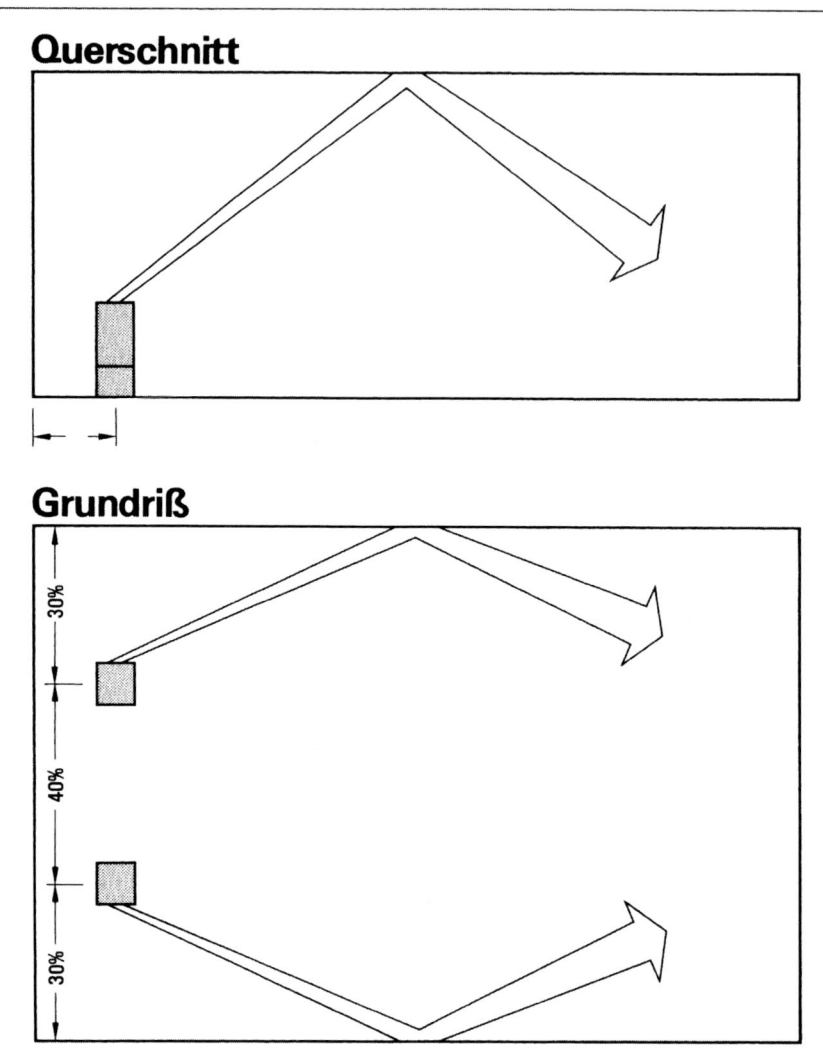

Bild 17.9: Die Boxen stehen an der kurzen Wandseite in einem rechteckigen Raum (Fall 2). Der Wandabstand A ist hier größer zu halten.

men ableiten. Der Optimalfall ergibt sich, wenn die Lautsprecher in einem rechteckigen Raum an der langen Wandseite aufgestellt werden. Hier werden die ersten schallstarken Reflexionen von den Seitenwänden und der Zimmerdecke zeitlich und räumlich so auf den Hörer hinreflektiert, daß sich ideale Laufzeitunterschiede und optimale Raumeinfallswinkel ergeben. Im gesamten Hörraum kann ein luftiges, räumlich und akustisch hochwertiges Klangbild wahrgenommen werden *(Bild 17.8)*.

Bei der Lautsprecheraufstellung an der kurzen Wandseite in rechteckigen Räumen

17.6 Einige Aufstellregeln für HiFi-Boxen

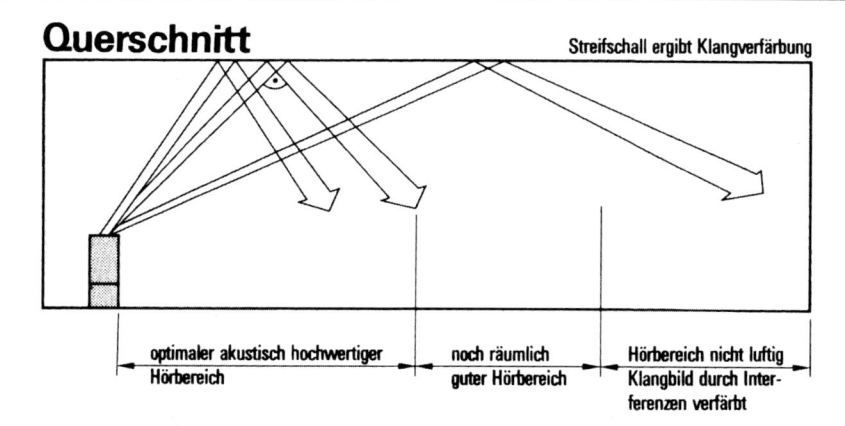

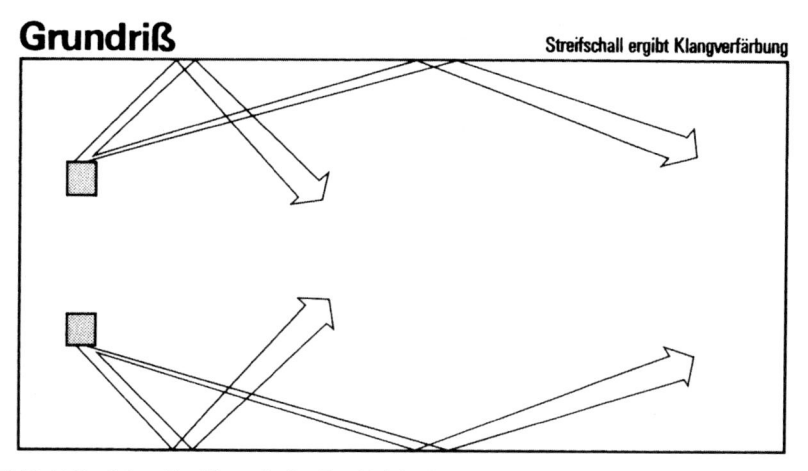

Querschnitt　　　　　　　　　Streifschall ergibt Klangverfärbung

| optimaler akustisch hochwertiger Hörbereich | noch räumlich guter Hörbereich | Hörbereich nicht luftig Klangbild durch Interferenzen verfärbt |

Grundriß　　　　　　　　　　Streifschall ergibt Klangverfärbung

Bild 17.10: In länglichen Korridoren ist im Fernfeld der Lautsprecher nur eine sehr schlechte akustische Klangwiedergabe möglich. Dies ist nur im geometrisch bedingten Nahbereich akustisch hochwertig möglich.

ist es wichtig, daß der Wandabstand der Boxen zur dahinterliegenden Rückwand größer gehalten wird. Die seitlichen Reflexionen treffen zwar schneller beim Hörer ein, aber die kräftigen Reflexionen über die Decken strukturieren das räumliche Schallfeld immer noch günstig *(Bild 17.9)*. Bei dieser Lautsprecherplazierung ist der optimale Hörbereich im Raum aber kleiner. Er beschränkt sich auf den Nahbereich bei den Lautsprechern, schon im rückwärtigen Teil des Raumes läßt die akustische Qualität hörbar nach.

Lange, flurartige Räume sind nur in einem sehr begrenzten Bereich räumlich hochwertig zu beschallen *(Bild 17.10)*. Der akustisch gute Bereich beschränkt sich auf jene Stellen, wo die Deckenreflexionen noch annähernd spitzwinklig bis rechtwinklig erfolgen. Bei größerer Entfernung bilden sich die Reflexionen mit einem so flachen Winkel, daß sie sich ungünstig mit dem Direktschall überlagern und deutlich wahr-

17 Wohnraumakustik in der Praxis

nehmbare Klangveränderungen hervorrufen. Die akustische Wirkung der ersten schallstarken Reflexionen ist nicht mehr wahrnehmbar.

In langen korridorartigen Räumen klingen deshalb die ganz gebündelt abstrahlenden Elektrostaten, die den Hörraum überhaupt nicht mit einbeziehen, am neutralsten. Falls mehrere Hörer anwesend sind, müssen sie sich allerdings schon auf Plätze verteilen, die vom Direktschall mit unterschiedlicher Intensität angestrahlt werden. Bei solchen „Ein-Mann-Lautsprechern" kann es durchaus vorkommen, daß sogar nebeneinander sitzende Hörer durchaus unterschiedliche Klangqualitäten wahrnehmen. Von räumlicher, akustisch hochwertiger Musikwiedergabe kann man in diesem Fall nicht mehr sprechen.

Sehr große Räume mit über 100 qm Grundfläche sind ebenfalls schlecht zu beschallen, vor allem wenn sie niedrige Decken haben. Bei größeren Deckenhöhen kann man für solche Abmessungen nicht mehr von Wohnraum-, sondern bereits von Saalakustik sprechen. Dann aber sind bereits als Lautprecher keine Direkt- und Indirektstrahler mehr erforderlich. In Räumen mit dieser Größe ergeben sich die nötigen Laufzeitunterschiede zwischen Direktschall und ersten schallstarken Reflexionen bereits wieder von selbst durch die größeren Raumabmessungen.

Schwierige Grundrisse *(Bild 17.11)* erfordern immer ein gewisses Maß an Probieren. Hier eine Pauschallösung anzubieten, wäre falsch. Als Anhaltspunkt sei lediglich auf die Rolle der ersten schallstarken Reflexionen hingewiesen.

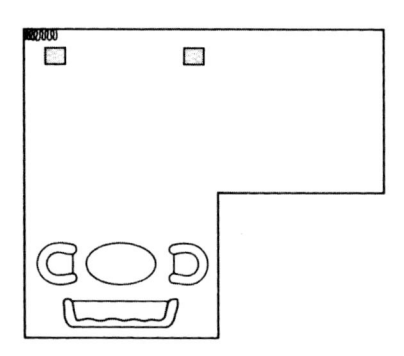

Bild 17.11: L-förmiger Grundriß. Die Ecke muß durch Vorhang entschärft werden, da sonst Resonanzen.

Räume, die einen aus der Decke herausragenden Unterzug aufweisen, können dadurch leicht akustisch zweigeteilt werden. In dem Bereich, wo die Lautsprecher stehen, ist ein hochwertigerer akustischer Klangeindruck wahrnehmbar als im anderen Teil des Raums. Es werden dort die von oben von der Decke her einfallenden ersten schallstarken Reflexionen einfach abgeschattet und können dadurch nicht mehr akustisch wirksam werden *(Bild 17.12)*.

Wenn die Boxen zu weit auseinander stehen müssen *(Bild 17.13)*, genügt es, einen kleinen, kompakten, mittig angeordneten Lautsprecher einzuführen, der nur den Mittel- und Hochtonbereich wiedergibt, und zwar durch eine Frequenzweiche und eine Summenschaltung aus linkem und rechtem Kanal.

Allein beim Betrachten der jeweiligen Raumformen kann der erfahrene Akustiker schon vorhersagen, welche Box, wo aufgestellt, am besten klingt. In länglichen

17.6 Einige Aufstellregeln für HiFi-Boxen

Querschnitt   Unterzug

optimaler akustisch hochwertiger Hörbereich   Hörbereich nicht luftig

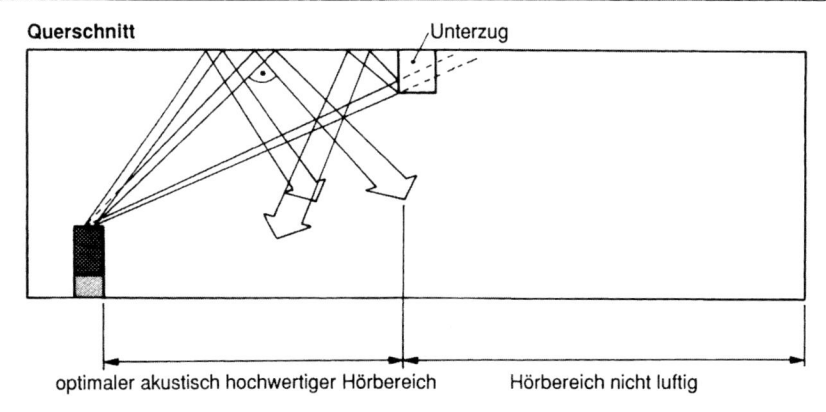

Bild 17.12: Der Unterzug teilt den Raum in zwei Hälften mit unterschiedlicher akustischer Qualität.

Mittenlautsprecher

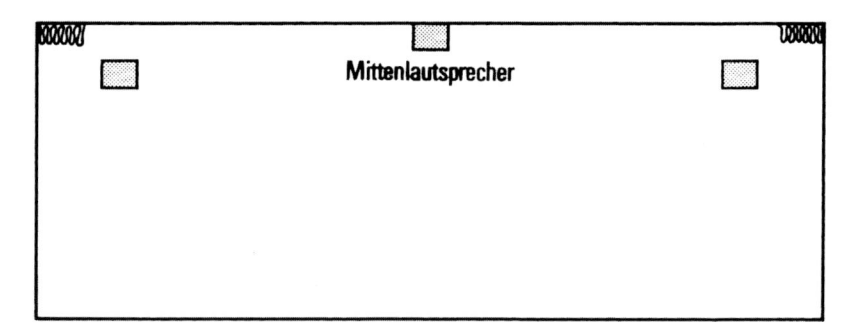

Bild 17.13: Mittenlautsprecher und Vorhang zur Entschärfung der Ecke.

Räumen werden im Fernfeld gebündelt abstrahlende Elektrostaten gut abschneiden, wenn die zu vergleichenden Boxenpaare an der schmalen Stirnseite stehen. Im Nahbereich werden jedoch die Raumstrahler besser sein. Stünden die Boxenpaare jedoch an der langen Wandseite, würden die Raumstrahler für den ganzen Raum Testsieger. Auch große, aber sehr niedrige Räume begünstigen Direktstrahler im Fernfeld und Raumstrahler im Nahbereich, wobei wiederum deren akustische Qualität im Nahbereich besser ist als die Direktstrahler im Fernbereich.

Wir empfehlen jedem Musikfreund, diese akustischen Zusammenhänge doch einmal selbst zu überprüfen. Er braucht nur seine direktabstrahlenden Lautsprecher einen Meter vor der Rückwand in ca. 50 cm Höhe auf einem Stuhl auf den Rücken zu legen, daß die Lautsprecher nach oben abstrahlen, er noch vom Direktschall getroffen wird, aber auch der Hörraum akustisch besser mit einbezogen wird. Auch Fachleute bestätigen immer wieder, daß sie eine solch entscheidende Verbesserung nie für möglich gehalten hätten.

Verschiedene Tests gleicher Boxen in mehreren Testredaktionen mit nahezu gegensätzlichen Ergebnissen [55, 56, 57] zeigen ungewollt auch den Stellenwert der akustischen Verbesserung auf, die mehrere Preisklassen überspringt, während Verbesserungen der Klirrfaktoren oder des Schalldruckverlaufs oft nur noch als Nuancen gehört werden. Ob eine schlechte Lautsprecherplazierung gewollt oder ungewollt, aus Unkenntnis oder bewußt gewählt wurde, läßt sich nie beweisen. Tatsache jedoch ist es, daß manche HiFi-Händler aus verkaufsfördernden Gründen immer wieder eine schlechte HiFi-Box gut plaziert und deshalb gut klingend anbieten und genauso mit Leichtigkeit einen guten Lautsprecher schlecht klingen lassen können. In einem ungünstigen Testraum oder durch eine spezielle Plazierung kann leicht eine schlechte HiFi-Box Testsieger werden. Jedenfalls hat es wenig Sinn, einen „Testsieger" zu ermitteln und dem Leser einzureden, er kaufe das technisch bestmögliche, wenn man ihn dann in den noch wichtigeren akustischen Fragen unberaten läßt, nämlich wie z. B. sein Hörraum zu gestalten sei, wohin seine Boxen im Raum gestellt werden sollten, wo am besten Bedämpfungsmaterial in seinem Hörraum angebracht werden sollte oder wie hallig sein Hörraum zu belassen sei. Auf diese akustischen Probleme treffen wir nicht nur hierzulande, sondern weltweit. In den USA z. B. mißt man diesen Problemen einen weitaus höheren Stellenwert bei. Artikel wie „The listening room: The forgotten Component" [58], oder die zahlreichen Veröffentlichungen von „Hans Fantel" in der „New York Times" zu diesem Thema [59, 60] sowie sein Buch „Better Listening" [61] belegen dies in beeindruckender Art und Weise.

Die vom Autor in diesem Buch dargelegten technischen Problemlösungen können ebenso wie seine akustischen Ausführungen weltweit zur Verbesserung der Wiedergabetechnik für unverfälsches Hören beitragen. Die Verwirklichung der technischen Lösungen, soweit sie die entsprechenden Geräte (Hardware) betrifft, soll durch Lizenzvergaben möglich gemacht werden. Was die Tonaufzeichnungen betrifft (Software) so sind hier die Tonmeister gefordert. Was die Möglichkeiten des HiFi-Konsumenten betrifft, in seinem Hörraum bestmögliche Wiedergabeverhältnisse zu schaffen, so soll ihm das nötige Wissen mit Hilfe dieses Buches vermittelt werden. Deshalb hat der Autor die gesamte akustische Problemstellung so ausführlich erklärt, daß bei den Lesern ein akustisches Verständnis geweckt wird. Mit diesem Verständnis können viele konkrete Probleme, die in der Praxis zu Hause beim Leser auftreten, durch zielbewußte Einflußnahme selbst gelöst werden.

17.7 Was tun beim Lautsprecherkauf?

Beim Lautsprecherkauf ist darauf zu achten, daß ein HiFi-Fachgeschäft gute, hallige Hörbedingungen aufweist, die wohnraumähnlich sind. Die Lautsprecher sollten dabei immer an der langen Wandseite stehen. Meiden Sie bedämpfte Studios, die Schallschluckdecken oder Schallschluckwände oder gar beides haben. Auch wenn der Vorführraum rundherum an den Wänden voller Lautsprecher steht, wirkt er durch die vielen Frontbespannungen schalldämmend.

Wenn ein Hörraum einen aus dem Rahmen fallenden Grundriß hat, einen markanten Unterzug an der Decke aufweist, in einem schmalen länglichen Raum die Lautsprecher an der schmalen Stirnseite stehen oder die Lautsprecher in den Raumecken plaziert wurden hat eine akustische Beratung gar keinen Sinn. Sollten Sie ihre Lautsprecher trotzdem bei einem Händler mit solchen Hörbedingungen in seinem HiFi-Studio kaufen wollen, lassen Sie sie sich die Lautsprecher zu Hause vorführen, um sich durch den dortigen Vergleich ein zutreffendes Urteil bilden zu können.

Beim Lautsprecherhörtest sollte man im Hörraum umhergehen und prüfen, ob sich der optimale Hörbereich über den ganzen Raum erstreckt oder nur auf einen engen Platz beschränkt. Es sollten nur Aufnahmen zum Probehören verwendet werden, die anhand gut aufgenommener, einem selbst unmittelbar bekannter akustischer Instrumente, menschlicher Stimmen oder vertrauter Geräusche eine aufschlußreiche Beurteilung zulassen. Popmusik mit bewußten Verzerrungen als Stilmittel und Ausdruck der Musik ist für Lautsprecherhörtests ungeeignet, damit lassen sich keine Lautsprecherverzerrungen erkennen.

Beim Musikhören sollte auf Originallautstärke geachtet werden, da sonst bei zu leisem Hören eine HiFi-Box mit eingebauter Loudness-Verzerrung am besten klingt. Hörtests sollten sich nie länger als 15 Minuten hinziehen, da Urteilsfähigkeit und Konzentration wie bei allen geschmacklichen Fragen sehr schnell nachlassen. Es sollten nur wenige, aber aussagefähige Musikstücke in jeweils richtiger Lautstärke gehört werden.

Eine CD-Liste mit musikalisch und technisch hervorragenden Compakt-Disks, die sich zur Lautsprecherbeurteilung gut eignen, ist über den Verfasser gegen Übersendung von DM 3.- in Briefmarken erhältlich. Zuschriften nimmt der Verfasser gerne unter nachstehender Adresse entgegen:

Pfleid-Wohnraumakustik
Blumenstraße 30
8000 München 2

Anhang: Platinen

Für die Praktiker unter den Lesern zum Aufbau der in diesem Buch vorgestellten Schaltungen sind die Platinen-Layouts in Maßstab 1:1 und die zugehörigen Bestückungspläne abgebildet. Zur eigenen Platinenherstellung anhand dieser Vorlagen gibt es mehrere Verfahren:

1. Sie legen Pauspapier auf eine kupferkaschierte Platine und zeichnen die Vorlage orininalgetreu durch. Auf der Platine entsteht so ein getreues Abbild des Layouts. Da die Printplatte später in ein kupferlösendes Ätzmittel gelegt wird, muß sie mit einem ätzresistenten Lack bearbeitet werden, z. B. Edding-Stifte oder Decon-Dalo 2M. Beachten Sie die entsprechenden Hinweise der Hersteller.

2. Einfacher in der Handhabung sind Aufreibe- oder Aufklebesymbole für die Leiterbahnen und Lötaugen. Sie sind in allen erforderlichen Stärken im Elektronik-Fachhandel erhältlich.

3. Sie wählen den „professionellen Weg" über eine fotografische Übertragung. Sie erstellen eine tranparente Filmkopie der Vorlage (bzw. lassen sich von einem Foto-Labor eine Kopie erstellen) und belichten damit eine fotobeschichtete Platine, die dann noch entwickelt werden muß wie ein Film.

Die so vorbereiteten Platinen werden nun in einem Ätzbad behandelt (7 Gramm Ätznatron auf 1 Liter Wasser), bis sich das überflüssige Kupfer gelöst hat und die Leiterbahnen sauber stehen. Dann sind noch die Lötlöcher zu bohren und die Platine sorgfältig zu entgraten, bevor Sie ans Bestücken gehen können. Es gibt zahlreiche Literatur mit der ausführlichen Beschreibung dieser Arbeitsvorgänge, z.B.: Der Hobby-Elektroniker ätzt seine Platinen selbst, Franzis-Verlag, München.

Wer keine Erfahrung mit der Platinen-Herstellung hat, sollte für erste Experimente mit einfacheren Platinen beginnen und in diesem Fall lieber auf das Angebot des Autors zurückgreifen und dort die fertigen Platinen beziehen (siehe dazu den Bezugsquellen-Hinweis).

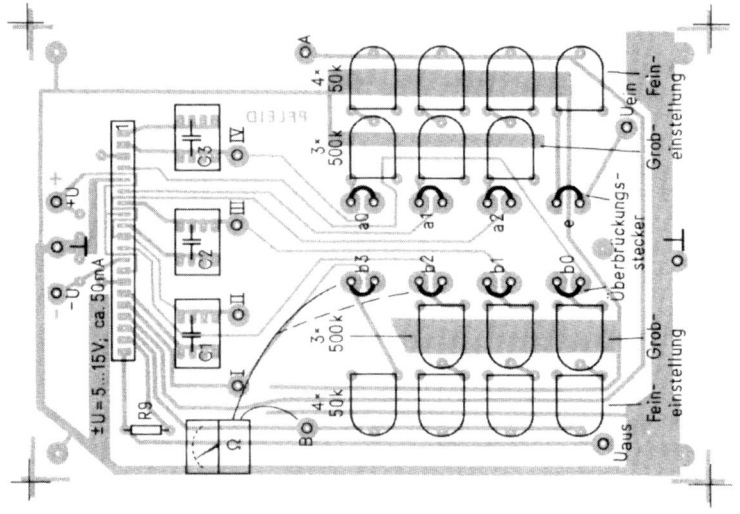

Bestückungsplan zur Einstellplatine; R 9 = 20 kΩ (siehe auch Bild 1.14).

Anhang

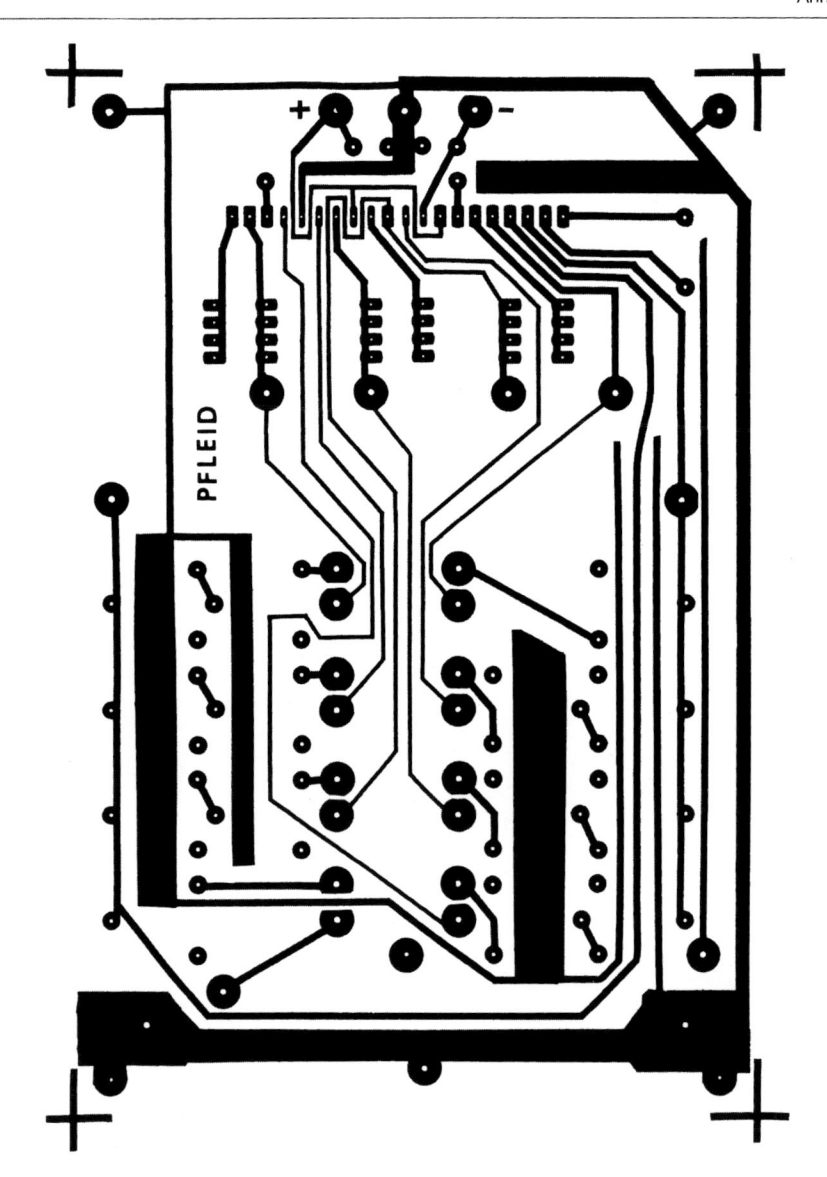

Einstellplatine (zu Schaltung in Bild 1.13).

Bitte beachten:
Wegen der Gefahr der Schwingneigung ist die Leiterbahn zwischen R 9 und dem Ausgang aufgetrennt. Die Verbindung zum Ausgang wird durch ein abgeschirmtes Kabel ersetzt.

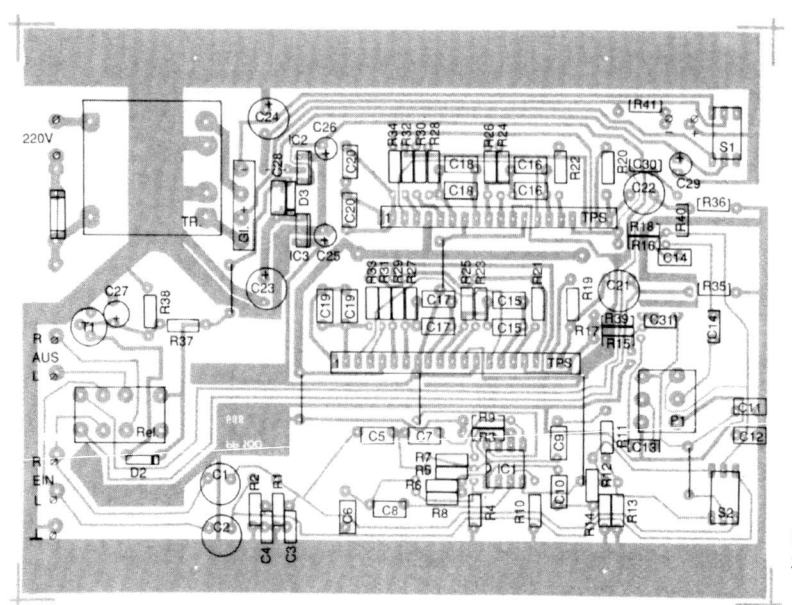

Bestückungsplan
zur Platine PP100

PP100 Lautsprecherentzerrer: Teileliste   Stand 6. 6. 1990

R1	10 k	C1	2.2 µ bipol		
R2	10 k	C2	2.2 µ bipol		
R3	39 k	C3	470 p		
R4	39 k	C4	470 p		
R5	entfällt*	C5	Drahtbrücke*		
R6	entfällt*	C6	Drahtbrücke*		
R7	30.1 k	C7	0.15 µ*		
R8	30.1 k	C8	0.15 µ*		
R9	10 k	C9	2.2 µ bipol		
R10	10 k	C10	2.2 µ bipol		
R11	1.5 k	C11	470 p		
R12	1.5 k	C12	470 p		
R13	2.21 k	C13	3.9 n		
R14	2.21 k	C14	3.9 n		
R15	8.84 k	C15	TPS 240 p	(2 × 120 p)	
R16	8.84 k	C16	TPS 240 p	(2 × 120 p)	
R17	20 k	C17	TPS 43 n	(33 + 10 n)	
R18	20 k	C18	TPS 43 n	(33 + 10 n)	
R19	TPS 8.06 k	C19	TPS 165 n	(150 + 15 n)	
R20	TPS 8.06 k	C20	TPS 165 n	(150 + 15 n)	
R21	TPS 33 k	C21	2.2 µ bipol		
R22	TPS 33 k	C22	2.2 µ bipol		
R23	TPS 400 k	C23	1000 µ	25 Volt	
R24	TPS 400 k	C24	1000 µ	25 Volt	
R25	TPS 75 k	C25	10 µ		
R26	TPS 75 k	C26	10 µ		
R27	TPS 121 k	C27	100 µ	50 Volt	
R28	TPS 121 k	C28	10 n		
R29	TPS 75 k	C29	47 µ	25 Volt	
R30	TPS 75 k	C30	560 p		
R31	TPS 59 k	C31	560 p		
R32	TPS 59 k				
R33	TPS 82 k	D1	LED		
R34	TPS 82 k	D2	1N 4003		
R35	10 k	D3	1N 4003		
R36	10 k				
R37	68 k	G1.	B 40 C 1500		
R38	20 k				
R39	22 k	T1	BC 237		
R40	22 k	IC1	TL 072		
R41	1.5 k	IC2	7915		
		IC3	7815		
P1	2 × 22 k lin.				
		S1	Druckschalter 2× Um		
REL	24 V 2× Um	S2	Druckschalter 2× Um		
Si	160 mA	TR 2 × 15 V 4.5 VA			

* Werte Baßfilter mit 6 dB/Okt.
    Bei 12 dB/Okt müssen folgende Werte eingesetzt werden: R5, R6 = 10 k, C5, C6, C7, C8 = 0.22 µF

220

Anhang

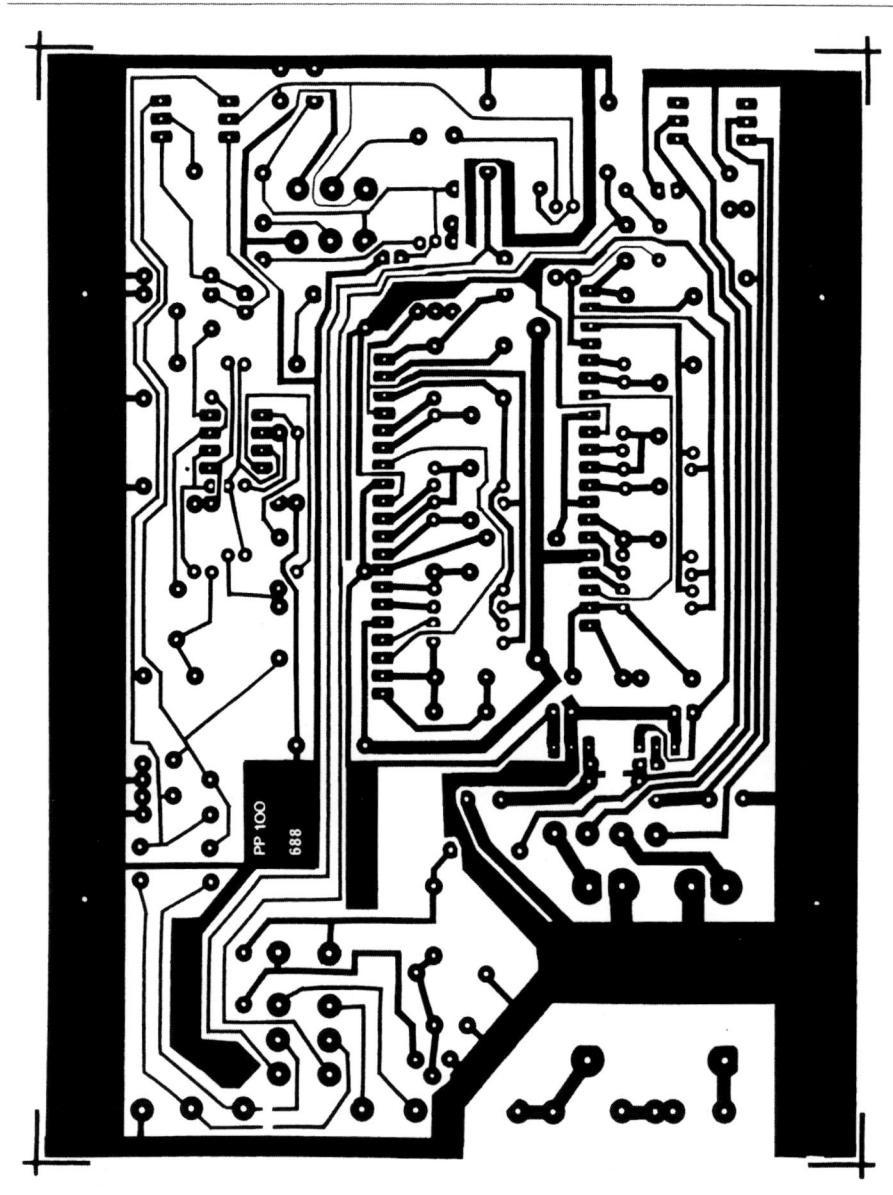

TPS-Platine PP100 zur Entzerrung von elektrodynamischen Breitband-Lautsprechern (zu Schaltung in Bild 1.27).

Die Werte der mit TPS gekennzeichneten Bauteile in der PP100 Teileliste beziehen sich auf die Entzerrung des FRS 20 Vollbereichs-Punktschalterchassis in einem 7-ltr Gehäuse.

Anhang

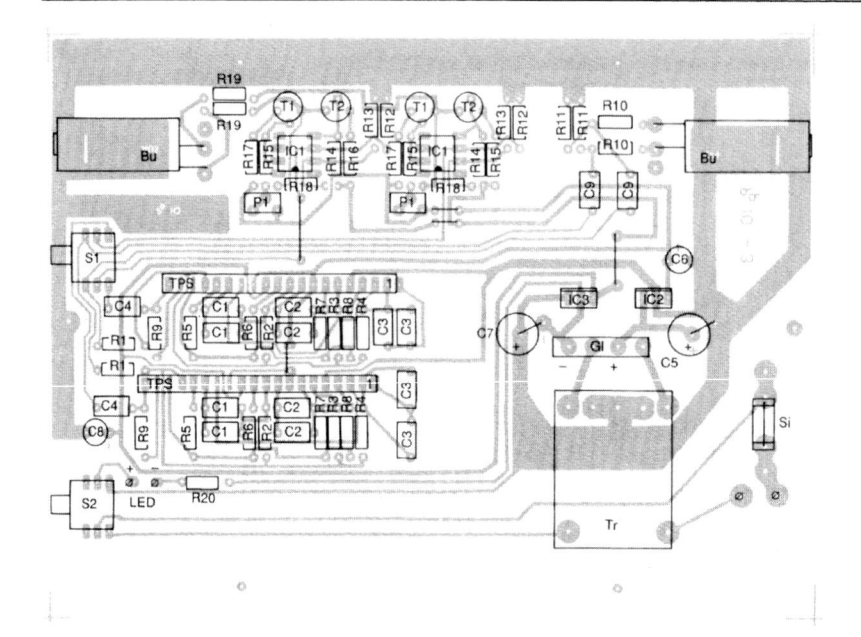

R1–R9	TPS-Beschaltung	C1–C3	TPS-Beschaltung
R10	820	C4	0,68 µ
R11	220	C5	1000 µ 25 V
R12	33 k	C6	10 µ 16 V
R13	1 k	C7	1000 µ 25 V
R14	330	C8	10 µ 16 V
R15	100 NTC	C9	1 µ bipol
R16	4,7		
R17	4,7	Tr	2 × 15 V 4,5 vA
R18	3,9 k	Gl	B 40 C 1000
R19	10 1 W		
R20	2,2 k	Bu	Stereo Klinkenbuchse
P1	500		
		IC1	TL 071
		IC2	7815
		IC3	7915
		T1	2N 2905 A
		T2	2N 2219 A

Bestückungsplan und Teileliste PP10.

Anhang

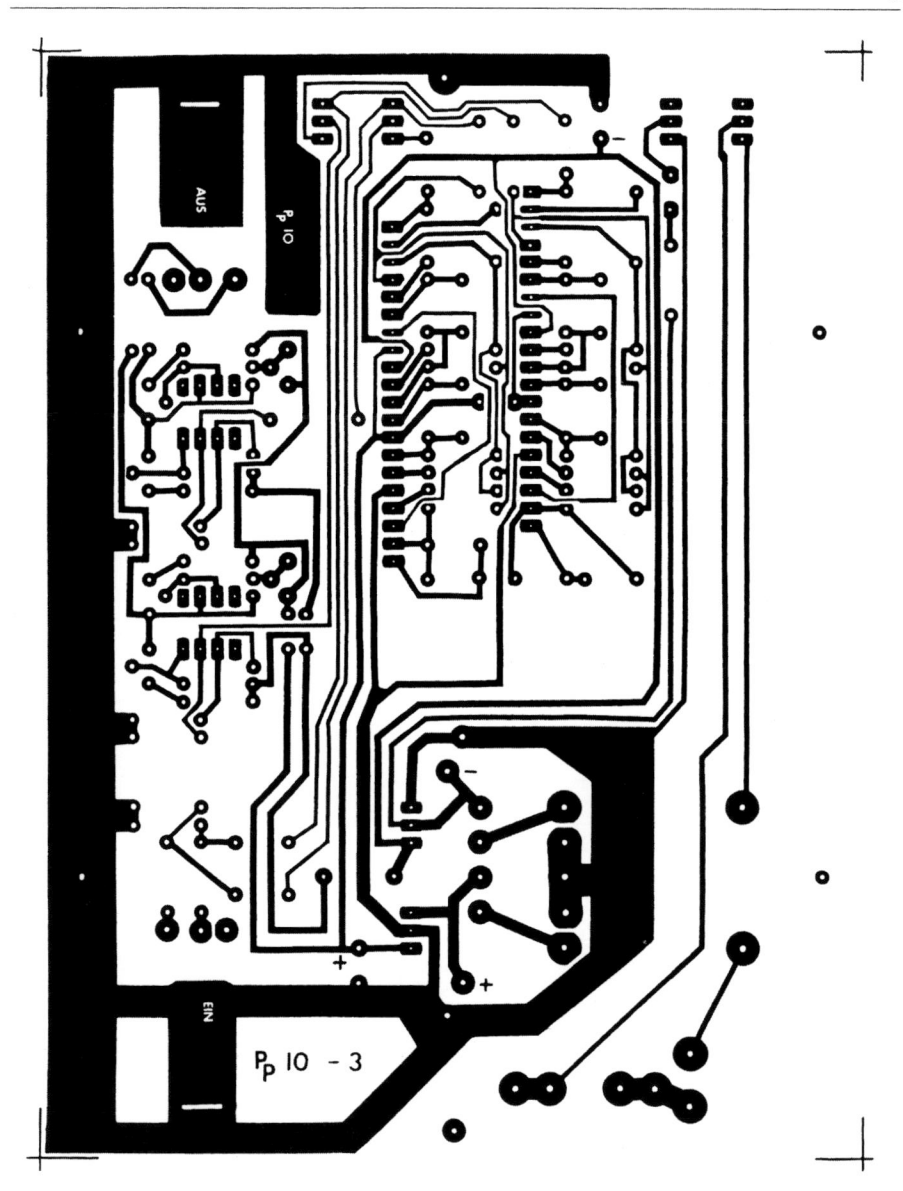

TPS-Platine PP10 zur Entzerrung von elektrodynamischen Breitband-Kopfhörern (zu Schaltung in Bild 1.28).

223

Anhang

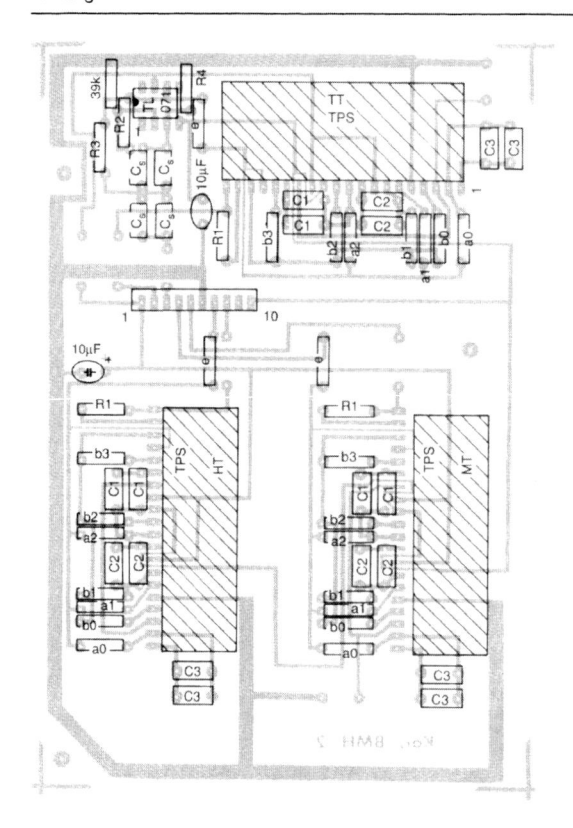

Bestückungsplan zur TPS-Korrekturplatine für eine Dreiwege-Box.

Anschlüsse der Buchsenleiste

1 + Betriebsspng.
2 Ausg. TT
3 Eing. TT
4 Eing. MT
5 Ausg. MT
6 Masse
7 Eing. HT
8 Ausg. HT
9 frei
10 − Betriebsspng.

Stückliste zur TPS-Dreiwege-Korrekturplatine

R1–R9, R14	Beschaltung TPS	C1–C3	Beschaltung TPS
R10	10 k	C4	siehe Formel 1)
R11	39 k	C5	
R12	30 k	C6	10 µ 25 V
R13	10 k	C7	10 µ 25 V
		IC1	TL 071

Formel 1) für Grenzfrequenz (f_G) des Subbaßfilters

$$C4 = C5 = \frac{16\,000}{f_G} \text{ in nF}$$

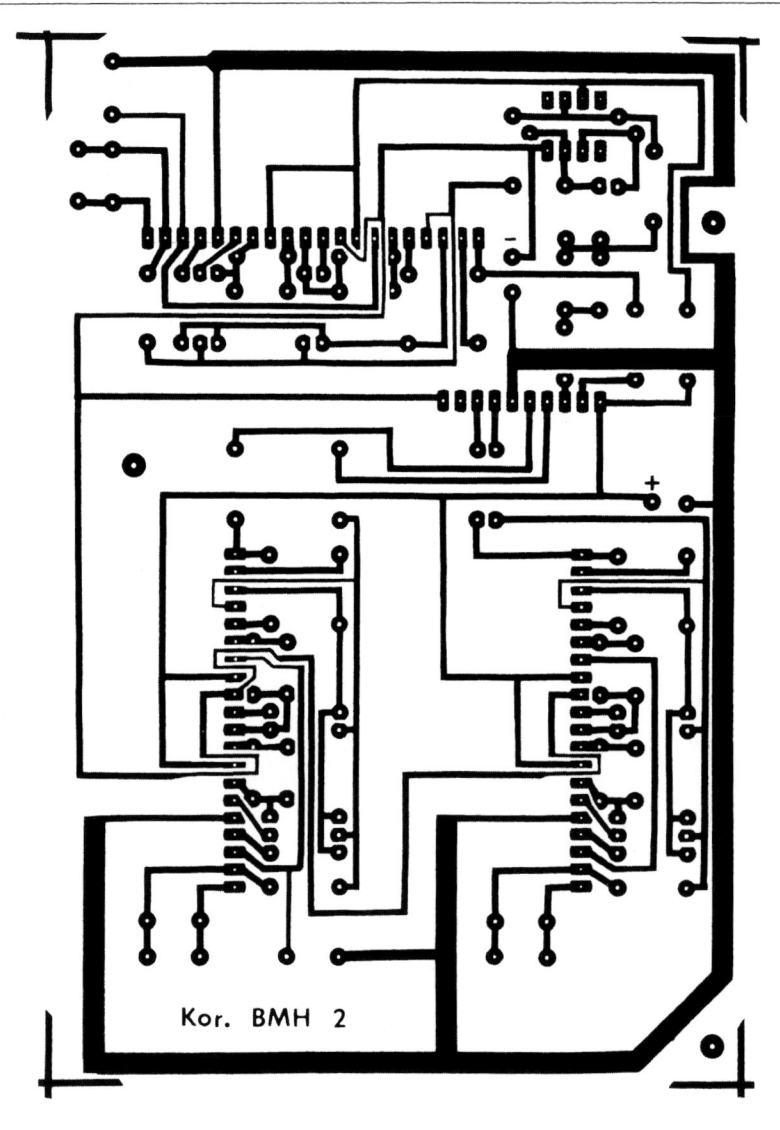

TPS-Korrekturplatine zur Entzerrung der elektrodynamischen Lautsprecher in einer aktiven Dreiwege-Lautsprecherbox (zu Schaltung in Bild 1.31).

Anhang

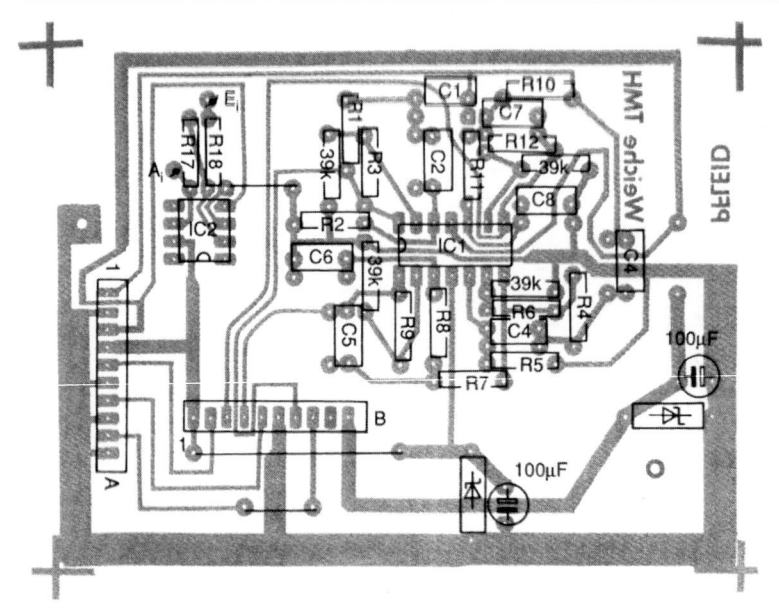

Bestückungsplan für die Dreiwege-Weiche.

Anschlußbelegung der Buchsenleisten A und B

A) Anschlüsse zum Verstärker
1   Eingang
2   Masse
3   − Betriebsspannung
4   + Betriebsspannung
5   Ausgang Tiefton (TT)
6   Masse
7   Ausgang Mittelton (MT)
8   Masse
9   Ausgang Hochton (HT)
10 Masse

B) Anschlüsse zur Korrekturplatine
1   + Betriebsspannung
2   Ausgang Korr. TT
3   Eingang Korr. TT
4   Eingang Korr. MT
5   Ausgang Korr. MT
6   Masse
7   Eingang Korr. HT
8   Ausgang Korr. HT
9   frei
10 − Betriebspannung

Anhang

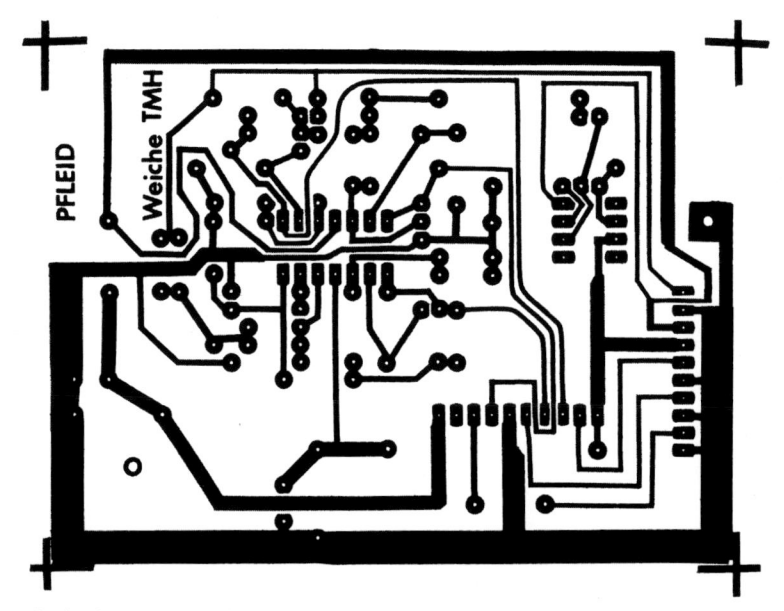

Platine für eine aktive Dreiwege-Weiche (zu Schaltung in Bild 1.32).

Bauteileliste zur Dreiwege-Weiche

R1	12 k	C1 bis C8	nach Formel für Grenzfrequenz f_G
R2	12 k		$C = \dfrac{16\,000}{f_G}$ in nF
R3	16,9 k		
R4	12 k		
R5	12 k	C1 = C2 = C5 = C6	
R6	16,9 k		
R7	8,8 k	C3 = C4 = C7 = C8	
R8	8,8 k		
R9	16,9 k	C9	100 µ 25 V
R10	8,8 k	C10	100 µ 25 V
R11	8,8 k		
R12	16,9 k	IC1	TL 074
R13	39 k	IC2	TL 071
R14	39 k		
R15	39 k	D1	ZD 15
R16	39 k	D2	ZD 15
R17	10 k		
R18	10 k		

Anhang

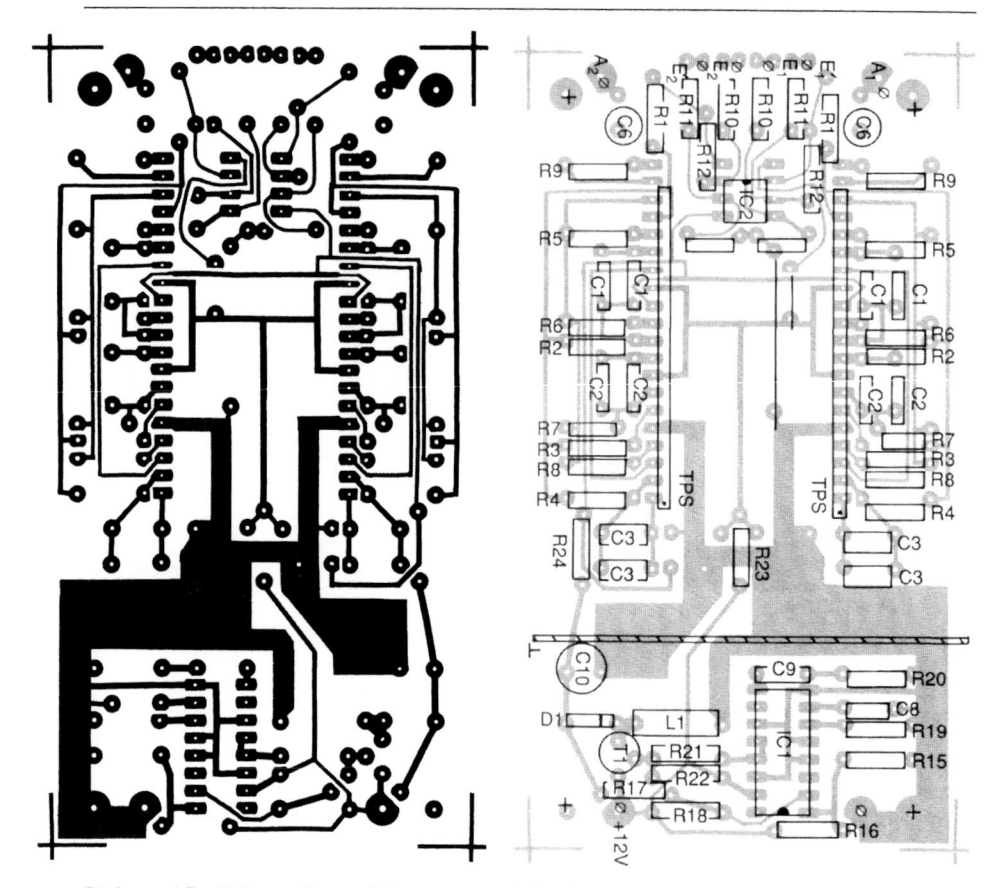

Platine und Bestückungsplan zur Entzerrung von elektrodynamischen Breitband-Lautsprechern im Auto (zu Schaltung in Bild 1.34).

Bauteileliste der Auto-Entzerrer

R1–R9	Beschaltung TPS	C1–C3	Beschaltung TPS
R10	10 k	C4	470 p
R11	10 k	C5	470 p
R12	2,2 k	C6	2,2 µ/40 V bipol
R13	2,2 k	C7	1000 µ 25 V
R14	100	C8	1 n
R15	4,7 k	C9	1 n
R16	22 k	C10	47 µ 25 V
R17	36 k	C11	10 µ 25 V
R18	27 k	C12	10 µ 25 V
R19	4,7 k	C13	470 p
R20	47 k		
R21	470	L1	2,3 mH R < 10 Ω
R22	470		
R23	10	IC1	SG 3524
R24	10	IC2	TL 071
		T1	2 N 2905
		D1	BYV 95 B

Literatur

[1] *Pfleiderer, P.:* Pfleid Membranvorausregelung für elektrodynamische Lautsprecher, Studio 1984, Heft 7
[2] Doppelpatent, Stereo 1984, Heft 8
[3] *Müller, T.:* Vorausgedacht, Fono Forum 1984, Heft 8
[4] *Zeitz, R.:* Wenn Geige wie Geige klingt, Schöner Wohnen 1984, Heft 11
[5] *Krakowsky, J.:* Elektronische Korrektur linearer Verzerrungen, Elektronik 1986, Heft 7
[6] *Pfleiderer, P.:* DE-PS 33 43 027
[7] *Pfleiderer, P.:* DE-PS 34 18 047
[8] *Pfleiderer, P.:* US-PS 4,675,835
[9] *Santmann, J.B.:* US-PS 4,052,560
[10] *Koppel, W.:* DE-PS 33 25 520
[11] *Cowans, K.W.; Bennett, O.:* US-PS 4,340,778
[12] *Tiefenthaler, P.:* Hi-End mobil, Elektronik 1988, Heft 23
[13] *Müller, T.:* Der Zeit voraus, Stereo 1985, Heft 8
[14] *Hübner, H.:* Berechnetes Übertragungsverhalten, Elektronik 1986 Heft17
[15] *Pfleiderer, P.:* DE-PS 33 04 402
[16] *Pfleiderer, P.:* DE-PS 36 03 537
[17] *Pfleiderer, P.:* US-PS 4,821,330
[18] *Pfleiderer, P.:* Pfleid FRS Vollbereichs-Lautsprecher, Studio 1987, Heft 102
[19] *Tiefenthaler, P.:* Der Ring des Columbus, Elektronik 1987, Heft 17
[20] *Pfleiderer, P.:* Klein aber fein, Funkschau 1987, Heft 24
[21] *Knobloch, W.:* Meilensteine im Lautsprecherbau, ELO 1987, Heft 11
[22] Einer für alle, Stereo 1987, Heft 8
[23] Der Qualitätssprung, HighTech 1988, Heft 3
[24] *Gheorghiu, V.; Netter, P.:* Suggestion and Suggestibilty, Springer Verlag, Berlin 1989
[25] Akustik ist alles, Stereo 1983, Heft 5
[26] *Nagy, P.:* Klangunterschiede bei CD-Playern?, Stereo 1985, Heft 5
[27] *Pfleiderer, P.:* HiFi + Akustik, Pflaum Verlag, München 1983
[28] *Cremer, L.:* Die wissenschaftlichen Grundlagen der Raumakustik, Bd. 1, S. Hirzel Verlag, Stuttgart 1978
[29] *Reichardt, W.:* Gute Akustik – aber wie?, VEB Verlag Technik, Berlin 1979
[30] *Reichardt, W.:* Grundlagen der Technischen Akustik, Akad. Verlagsgesellschaft Geest + Portig KG, Leipzig 1968
[31] *Blauert, J.:* Räumliches Hören, S. Hirzel Verlag, Stuttgart 1974
[32] *Müller, H; Opitz, U.:* Funkenknall in der Philharmonie, Funkschau 1985, Heft 3
[33] Experten proben das neue Hören und Sehen, Süddeutsche Zeitung 1989, Ausgabe Nr. 8
[34] *Webers, J.:* Tonstudio-Technik, Franzis Verlag, München 1989
[35] *Jecklin, J.:* Musikaufnahmen, Franzis Verlag, München 1984
[36] *Cremer, L.:* Erstfassung von [28] aus dem Jahr 1948
[37] *Pfleiderer, P.:* Das Pfleidprinzip, Funkschau 1980, Heft 13 und 14
[38] *Pfleiderer, P.:* Räumlich unvorgeprägte Musikaufnahmen, Funkschau 1981, Heft 22
[39] *Laws, P.:* Dissertation an der TU Aachen, 1972
[40] *Pfleiderer, P.:* DE-PS 26 38 053
[41] *Pfleiderer, P.:* Kopfhörerakustik, Funktechnik 1984, Heft 6 und 7
[42] *Pfleiderer, P.:* EU-PS 0 040 739
[43] *Pfleiderer, P.:* US-PS 4,589,128
[44] *Schild, W.:* Jecklins neuer Streich, Stereo 1982, Heft 2
[45] Ambience-phone, Ambience-stereo, Funkschau 1980, Heft 18 und 19
[46] Matsushita: DE-PS 25 57 516
[47] Matsushita: DE-OS 26 08 149

[48] Matsushita: DE-OS 28 06 149
[49] Asahi: US-PS 4,136,260
[50] *Searle, C. L.:* US-PS 3,970,787
[51] *Scherer, P.:* Ein neues verbessertes Verfahren der raumbezogenen Stereophonie mit verbesserter Übertragung der Rauminfomationen, Rundfunktechnische Mitteilungen 1977, Heft 5
[52] *Kürer, R; Plenge, G; Wilkens, H.:* Wiedergabe von kopfbezogenen Signalen durch Lautsprecher, AES Convention, Köln 1971
[53] Verbesserung des Raumeindrucks durch Holophonie, Funkschau 1980, Heft 5
[54] *Pfleiderer, P.:* Reflexionen sorgen für den guten Ton, Funkschau 1986, Heft 21
[55] *Beer, H. G.:* Jetzt gehts rund, Audio 1982, Heft 9
[56] *Kuppek, H.:* Die Weismacher, Stereoplay 1982, Heft 11
[57] *Nagy, P.:* Giganten ade? Stereo 1982, Heft 11
[58] *Fielding, A.:* The Listening Room: The Forgotten Component, High Fidelity July 1979, USA
[59] *Fantel, H.:* Shrinking Size Without Shrinking Sound, The New York Times vom 11.9.1980
[60] *Fantel, H.:* Trend Setters Make Their Debut, The New York Times vom 9.9.1984
[61] *Fantel, H.:* Better Listening, Verlag Charles Scribner's Sons, New York, 1981
[62] *Frank, R.:* Das Auto-HiFi-Buch, Pflaum Verlag, München 1990

Bezugsadressen Bauteile

Preislisten für die in diesem Buch angegebenen Lautsprecherchassis, Platinen und den TPS-Hybrid können Sie anfordern bei der Firma

Pfleid Wohnraumakustik
Blumenstraße 30
8000 München 2

Alle anderen Bauteile der Schaltungen (Widerstände, Kondensatoren, ICs) sind handelsübliche Bauelemente, die Sie im Elektronik-Fachhandel kaufen oder über den Elektronik-Versandhandel bestellen können.

Sachregister

Abhörlautstärke 182
A-B-Mikrofonstellung 118, 144
Abstrahlcharakteristik 140f, 152
Absorption 79, 205ff
Aktiv-Boxen 54, 68ff
Akustik im HiFi-Bereich 115ff
– im Wohnraum 201ff
Akustische Grundlagen 122ff
Allpaß 64
Amphitheater 107
Amplitudenfrequenzgang 14ff, 60
Aufnahmetechnik 132
Aufstellregeln für HiFi-Boxen 155, 210ff
Auslöschung 61ff, 70, 170
Außerkopflokalisation 173
Autoakustik 165
Autolautsprecher, Entzerrung 56ff

Balanceregler 142
Bandpaß 61
Bedämpfungsanordnung 204ff
Bessel-Charkteristik 61
Beugung von Schallwellen 169
Bewegte Schallquellen 127
Breitband-Lautsprecher, Entzerrung 47ff
Breitbandiger Schallbedämpfer 205
Bündelungswirkung 48, 70, 71, 76ff
Butterworth-Charakteristik 61

Dachschräge 41
Dämmaterial 88, 205ff
Deutlichkeit 108, 170
Diffuse Schallfelder (Nachhall) 108
Digitaler Signal Prozessor s. DSP
Direkt/Indirekt-Schall 204
Direktschall 108
Direktstrahler 96, 203
Dopplereffekt 127
Drehtheorie 178
DSP Digitaler Signal Prozessor 58, 172

Echo 109, 202
Echowahrnehmbarkeitsschwelle 201ff
Echtzeitprozessor PP9 166ff
Eidophonie 197
Eimerkettenspeicher 173
Ein- und Ausschwingverzerrungen bei
– elektrodynamischen Wandlern 16ff
– Equalizern 26
– Frequenzweichen 61ff
– Geräuschen 126
Einstellplatine 33ff
Elektronische Verhallung 142, 190
Entfernungshören 128
Entzerren von
– Auto-Lautsprechern 56ff
– Breitbandlautsprechern 47ff
– Kopfhörern 50ff
– Mehrwegelautsprechern 53ff
– Sensoren 23
Enveloppe (siehe Hüllkurve) 60
Equalizer 24ff, 96, 127
Erste schallstarke Reflexionen 104, 108ff, 128, 154, 189
Erste Wellenfront 122
Exponentialhorn 161, 162

Falsche Reflexionswiedergabe 189
Fehlerhafter Nachhall 190
Fernsehton 164
Frequenzweichen 60ff
FRS mit konvexer Bauform 76, 93ff
FRS Vollbereichs-Punktstrahler 75ff

Gedächtnis, akustisches 175
Gegenkopplung bei
– Frequenzweichen 65
– Lautsprechern 21ff
– Verstärkern 22
Gehör, menschliches 1122
Geschlossene Boxengehäuse 163
Gewöhnung 182
Grenzfrequenz 41ff

Haas-Effekt 136, 156
Hallradius 152
Hallraum 204
Haupt-Lautsprecher 14, 96, 154ff
Haupt-Mikrofone 143ff
Hochpaß 61
Holophonie 196
Hörraum-Einfluß 180
Hüllkurve (Enveloppe) 60, 67, 192

IKL Im-Kopf-Lokalisation 142, 170, 171
Impulsverfälschung 16ff, 26, 61ff
Integrationswirkung des Gehörs 108, 172
Intelligente Verarbeitung von Schallwellen 175ff
Intensitätsstereophonie 150
Interferenzen 70ff
IRT Institut für Rundfunktechnik 149

Klangbeeinflussung, Faktoren 99ff
Klangverfärbung 126, 127
Klirrfaktor 19, 69, 80, 181
Koaxial-Lautsprecher 73, 74
Koeffizientenberechnung 46ff
Koeffizientenpotentiometer 36ff
Kohärente Signale 123
Kompatibilität 141, 147, 167
Konzertsaalakustik 110ff
Kopfbewegung b. Hören 178
Kopfhörer-Entzerrung 50ff
Kopfhörerwiedergabe 166ff
– Verbesserung der Transparenz 170
Kugel-Lautsprecher 71, 161
Kunstkopf
– Aufnahmetechnik 146ff
– Mikrofone 146
– Neumann 146, 176
– Wiedergabe über 2 Lautsprecher 149, 198
– Wiedergabe über 4 Lautsprecher 193

231

Laufzeitstereophonie 150
Lautsprecher-Ersatzschaltung 23, 29 ff
Lautsprechergehäuse 86 ff, 162 ff
Lautsprecherkabel 84, 102, 103 ff
Lautsprecherkauf 216
Lautsprechermembranen 69
Lautsprechertests 104 ff
Lautsprecherzeilen 70
Loudness-Taste 183, 184
Luftschalldämmung 163

Marmor als Gehäusematerial 163
Masse-Feder-Dämpfungs-Schwingsystem 14 ff, 48
Mehrwege-Aktiv-Boxen 54, 68 ff
Mehrwege-Lautsprecher, Entzerrung 53
Mehrzweckbauten 112
MFB Motional Feedback Schaltung (siehe Gegenkopplung) 21 ff
Mikrofon-Anordnungen 119, 132 ff
Mikrofon-Rasterfeld 136 ff
Mikrofone 34, 40, 50, 132, 143
Mittenlautsprecher 214, 215
Modellregelung 23
Multimikrophonie 133, 142
Musikvereinssaal in Wien 110

Nachhall 108, 115, 129, 146, 170, 190, 191
Nachhalldauer 108, 129

Ohrmuschel-Einfluß 147, 177
Optische Einflüsse 178 ff
Originallautstärke 183
Ortung
– intensitätsmäßig 123 ff
– laufzeitmäßig 123 ff
– springend 176, 196, 198
– verfälscht 73, 196
– Vorne-Hinten- 148, 176
OSS-Mikrofonanordnung 118, 144, 150, 176

Panoramaregler (Panpots) 139
Partialschwingungen 27, 69, 79
Pfleidrecording 134 ff, 142, 200
Phantomschallquelle 201
Phasenfehler bei
– elektrodynamischen Wandlern 14 ff, 72, 73
– Equalizern 24 ff
– Filtern 61 ff
– Frequenzweichen 60 ff, 73
– konvexer Membranform 93 ff
Phasenfrequenzgang 14 ff, 60
Philharmonie am Gasteig, München 112 ff
– in Berlin 111
Pink-Noise 26
Platinen-Layouts 218 ff
PP8 MkII, PP8 MkII S 159 ff
PP9 166 ff
PP10 51
PP18, PP18 S 159 ff
PP100 49, 85 ff
Psychoakustik 108
Punktstrahler 68 ff
Punktstrahlerchassis, FRS-Vollbereichs- 75 ff

Quadrophonie 194 ff

Raumakustik-Lautsprecher 96 ff, 154
Raumempfinden 128
Raumresonanzen 207 ff
Raumstrahler 161, 203
Rechtecksignale 18, 26, 35
Reflektoren 110 ff, 153, 172, 180
Residuum 175
Rosa Rauschen 26
RS2 Raumakustik-Lautsprecher 96 ff, 154
Rückkopplung 21 ff
Rundfunkübertragung 150

Sensoren 22, 23
Sprachverständlichkeit 173
Strahlungsdämpfung 163
Stützmikrofone 143 ff
Subbaß, aktiv 92

Subjektive Lautstärkeempfindung 108, 128
Subtraktionsfilter 65
Suggestion 103
Summenlokalisation 123, 195
Symmetrischer Nachhall 191

Telefon 126, 175
Tiefpaß 61
Tonabnehmer 100
Tonbursts 16 ff
TPS Analogrechenschaltung 33 ff
TPS Hybrid 33 ff
TPS-Lautsprecherentzerrung 27 ff
– Funktionsprinzip 20
– Optimierung 43 ff
TPS Transducer Preset System 13 ff
TRADIS 199
Transdyn-Einheit 184
Trittschalldämmung 163
Tschebyscheff-Charakteristik 61

Übersprechen 35
Übersprecheinheiten 188
Übersprechsignale 125

Verzerrungen
– akustische 68
– lineare 19, 60
– nichtlineare 30, 60
Vollbereichs-Punktstrahlerchassis 75 ff

Wahrnehmung von Akustik 180
Wahrnehmung von Räumen 153, 180
Wohnraumakustik 153 ff

x-y-Mikrofonstellung 118, 119, 144

Zeitverzögerungsglieder 158, 173
Zusatz-Lautsprecher 14, 97, 154 ff